舌尖上的互联网三部曲 ❶

Edible Internet Trilogy

CHINA'S FOOD SAFETY
GOVERNANCE
IN THE AGE OF THE INTERNET PLUS

互联网背景下
食品安全治理研究

肖平辉　编著

知识产权出版社

全国百佳图书出版单位

图书在版编目（CIP）数据

互联网背景下食品安全治理研究／肖平辉编著．—北京：知识产权出版社，2018.7

ISBN 978－7－5130－4732－6

Ⅰ.①互… Ⅱ.①肖… Ⅲ.①食品安全—安全管理—研究—中国 Ⅳ.①TS201.6

中国版本图书馆 CIP 数据核字（2017）第 005142 号

责任编辑：齐梓伊　　　　　　　　　　责任校对：潘凤越

封面设计：乔智炜　　　　　　　　　　责任印制：刘译文

互联网背景下食品安全治理研究

肖平辉　编著

出版发行：**知识产权出版社**有限责任公司	网　　址：http：//www.ipph.cn
社　　址：北京市海淀区气象路 50 号院	邮　　编：100081
责编电话：010－82000860 转 8176	责编邮箱：qiziyi2004@qq.com
发行电话：010－82000860 转 8101/8102	发行传真：010－82000893/82005070/82000270
印　　刷：北京嘉恒彩色印刷有限责任公司	经　　销：各大网上书店、新华书店及相关专业书店
开　　本：720mm×1000mm　1/16	印　　张：24.5
版　　次：2018 年 7 月第 1 版	印　　次：2018 年 7 月第 1 次印刷
字　　数：338 千字	定　　价：88.00 元

ISBN 978－7－5130－4732－6

本书编辑委员会

目　录

第一部分　原则理念编

第二部分　监管合规编

第三部分　网络食品编

"舌尖上的互联网"三部曲总序

缘 起

时间在 2017 年 12 月 5 日至 6 日，坐标比利时布鲁塞尔。第二届亚欧卫生及植物卫生食品安全会议（2nd ASEM Conference on Sanitary and Phytosanitary（SPS）-Food Safety）在这座古老的城市举行。来自欧盟及其 28 个成员国，以及国际动物组织（OIE）和中国、俄罗斯、日本、澳大利亚、印度、泰国等 45 个国家、地区的食品安全监管政府部门官员代表共计 160 多人济济一堂，参加了研讨。原国家食品药品监督管理总局法制司陈谞稽查专员应邀参会宣讲中国食品安全立法最新进展。有意思的是，本次大会在讨论议题宏大、时间偏紧的情况下，会议第一天用了整个下午讨论食品电商、互联网相关的话题。那天下午议程由澳大利亚农业部部长级专员尼克拉·海德（Nikola Hinder）女士主持，欧盟及成员国做了食品电商治理的分享，陈谞稽查专员则代表中国对中国网络食品立法最新进展发表演讲。陈谞稽查专员在演讲中提到，中国从 2015 年开始到 2017 年，短短两年多的时间，网络食品治理已经形成从《食品安全法》到总局规章的上下位法并进的立法格局：即上位法专条加下位法两部管理办法"一法两办"。作为会议主场的欧盟近些年在探讨的所谓数字一体化市场，彼时却还没有网络食品专门性立法，陈谞稽查专员的演讲在当时的会议中掀起不小的波澜。这是中国在国际会议上第一次官方发出的网络食品安全治理的声音。欧洲人对这个全球最大的发展中国家的新业态治理的很多新理念、新思路闻所未闻、听所未听。欧盟不少成员国的代表当场表示，中国的经验值得学习研究。以前讲到立法监管，西方国家总作为传道士而存在，中国似乎总是模式的净输入者。但互联网时代，我们深深地感受到：在中国宏大的经济发展叙事格局中，互联网带给中国很多弯道超车的利好。于是作为中国网络食品依法治理的深度参与者，陈谞稽查专员在这场会议中肩负起了讲好食品安全监管的中国故事，介绍食品安全监管的中国创新，展现中国在构建食品安全人类命运共同体上所作出的贡献，表明中国有能力发出自己好声音的神圣使命。

2015 年，我在凤凰卫视一档有关互联网的专题访谈中谈到，为了圆母亲对故乡味蕾的念想，不时会从遥远的北京给她老人家在网上买些辣椒酱、酱豆腐（老家人又叫霉豆腐）之类的，让她吃到一些熟悉的味道。我们经常能愉快地聊起老家好吃的东西。而实际上，我在做这档节目之前，在海外生活了六七年，几乎就没有网购过，遑论网购食品。2013 年回国后，几经辗转误打误撞进入国家食药监系统继续从事食品药品立法的研究工作，2015 年中国政府提出"互联网＋"战略。同年国务院提出《关于大力发展电子商务　加快培育经济新动力的意见》（业内简称"电商国八条"），提出加快食品药品电商立法促进有序发展。这些场景很自然引领我深入关注互联网和食品药品领域。从 2015 年开始，围绕我主持的中国博士后科学基金和原国家食品药品监督管理总局高级研修学院资助的两个课题，通过对互联网食品药品产业及监管展开研究，我较早地参与了食药监系统互联网食品药品监管能力建设项目。后来又因着借调原国家食品药品监督管理总局法制司，参与了《网络食品安全违法行为查处办法》《网络餐饮服务食品安全监督管理办法》等互联网业态相关办法起草和论证等工作，这应该算是中国乃至世界较早的可落地的网络食品相关立法。

这些都构成我对互联网食品药品的有叙事情结的宏大背景。

三部曲丛书的内容

从 2015 年起，因着食药监系统工作及研究课题之故，我开始策划发起系列丛书"舌尖上的互联网"三部曲——《互联网背景下食品安全治理研究》《可以吃的互联网》《网络食品安全规制研究》。实际上药品通过互联网管道进行流通几乎与互联网相伴而生，也引发更大的社会性挑战和问题。所以三部曲中的《可以吃的互联网》一书，视角将会拉的更广更宽，对药品的互联网销售和相关问题进行全景式的研究论述。此外，三部曲为服务学术研究及大众公益的项目。其中《互联网背景下食品安全治理研究》《网络食品安全规制研究》这两本书定位于学术研究。作为三部曲中唯一的大众性研修读物，《可以吃的互联网》为融学术性和趣味性于一体，将对"互联网＋食品药品"等入口的特殊商品进行全业态、全产业链及监管政策的全方位观察，力求视角全面、观点新颖，具有行业高度和全球格局。希望对食药监部门、食品药品产业和相关学者研究网络食品药品新业态发展及治理有一定参考价值。

"舌尖上的互联网"三部曲从三个维度对互联网食品药品领域展开研究和讨论：勾画网络食品药品的产业发展进行时，对其进行全业态的多视角的近距离观察；建构网络食品药品社会治理图景，对产业产生的安全等社会问题的治理从理论和实践进行深度研讨；横向进行国际对比，特别是与欧美地区进行对标研究。综合运用法学、社会学、经济学、药事管理等学科维度进行交叉研究。在时机成熟的时候，也拟将上述作品推出相应的国际版，试图对网络食品药品产业发展及治理以全球视角进行互联网治理的中国维度话语体系建构。

网络食品药品：中美 20 年前后产业对标

互联网起源于美国，美国也是网络食品药品业态集大成者。21 世纪初的互联网史上最大的泡沫引爆点也始于网络食品。1996 年，生鲜电商 Webvan 在硅谷成立。它的出现引来现象级关注，除了大规模的资本聚集和媒体关注，还在于其所引发的革命性的购物习惯的改变，在 20 多年前，在硅谷就孵化出互联网销售食品的模式，而且这个模式用今天中国产业界的话来说就是"O2O"。用户不是去商店而是坐在家里通过互联网发送用户订单，然后商品被送到用户家中，这样革命性改变消费者的购物方式迅速风靡美国。让用户在网络上订购一杯豆浆等，然后在豆浆变坏前送到用户手中。Webvan 那时还把另外一个网络食品的先驱者 HomeGrocer 收购，而后者在那时就以精密算法、炫酷超前的技术而著称于世。Webvan 甚至公开承诺，可以在 30 分钟内送货上门。可惜的是，高昂的运营成本使得 Webvan 在 2001 年宣布倒闭，昔日冉冉升起的明星轰然破产。Webvan 也因此被美国 CNN 列入十大互联网失败经典案例，至今仍是美国商学院研究的对象。

而实际上，中国在那时，在互联网面前还是一个小弟弟。当然，虽然没有美国那般波澜壮阔，但已经初见端倪。1999 年是中国的电商元年。中国电商在这一年真正进入了实质化商业阶段。1999 年 9 月，8848 网策划 72 小时网络生存项目，12 名志愿者分别在北京、上海、广州三地的独立的房间内，没有被褥，没有食物和水。他们的生存空间为酒店标准房，有基本的生活工具，但与外界的沟通，只有一台可以上网的电脑，生活所需只能通过网络来获取。3 天当中，志愿者们每天只能从网上买来从某快餐店送来的油条豆浆，从网上买来的被褥也只能 3 天之后才能送到。12 名选手绞尽脑汁，仅通过网络买到了豆浆。这个测试应该是全面展示了，早期电子商务特别是在食品类等生活必需品方面，客户体验从现在的角度上说是非常糟糕的。一年后，8848 等早期电子商务先驱者关门大吉，永成记忆。

20 年前，美国互联网已经开始放卫星，中国还在爬速前进。

2015 年，中国网络零售占到社会消费者总额 10%，尼尔森（Nielson）2015 年的一份调研报告显示中国网购过食品杂货的消费者占中国人口的比重达 46%，也就是说几乎每两个中国人中就有一位网购过食品。① 但相比而言，中国的网络药品始终不温不火。原因是医药不分家，处方药市场未放开，特别是极具中国特色和发展空间的网络第三方平台不允许对

---

① The future of grocery: E-commerce, digital technology and changing shopping preferences around the world, 2015: 8.

个人销售处方药。从 1998 年，上海第一医药商店开办了中国第一家网上药店，到现在网络药品销售只占到整个药品流通总额的 3%。① 也就是说中国的网络药品市场远未释放。美国哈里斯民意调查（Harris Poll）2016 年对 2000 名消费者进行电话调研时发现，美国近 1/3 的人在网上购买食品。② 美国网络食品市场数据稍逊于中国，但药品在线化率 2013 年就高达 30%，远比中国高。美国的网络药品销售有强劲的消费需求。美国 FDA 近年的一项调查显示，美国 1/4 成年人有过网络购买处方药的经历。③

20 年后，中美互联网产业对标，互联网开始奋起直追，网络药品市场成熟度、药品在线化逊于美国，但网络食品领域反超。

全球领先的数据公司 Statista 发布数据显示，截至 2015 年 5 月，全球十大互联网公司中，中美几乎平分，美国占去六席，中国为四席。中国上述四大互联网企业分别为百度、阿里、腾讯和京东。其中前三者的首字母拼起来还被华尔街朗朗上口称为"BAT"。这些都与食品药品有直接或间接的联系，其中阿里和京东全业态布控互联网食品药品综合性互联网平台。两大企业几乎横跨全部的互联网食品药品业态模式，含网络食品零售、生鲜电商、网络餐饮、跨境食品电商、互联网药品销售等。而百度除付费搜索与食品药品直接相关，还孵化了百度外卖（后并入饿了么），买入糯米并将百度糯米构建成为包括提供美食等服务的本地生活服务平台。腾讯与京东进行战略合作，利用其 QQ、微信等社交优势，正在或即将对京东的互联网食品药品成熟模式及未来增长的新模式形成互联网导流作用。腾讯最早的拍拍其实是包括食品等品类的电商潜力股，但拍拍关闭后，断了电商念想，专心做连接器。腾讯除了主动

---

① 商务部："2015 年药品流通行业运行统计分析报告"，载百度政策研究院，http：//sczxs. mofcom. gov. cn/article/dyplwz/bh/201606/20160601332172. shtml。

② A. Enright, Cooking up online food sales：Consumers buy more via the web, Internet Retailer，https：//www. internetretailer. com/2016/07/01/cooking – online – food – sales – consumers – buy – more – web.

③ United States Government Accountability Office，Internet Pharmacies：Federal Agencies and States Face Challenges Combating Rogue Sites, Particularly Those Abroad，2013：40.

与京东合作做导流外，以连接器为触发点，微信起来后，又发展了微信支付，以及手Q等移动互联网应用放大了腾讯的社交功能，进而产生了社交与电商杂交而成的所谓微商业态。于是食品药品也主动或被动作为微信平台上的交易物品，或仅作为信息展示。因为用户的黏性和广泛性，微信也被动地与食品药品也捆绑了起来。除此之外，一些专注食品药品互联网平台及自营电商也相继出现（如美团、饿了么、本来生活、沱沱工社、春播、壹药网、好药师、健一网等）；而且传统食品药品企业也相继线上化（如中粮、沃尔玛、海王星辰等）。

美国的网络食品业态与中国类似，"食品＋互联网""互联网＋食品"发展路径并存。亚马逊、沃尔玛成为业内佼佼者。网络餐饮也出现第三方平台模式，但是美国没有出现类似淘宝这种食品C2C的超级平台。美国的网络业态没有像中国那样模式层出不穷，比如跨境食品电商、微商等。

与中国不同，美国医药分开，药品零售市场放开并且集中度高，形成Walgreens、CVS、Rite Aid等巨头药品零售商。1998年到2008年这十年里，是美国网上药店销售的黄金十年。在2000年美国互联网泡沫前后，美国线下药店及互联网产业界纷纷投身网络药品。制药巨头默克公司（Merck & Co.）2000年宣布投资网络药店，一年后就有望实现销售额将翻倍。1999年，Rite Aid花费700万美元收购一家网络药店。竞争对手CVS则花了3000万美元购入另一家网络药店。Walgreens宣布其推出在线业务计划后，股价大涨。美国的网络药品业态集大成者更多是原有的线下大鳄发展而成，所以相当于"药店＋互联网"路径。但美国合法的网络药店并没有生成第三方平台模式。

网络食品药品：中美产业规制对标

中美除了互联网食品药品产业发展对标外。相关立法监管也多有可对标之处。

食品药品作为入口产品，都属于严格监管的特殊商品。但就风险而言，两者还是有较大差别。药品与食品最大的不同有两点：一是安全性，特别是处方药远比食品要求要高，而精神类的管制药品，与毒品只有一步之遥，所以还有社会安全属性；二是有效性，药品用来治病，所以不含治疗疾病的有效成分的药品也严重损害消费者利益。从这个意义上说，药店只要是不凭处方就销售处方药就是非法的。互联网本身与食品药品生产没有直接关系，但互联网与食品药品结合后，最大化地触达消费者，但最大的问题就在于互联网可能放大食品药品的风险。这样使得网络食品药品需要规制。中国在网络食品药品中都出现单行立法，尤其以网络食品进行了创设性立法也成为现今中国互联网治最大的特色之一。而美国只在互联网药品中出现创设性单行立法。

中国于2015年修订《食品安全法》，首次提出"社会共治"原则。同时针对网络食品，新法首次专设两条，并首次提出"网络食品交易第三方平台提供者"这一个概念，专设的两条都是专门针对第三方平台，因此也称为平台专条。食品安全法的修订一方面标志着网络食品正式纳入食品安全法上位法进行监管；另一方面也说明了中国对网络食品的监管从一开始就回应了"社会共治"原则，建立起以平台为抓手的思想。网络食品交易第三方平台不是直接的食品生产经营者，但提供平台给食品生产经营者销售食品，对入驻平台的负有管理义务。平台专条是中国网络食品立法中最具特色的创设性立法，而"社会共治"原则引入则进一步加固了平台专条的实用主义路径现实效应。平台专条创设了包括对入网食品经营者实名登记、审查其许可证等四大义务，并进一步建立了促使平台履职尽责的处罚机制，结合未能履行的义务类型及情节轻重，将受到财产罚和资格罚等处罚，规定最高处罚可致平台关停。

中国的网络药品立法起步早，几乎和中国的互联网发展同步，但立法位阶较低，相关创设立法不多。上海最早的网络药店运营，由于没有法律依据，网上药店曾一度紧急被"刹车"。1999年，原国家药品监督管理局出台了《处方药与非处方药流通管理暂行规定》，基本叫停网络药品。2000年又发布《药品电子商务试点监督管理办法》允许部分省市进行有限度的网上销售非处方药的探索。2004发布《互联网药品信息服务管理办法》，2005 年又发布《互联网药品交易服务审批暂行规定》。至此，中国形成了互联网药品风险分级分类监管思想。首先是互联网药品按信息和交易分别单立许可，析分出药品信息服务和交易服务两大主要业态方向。在交易服务之下又按交易对象细分为 A、B、C 三种交易模式进行区别监管。在简政放权的思路下，中国近来又将上述三证废除。中国互联网发展最大生态就是网络第三方平台，中国的网络药品放开平台对个人售药，有一小段时间试点，但还未来得及写入立法，就被叫停试点。中国处方药对个人的网络销售一直未能放开。

美国将重心放在网络药品的管制，进行立法建构，而食品则基本按传统的现成立法进行监管。美国与中国最大的不同就是处方药允许网上销售。调查显示 1/6 的美国人有过至少一次不凭处方就从网上购买到处方药的经历。[①] 实际上，美国网络药品几乎与互联网相伴而生，网络药店的无边界虚拟性也引发更大的社会性挑战和问题。从 20 世纪 70 年代开始，药品（包括非法和合法）就可以通过网上购买。药品的特别之处是处方药与其他商品不一样，受到严格管制，所以互联网药品销售也分非法和合法两种。根据 LegitScript 及美国互联网药品安全中心（The Center for Safe Internet Pharmacies）的测算，市场上有近 96%～97% 的互联网药品销售存在不同程度的违法经营情形。互联网药品首先是打击黑色产业、非法药品问题。1971 年或 1972 年左右，斯坦福大学的学生在斯坦福大学的人工智能实验室使用阿帕网，与他们在麻省理工学院的同行进行大麻交易（大麻属于管制药物）。在亚马逊及 eBay 之前，上述行为开创了电子商务的先河。美国的网络药品的监管大致形成两大层次：处方非管制类网络药品及处方管制类网络药品。两者监管机制迥异。

对于处方非管制类的网络药品实际更多是第三方行业协会准入与州

---

① United States Government Accountability Office, Internet Pharmacies: Federal Agencies and States Face Challenges Combating Rogue Sites, Particularly Those Abroad, 2013: 40.

政府监管的"社会共治"模式。由于美国药店实际上在各州进行属地监管，而网络药店又具有跨州经营性，美国国家药房理事会联合公会（NABP）引入网络药店认证计划（VIPPS）。但美国现行联邦立法未能界定什么是处方药，这给跨州网络药品销售违法定性带来挑战，而且网络药店认证只解决美国境内网络药店，境外网络药店则鞭长莫及，由此产生海外药品网络销售（某种意义的跨境药品电商，加拿大、英国甚至印度的网络药店都成为美国消费者选择对象）。也就是这个背景下，美国国会议员曾经提交《网络药店安全法案》（*Online Pharmacy Safety Act*），法案中建议建立合法网络药店登记制度，实行动态管理。但法案最终没有通过。①

对于非经许可的管制药品流通，美国采取直接刑事入罪化管制模式。包括通过对网络流通管制药品实施严厉打击，由美国司法部属下的缉毒署直接监管，相当于中国的中央垂直管理。管制药品的网络药店垂管体系的形成源于瑞安·海特（Ryan Haight）事件。2001年2月，美国一名叫瑞安·海特的18岁男孩在网上让医生给他开了处方，他轻松通过互联网购买了某管制药品，服药过量并死亡。这个事件直接导致美国2008年通过《瑞恩·海特网上药店消费者保护法》（*Ryan Height Act*），对网上药店出售管制药品进行专门立法规制，这也是美国在互联网药品领域最重要的一部立法。早期类似瑞安·海特的事件并非孤例。基本是在美国互联网泡沫期前后，非法销售管制药品的流氓网络药店井喷式增长。大概四类主体扮演了早期美国网络管制药品不光彩的一面：网络药店、搜索引擎、开具处方的医生和经营管制药品的线下药店。网络药店和搜索引擎扮演了通过互联网连通医生、线下药店和消费者的第三方平台。早期网络虚拟性提供逃避打击的温床，消费者的巨大需求，导致美国管制药品滥用失控。美国《瑞恩·海特网上药店消费者保护

---

① United States Government Accountability Office, Internet Pharmacies: Federal Agencies and States Face Challenges Combating Rogue Sites, Particularly Those Abroad, 2013: 46.

法》之后，直接给医生和药店都分别划上红线：医生必须给病人进行当面诊断后才能开出处方；从事网络药店经营必须取得美国缉毒署的专门变更登记才能进行，而变更登记的前提一般又是首先得有一个合法的线下药店。美国还对上述网络药店概念做扩大解释，对于管制药品销售起到帮助、中介作用的第三方平台类的网站也被归为网络药店进行同样严格的监管。这就使得以往的空壳性质的第三方平台模式（包括搜索引擎）没有生存空间。但是美国专门针对网络食品的立法还没有。

中美对标互联网食品药品立法，中国在网络食品药品领域全面展开立法，美国深耕网络药品立法，但在网络食品领域几乎没有专门性立法。比较而言，中国某种意义上至少走得更全面，并且在涉及网络食品第三方平台的创设性立法上走的更前。

这也解释了中国的探索为什么引起了世界的关注。2016 年，我参与国内某大型食品安全会议并分享网络食品相关立法，介绍了中国在网络食品中不断发展的创新业态，如共享经济和微商等带来监管的挑战。有位美方代表会后和我分享了正发生在美国的一个真实案例：Facebook 上一位单亲妈妈因为在群组上售卖自己做的鱼汤而遭到法院起诉，若检控罪名坐实，将判其入狱，但 Facebook 却在这个案例中免于处罚。这个事件在美国媒体上掀起轩然大波，她问我中国会怎么处理类似案例。她又提到在此之前美国谷歌因为网络药品非法广告被处以 5 亿美金的天价处罚，也问我的看法。我未置可否。我深感虽然立法路径两国迥异，产业故事的深度和广度两国却惊人地相似，几乎在同一个战壕对标。但在我的内心深处，研究好中国互联网的正在发生和即将发生的故事，讲好中国故事，进一步在我的脑海中码实。

深深浅浅的缘分，一轮生肖的坚持

时间走到 2016 年，《纽约时报》记者约拿·克塞尔（Jonah Kessel）和保罗·莫哲（Paul Mozur）做了一个视频短片《中国是如何正在改变你的互联网》（*How China is Changing Your Internet*）。短片提到，想了解互联网发展的宏大格局，美国已经满足不了，中国这个曾经以"山寨"仿冒而闻名于世的国家，实际上已经开始成为未来互联网的风向标。可是，让人抓狂的是，如果说互联网是世界的，唯独中国大有不同，互联网在中国是一座围墙内的"企业内部网"（Intranet）。谷歌（Google）、YouTube、脸书（Facebook），这些一系列在国际互联网大家族的标配产品，在中国成为真空，而取之的是百度、优酷、微博、微信等。这些曾经被国外戏称为"赝品"的互联网平台如今转而成为全球唯一可以对标国际互联网的大品牌。短片说，中国的互联网就像与大洋隔开的潟湖，产生很多独特的 App。潟湖中的生物因为生长的环境长期和大洋深处的其他物种所处的环境不一样，在这个相对封闭的小环境当中，它们按自己的方式与大洋的生物发生不一样的突变。早前，没有人去关注这些在非主流环境的 App 怪物的发展，就像澳大利亚大堡礁曾经被世人忽略一样。但是，人们慢慢地发现，这些 App 所创造的功能强大到让人叹为观止，再也无法熟视无睹了，西方人反过来学习这些像是从与大洋主流隔绝的潟湖中发展出来的中国式互联网发展逻辑。短片用微信做例证。微信就像一把瑞士军刀，是一个超级的 App，集合了脸书、Skype、Instagram 等很多西方主流 App 的功能。不仅如此，微信还集合西方很多主流 App 没有的功能，比如网络订餐、购物、医院挂号、药房付费、投资理财、显示地方拥挤程度的热度图，这些功能都集中于一个 App。这是个现象级的中国互联网事件。他们惊叹中国互联网企业能够开发和悦纳如此强大的功能集群，认为这是西方互联网企业应该学习却不一定能学会的。

但是这个有着 7 亿用户的超级 App 也带来互联网食品药品治理的挑战。因为其超级的用户粘性，在这个社交平台产生所谓的"微商"，也交易包括食品药品类的产品。这些微商通常是自然人。现在的问题是，这些所谓的微商如何来监管，另外微信作为平台是否等同于《食品安全法》中的第三方平台，从而承担相应的责任。这些与互联网平台及商业模式创新相伴而生的问题，寻找答案还需要一个过程。

微信的成功证明，中国不再是互联网的模仿者，而是创新者。但同时也表明，创新与风险、挑战也相伴而生。中国互联网大佬们倒是坦率和有自信地面对挑战。2013 年，腾讯创始人马化腾在他的演讲中谈到了互联网通向未来的七个路标，提到互联网连接一切，同时也坦率地承认连接一切是有风险的。2018 年达沃斯论坛上，当马云被问及他对在贸易保护主义抬头背景下，如何赋能全球电子商务，他依然对其提出的 E-WTP 信心满满，表示世界终将迎来从"某国制造"到"互联网制造"的转型。

"舌尖上的互联网"三部曲是较为庞大的系统工程，是对新的领域进行的跨界研究。作为成长于有着宏大的叙事格局的祖国，偶尔仰望星空掠见星光点点全球语境的谦卑的见证者，2017 年算来，我从事食品安全研究已经十二年，那意味着一个十二生肖的轮回，也就是食品安全研究的一个本命年。回想起来，波澜不惊又心怀激荡。经历了反复折腾文稿比对完成的两篇硕士论文、一篇博士论文，2015 年，我加入食药监系统后，又有幸与众多优秀领导专家一起学习，进入药品的监管领域，像海绵一样学习和吸取营养。本系列丛书初稿成型于 2017 年，成稿也算是给自己一轮本命年研究的交待。2017 年，又很荣幸被遴选为原国家食品药品监督管理总局食品安全普法宣讲团讲师，通过"舌尖上的互联网"宣讲食品药品治理的"中国好声音"进一步转化为我的使命。

三部曲让我为之着迷，死心塌地地沉下心来研究之，先是在原国家食品药品监督管理总局高级研修学院时在北京西站闹中取静的临时寓所，后在中国人民大学校园中关村街边静中取闹的静园一隅，默默耕心耕力。感谢一路走来，从原国家食药监总局领导同志对我工作的磨砺，到中国人民大学食品安全治理协同创新中心研究同人对我研究的砥砺，还有远在澳洲的博士生导师魏维琪（Vicki Waye）教授及中国社会科学院社会学所博士后合作导师王春光教授永远毫不保留的鼓励支持。虽有心（辛）苦和煎熬，但我亦无怨无悔的坚持。写到这里不得不提阿里巴巴的盒马鲜生、京东 7Fresh 等近来火热的所谓新零售互联网生活服务新模式，这些以实体店和网上订购结合的模式把互联网发挥到新高度。盒马鲜生还声称可以 30 分钟的时间送达网上订购，这场景与 20 年前美国 Webvan 何其相通，但语境已完全不同。根据盒马鲜生的计划，尽管中国的网络药品政策法律仍有变数，药品似乎也拟纳入其商业计划。我们知道，不仅只有盒马生鲜，很多企业都在摩拳擦掌。可见对于"舌尖上的互联网"，中国依旧在探索和创新的路上，让我们拭目以待并且拥抱它的未来。

对于上面提到的所有问题不一定都能找到终极答案，但笔者希望通过"舌尖上的互联网"系列丛书尽心尽力地把事件、问题背后的历史、现状和可能的未来做一个梳理还原，归纳分析，对读者有所启迪。希望读者会喜欢"舌尖上的互联网"系列丛书。

谨以此献给我的母亲，感谢她无言的爱……

General Preface to
'Edible Internet' Trilogy

The Context and the Story

In December 2017, 2nd ASEM Conference on Sanitary and Phytosanitary (SPS) -Food Safety brought together 21 Asian countries and 30 European countries in Brussels. China Food and Drug Administration (CFDA) was invited to share China's recent development of food safety law. When Chen Xu, Inspector-General of CFDA's Department of Legal Affairs explained that China had already established relatively comprehensive high-level laws and implementation-level rules and measures specifically for online food trading regulation, ① European food politicians felt surprised and really curious about how China achieved it. During the Q&A session, Chen was 'bombarded' with lots of questions but he answered with confidence. From his elaboration, in 2015, China introduced Amendment to the *Food Safety Law* (hereinafter referred to as 2015 FSL Amendment), which introduced two specific Articles concerning online food trading. ② In 2016 and 2017 CFDA

---

① In the Trilogy series, online trading and e-commerce are interchangeably used. The same rule is applied when it comes to online food and drug on the one hand and Internet food and drug on the other.

② Pinghui Xiao, *China's rising online food trading: Its implications for the rest of the world*, in Resource Security and Governance: Globalisation and China's Natural Resources Companies (Xinting Jia & Roman Tomasic eds. , 2017).

introduced two Measures to implement the 2015 FSL Amendment. So altogether there are 96 Articles introduced specifically targeting at regulating online food trading.

Margins in food are razor thin whereas profits for food e-commerce are almost non-existent in Europe. Many European online food and grocery markets remain in their infancy with the exception of UK having food e-commerce represent 7% of all food sales.① In addition, Europe is still struggling for its so-called digital single market initiative, which explains Europe's current embarrassment: Although Europe recognizes the online platforms in particular online marketplaces are very valuable for SMEs and therefore can generate prosperity, Europe itself does not have many such kind of platforms. In addition, digital world is a patchwork in Europe with a lack of single market due to challenges associated with fragmentation of the EU market and legal uncertainty as applied to the Internet economy. Europe will also have to face the common challenges arising from online platforms, fake and unsafe products, among others.②

Europe's surprise and interests go with reasons. China as a developing country, had always been labeled as a copycat. But this time when it comes to food e-commerce and regulation thereof, it looks around the world but find nothing that it can copy from, so China has to do it itself. Ultimately, Europe will find that all the impediments for EU toward a digital single market, are non-existent in China. China has the world's biggest online food marketplaces, Taobao, Tmall, JD and to name a few. In addition, it has an

---

① Katy Askew, *Food and drink brands aim to win big in e-commerce*, Food Navigator (2017), available at https://www. foodnavigator. com/Article/2017/09/08/Food-and-drink-brands-aim-to-win-big-in-e-commerce.

② Online Platforms and the Digital Single Market Opportunities and Challenges for Europe [COM (2016) 288 final]. (2016). 20 – 1.

ever-increasing e-commerce including that of foodstuffs. So creating specific laws to regulate the sector seems to be the most natural thing in China.

In 2015, I gave an interview to Phoenix Television to talk about the Internet food and drug. In the interview, I mentioned that in order to cure my Mom's homesickness,① I bought her hometown-style chili sauce and fermented bean curd from the Internet from time to time. I did that often when I was working in Beijing far away from where she lived. We normally had nice conversations over the hometown foodstuffs upon delivery though she was always murmuring, "my son, you should get married ASAP."② Ironically I had lived overseas around six years before this TV interview, but I had hardly bought anything over the Internet, let alone foodstuffs. After coming back to China in 2013, I started to work in CFDA to do further research on food and drug regulation as a post-doctoral fellow. In 2015, the Chinese Government put forward the so-called 'Internet Plus Strategy'. The same year also saw the State Council announced the 'E-commerce Plus Scheme' with a view to boosting ever-increasing e-commerce including that of food and drug in China. All the above things naturally lead me to focus my research on the marriage between food and drug on the one hand and the Internet on the other. Since 2015, I have had two research projects funded by the CFDA's Institute of Executive Development and the China Postdoctoral Science Foundation respectively. Both projects are created to research into regulation of online food and drug trading, so I have been working closely with staff members in CFDA's Department of Legal Affairs

① Mom was born in Jiangxi Province and we moved to Guangdong Province a few years ago. Though two Provinces are very close to each other geographically, they have very different cuisines and food cultures.

② Well, our conversations then stop when arriving there. Mom is a Chinese woman with a traditional mindset but she loves her children of course.

among others ever since. This enables me to participate to draft a few laws and rules relating to online food and drug trading, among other topics. ①

About 'Edible Internet' Trilogy

I have been working on 'Edible Internet' Trilogy since 2015 when I officially joined in CFDA's Institute of Executive Development as a research fellow. Trilogy as it indicates, is comprised of three books initiated to explore China's food and drug development and regulation in the Internet age. They are namely *China's Food Safety Governance in the Age of the Internet Plus*, an edited book; *Research on Online Food Safety Regulation*, a monograph; *The Taste and Cure on the Internet*, another book. All are essential outputs of the two research projects that I have been in charge of since joining in CFDA. The former two of the Trilogy have been finalized for academic purposes, whereas the final one to be finished is for public readers, especially those CFDA staff members, food and drug industry professionals. The Trilogy is entitled 'Edible Internet'. But it's not just edible foods that are made available over the Internet but also medicines in China. In fact, online drug trading becomes a rising challenge, attracting tremendous attention from the government and the public. So ultimately the Trilogy and in particular the book, *The Taste and Cure on the Internet*, are projected to give a snapshot of how the Internet interacts with food and drug in China and to depict the dynamics of the sector of so-called online food and drug trading and challenges that it faces to regulate the sector.

The trilogy will be the first of its kind in China. When time is ripe, international editions of the Trilogy can be prepared to share the Chinese story of Internet governance with the rest of the world.

---

① For an overview of China's food e-commerce regulation, please refer to my recent article. See Pinghui Xiao, China's rising online food trading: Its implications for the rest of the world. 2017. More articles are being prepared.

Development and Regulation of Internet Food and Drug:
From the US to China

The Internet started in the US, whereas edible Internet was at first being experimented there as well. China follows behind as a copycat but then comes up with its own innovation.

In early 1970s, Stanford students using Arpanet accounts at Stanford University's Artificial Intelligence Laboratory engaged in a commercial transaction of an undetermined amount of marijuana with their counterparts at MIT, which in today's term was a drug deal in the form of e-commerce before Amazon, eBay and the like.[①] However, ever since, the happy marriage between the Internet and traditional businesses evolves to become an online trading model in the form of foodstuffs, OTC and legend drugs. In 1996, Webvan, a pioneering Internet food and grocery corporation was founded in Silicon Valley. For everything ordered from consumers, it claimed to deliver to their door within 30 minutes. However it was declared bankrupt in the Internet bubble in 2001. Webvan collapsed due to unsustainable operating costs. But that does not stop Internet fever in the US. Amazon, Peapod and the like continue to grab online food opportunities. Almost at the same time, brick-and-mortar pharmacies realize Internet opportunities. In 1999, the Rite Aid Corporation paid over $7 million and competitor CVS Corporation paid $30 million to have their own online drug sites run respectively. Walgreens drug stores experienced a boost in its stock value after announcing similar online pharmacy plans. Online pharmacies clearly entered in people's life in the US ever since.

---

① These days, marijuana is scheduled as a controlled substance, which is illegal if traded online in the US.

Both food and drug have a happy marriage with the Internet in the US, but then market failure comes too. Both Internet food and drug receive complaints from consumers for quality and safety issues. In particular, there are enormous rising Internet pharmacies, which sell legend drugs or dangerous controlled substances with no valid prescriptions and it is life-threatening. Generally speaking, most legend drugs are entirely for pharmaceutical and medical use, whereas controlled drugs are substances like narcotic ones and therefore are dangerous to the society if not well controlled. The US takes action to tackle problems arising from online pharmacies through an inroad to those online pharmacies selling controlled substances by introducing *Ryan Haight Online Pharmacy Consumer Protection Act of* 2008. The Act is administered by the Drug Enforcement Administration. This Act is created to pave the way to consolidating enforcement powers as laid down in the *Controlled Substances Act* to tackle rogue online pharmacies selling controlled drugs. But the Act left untouched illegitimate online pharmacies selling legend drugs with no valid prescriptions, which has to do with FDA to some extent. Nonetheless, regulation in this regard is inadequately handled by the current patchwork of state and federal legislation, which is clearly related to US federalism for better or worse. Believe or not, 112th US Congress proposed an *Online Pharmacy Safety Act*, which was intended to amend the *Federal Food, Drug, and Cosmetic Act* by consolidating FDA powers over Internet pharmacies. However, it failed to pass. So it is understandable if an Act like this cannot succeed, special Acts targeting Internet foods have never even put on the table list in the US.

When it comes to China, it reveals faces similar to but predominately different from the US.

Among the top ten Internet companies in the world are Baidu, Alibaba, Tencent (together called 'BAT' elite group) and JD from China according to Statista. All the four directly or indirectly involve food and drug. Baidu is China's biggest search engine. It is natural for it to involve food and drug by providing online advertising. In addition, it has created Baidu Waimai to provide food delivery services targeting middle class on the one hand and Baidu Nuomi for the purpose of catering group purchase. Alibaba becomes the biggest player of online food and drug trading. Tencent as social media platform does not directly run e-commerce anymore but is in close cooperation with JD, another big player of online food and drug trading only next to Alibaba in China which competes fiercely with Alibaba. All in all, at the heart of the topic is Alibaba.

The Internet in China was nothing, let alone food and drug e-commerce 20 years ago compared with the situation in the US at the time. In mid 1990s, Jack Ma, after visiting the US first time, he got to know what the Internet was. But he learnt from the US and acted very fast by creating then Alibaba Group, which becomes the world's biggest e-commerce platforms. The most striking things for his platforms lie in all-in and comprehensive features. Alibaba unlike the other Internet giants, it creates its own all-in features of the e-commerce eco-system ranging from listing, rating, payment and even logistics. In addition, it makes available for sales a comprehensive list of almost everything you need for daily life from clothes, home appliances, furniture, to of course food and drug. The uniqueness on top of the above features lies in the fact that Alibaba's Platforms are all on the basis of online marketplace model meaning that they primarily serve as intermediaries rather than direct business operators of goods or services. When Alibaba grows to be bigger and bigger, it adopts differentiation strategy so in the Alibaba family, there are various platforms emerging from time to time e. g. , Taobao, Tmall, Tmall. hk, Ali Health and the like.

The above features, business model and marketing strategy combined together with unprecedented sheer market size make Alibaba a super battleground for both big businesses and SMEs to do businesses. Online marketplaces within Alibaba's eco-system have no walls and borders so no matter in China or outside, doing businesses there is made possible. Ultimately we see that Jack Ma announced his vision to create E-WTP (electronic World Trade Platform) and invited world leaders from WTO and the like to join his initiative during the G20 Submit gathered in Hangzhou, China, in 2016.

Since Alibaba, an online marketplace model business is a key player in online food and drug trading in China, it is then a key to understanding the regulation of it. Indeed, the Chinese Government creates specific laws as applied to the Internet foods by initiating provisions specially targeting the so-called 'Third Party Online Food Trading Platforms'. The term of Third Party Online Food Trading Platforms was introduced in the 2015 FSL Amendment, and to the layman, it points to online marketplaces for foodstuffs. There are merely two Articles introduced in the 2015 FSL Amendment and the two entirely deal with online marketplaces. Hence, ultimately, Alibaba and all other online platforms involving providing marketplaces becomes a laboratory for a test and experiment of the Internet food legislation in China.

So in a nutshell, at the heart of China's Internet food laws is regulating online food marketplaces. To this end, marketplaces like Taobao, Tmall, JD, Meituan, to name a few are mandated to have powers to supervise and watch food business operators within the online marketplaces during the whole lifecycle of business doing. If the marketplaces fail to ensure those operators in compliance with food safety, the marketplaces will be punished with penalties ranging from fines to suspension or revocation of license.

Internet drug legislation has developed almost in sync with the emergence of the Internet in China, though most pieces of legislation are relatively at low level. In 1999, the former State Drug Administration issued the *Interim Provisions on the Dispensing of Prescription and Non-prescription Drugs*, which generally prohibited online pharmacies from running. Until 2000, the Administration announced a drug e-commerce pilot scheme, which allowed online pharmacies selling OTC drugs in certain Provinces. China issued the *Measures on Administration for Online Drug Information Service Providing* and the *Interim Provisions on Licensing Online Drug Trading Service Providing* respectively in 2004 and 2005. Under the Measures and Provisions, China's businesses involving online drugs are run basically in two forms: Information service providing and trading, both of which have to be licensed. In the case of online drug trading, there are three different licenses varying from A, B to C according to business models. However, prescription drugs have never been allowed to sell to individuals through online pharmacies and in particular, online marketplaces are prohibited from selling prescription drugs to individuals. Since then China retains this regulatory policy of online pharmacies for more than 10 years. But in 2017, the licensing for online drug trading was entirely abolished to respond to State Council's initiative of streamlining administration and delegating government powers. However, in a nutshell, prescription drugs are almost entirely precluded from selling to individuals via the Internet.

Way Forward

In 2016, The New York Times produced a short video to document how China is changing the Internet. According to the video, China was once known as the land of cheap rip-offs but now becomes a guide for the future of Internet. China's Internet is more like an intranet due to the fact that it is largely walled off from American apps like Google, Twitter, Facebook and the like. What filled China's Internet was a generation of its own products copied from the Western ones. For Google, China has Baidu; for Twitter, it has Sina Weibo; to name a few. However, they all have grown into huge giants. China's Internet is like lagoon to the greater ocean of the world's Internet. In the lagoon there are swamp monster apps bearing some resemblance to the creatures in the ocean. Lagoon monster apps are mutated in some ways due to their evolving in a different environment. Nonetheless, the mutation actually starts to shift the world's thinking. Before no one outside the lagoon really took notice of China's Internet. However, the sheltered Internet has given rise to a new breed of apps and some of the features developed are so amazing that Western apps want to copy. The greatest example is the super app, WeChat developed by Tencent Group. WeChat has features of Western apps like WhatsApp, Facebook, Instagram, Skype, Uber and the like. But on top of these there are things that are non-existent in Western apps. So WeChat also has hospital appointment booking system, investment services and even heat maps to show how crowded a place is. The video praised that the list of services is ever-increasing, which brings us a super convenience. ① But there are challenges that WeChat faces as far as online food and drug trading is concerned. WeChat has 700 million users, so within a social media platform like this, a lot of users start to use it to sell food and drug. The sellers of food and drug are normally individuals

_____

① The video gave a warning that apps like WeChat with the striking transformative technology can be also problematic in the sense that we will have to concentrate so much data in so few companies. This might contribute to an Orwellian world, which companies can track its users, exploiting their personal information and undermining their privacy.

with their business-doing unregistered. They are small so they are called 'micro businesses' literally in Chinese. Questions are raised as to whether or not micro businesses should be regulated and how. More tricky question is whether or not we should hold WeChat responsible for any violations and incidents arising from the micro businesses.

The case of WeChat proves that China is not a copycat but an innovator. However, it also demonstrates there are huge risks upon the innovation. The industry leaders seem to face the challenges with bold frankness and confidence. In 2013, Pony Ma, the founder of Tencent in his speech about the way forward for the Internet, he admitted that the Internet will be able to connect everything but connecting everything could also put the society at risk. When asked about how his idea of E-WTP enables global e-commerce, which is facing looming trade protectionism in Davos 2018, Jack Ma cast not away confidence in small businesses and the Internet. In his view, the goods distributed in the world will be changed from the scenario of 'Made in Country' to that of 'Made in the Internet'.

In the 19th National Congress of the Communist Party of China (19th CPC Congress), General Secretary Xi Jinping reiterated a comprehensive and ambitious Health China Strategy and put forward the implementation strategy for food safety with a view to letting people eat at ease. China is determined to improve the drug supply system and to promote the development of health industry. Xi also came up with the blueprint of development of the Internet. He stressed the importance of integrating the Internet into the real economy, emphasizing the establishment of a comprehensive Internet governance system and recognizing the use of the Internet technology and information technology is an important tool to improve good governance.

According to Angela Wang a TED speaker from the Boston Consulting

Group in her recent talk, China is a huge laboratory of the Internet and e-commerce, which generates five hundred million Chinese consumers—the equivalent of the combined populations of the US, UK and Germany. This new business creates a possibility of shopping everything in an ultra-convenient, ultra-flexible and ultra-social way. She especially mentioned Alibaba's Fresh Hema, which is a new Internet food model specializing delivery of fresh vegetables and seafoods with brick-and-mortar shops and online ordering combined. It also claims that delivery can be done within 30 mins, which revives the ambition made by Webvan 20 years ago. In addition, according to Fresh Hema's business plan, drugs can be ordered through its app and delivered to the door soon, though Internet drug policy is still debatable in China. If China is still innovating the edible Internet, let's see how it goes.

For all the issues raised above, every effort is made to describe, contextualize, and explain relevant topics with in-depth analyses. I hope you will enjoy reading the Trilogy.

For Mom and for her love···

本书序

中国目前是世界上最大的出口国和世界第二大商品进口国，而这个巨大贸易额中食品占据很大一块。2000 年至 2015 年，中国的食品出口从每年 135.59 亿美元增长到 630.32 亿美元，而进口则以更惊人的速度从 2000 年的 90.43 亿美元增长到 2015 年的 1027.88 亿美元。世界贸易组织数据显示，到 2015 年中国的食品出口占世界粮食出口的近 5%。与此同时，中国已成为世界上最大的食品和饮料消费市场。因此，中国食品生产的质量和安全以及其食品安全监管框架的有效性不仅对中国国内重要，而且其影响也是全球的。中国自 2009 年以来，不断加大食品安全的治理布局，中国颁布首部《食品安全法》，2013 年成立原国家食品药品监督管理总局，加大对生产有毒有害食品的个人的打击和惩处力度，食品安全事件仍有发生，使得公众对食品安全仍有不少顾虑。

本书对中国在加强食品安全合规，恢复消费者在食品供应链消费者及贸易伙伴的信心提供真知灼见。本书重点对 2015 年修订《食品安全法》以及相关配套法规规章制修订带来的变化做了重点阐释。修订后的法律不仅对违反食品安全标准的行为施加更严格的惩罚，还对食品生产经营者、进口商和分销商等规定了可追溯性和记录保存义务，要求相关机构实施食品安全风险评估，确保举报行为得到奖励，并强调对进口食品和食品添加剂加强检验检疫，对特殊食品如健康食品和婴儿配方产品施加更严格的注册要求。为了解决中国食品安全长久以来的"九龙治水"现象，改革后的食品安全监管主要集中在食药监部门。本书对中国的食品安全改革进行原则性框架性分析，并展示了中国通过引入风险分析和风险管理工具来实现监管框架现代化和国际化的承诺。

网络食品如网络食品零售、网络餐饮及跨境食品电商等的迅速崛起和日益重要性也是修订的食品安全法的重点，因此也是本书的落脚点。如上所述，在过去 15 年中，中国食品进口出现了惊人的增长。这种增长一直是由许多因素驱动的，包括更高的可支配收入、国内食品安全事件损害了消费者对国内生产的食品的信心以及跨境网购的指数增长。根据中国国家统计局的数据，2015 年至 2016 年，在线零售销售年增长率在 25% 到 32% 之间。仅在 2016 年，阿里巴巴的跨境电子商务平台，天猫产品类别就增长了 50%。中国的监管应对策略相对独特，对此不仅寻求中国市场的外国食品生产商感兴趣，从比较研究角度，其他国家的政府监管也特别乐见和了解学习中国是如何监管虚拟空间背景下的食品安全。

在肖平辉博士的不懈努力下，本书得到了包括原国家食品药品监督管理总局法制司国家食品药品稽查专员陈谞先生、中国法学会食品安全法治研究中心主任王伟国研究员、江南大学法学院曾祥华教授、中国人民大学法学院孙娟娟博士以及来自阿里巴巴、腾讯、京东、美团等互联网络食品相关企业的资深研究人员，中国知名律师事务所君合合伙人、资深律师的稿件支持。他们的参与，使得读者能够更好地理解中国新法律框架的制度逻辑和运作框架以及中国网络食品企业合规的一手资料。

作为肖平辉的朋友兼曾经的同事，我特别高兴能为本书做序。肖博士是我在南澳大学法学院作为创始法学教授以来所带的第一个博士研究生。他的博士论文紧紧围绕 2009 年制订的《食品安全法》，作为他学术成长的见证人，很高兴看到他继续深耕食品安全法的研究，继续跟进中国 2015 年的食品安全法修订，非常难能可贵。肖博士追求卓越、关注细节，对认定的学术研究坚定执着。我相信这本书将对中国探索有效的食品安全监管贡献一份力量。

魏维琪

南澳大学创始法学教授、学术委员会主席

Preface to the Book

China is currently the world's largest exporter and the world's second largest importer of merchandise. A significant proportion of that trade is in food. Between 2000 and 2015 China's food exports grew from USD $13, 559 million to USD $63, 032 million per annum, while imports grew at an even more staggering rate from USD $9043 million in 2000 to USD $102, 788 million in 2015. According to the World Trade Organization, by 2015 China's food exports constituted almost 5% of world food exports. Simultaneously, China has emerged as the world's largest consumer market for food and beverages. Consequently, the quality and safety of China's food production and the efficacy of its food safety regulatory framework are not only significant for China domestically but are of global concern. That concern has been heightened as a result of a series of recurrent food scandals that have continued despite the enactment of China's *Food Safety Law* in 2009, the creation of China's Food and Drug Administration (CFDA) in 2013, and crackdowns resulting in severe penalties.

This book provides insight into China's ongoing efforts to strengthen regulatory compliance, restore consumer confidence in its food supply chain (both domestic and imported), and to re-assure its trading partners. In particular the book focuses upon the changes resulting from the revision to the *Food Safety Law* in 2015 and subsequent changes to China's food regulations. The revised law not only imposes tougher penalties for violators of food safety standards, it also imposes traceability and record keeping obligations on food producers, importers and distributors, mandates that authorities undertake food safety risk assessment, ensures that whistleblowing is rewarded, introduces inspection certification for imported food and food additives, and imposes more onerous registration requirements upon special foods such as health foods and infant formula. To address prior complaints of regulatory fragmentation, regulatory oversight has been largely centralised within the CFDA. The book takes a principled approach to the changes and demonstrates China's commitment to modernize and internationalize its regulatory framework by infusing it with risk analysis and risk mitigation and risk management tools.

The rapid rise and increasing significance of online food trading is also a major focus of the revised *Food Safety Law* and therefore of the book. As noted above, over the past 15 years, China has experienced extraordinary growth in food imports. This growth has been driven by a number of factors including higher levels of disposable income, pervasive domestic food scandals that have undermined consumer confidence in domestically produced food, as well as exponential growth in cross-border online shopping. According to China's National Bureau of Statistics, in 2015 and 2016, online retail sales grew between 25%—32% per annum. In 2016 alone, Alibaba's cross-border e-commerce platform, T-mall products category grew by 50%. China's regulatory response is relatively unique and therefore not only of interest to foreign food producers seeking access to Chinese consumers, but also worthy of comparative study as other jurisdictions also seek to grapple with accountability for food safety and public health in the global, virtual environment.

Under the editorial leadership of Dr Pinghui Xiao, the book draws upon an impressive array of government officials, Chinese scholars and industry insiders, including Chen Xu, Inspector-General of Department of Legal

Affairs at the CFDA, Professor Wang Weiguo, Director of Food Safety Research Center, China Law Society, Professor & Dean Zeng Xianghua, Law School, Jiangnan University, and Dr Sun Juanjuan, Law School, Renmin University of China on one hand and senior researchers based in influential online food trading related players like Alibaba, Tencent, JD. com, Meituan, and food law practitioners from China's top law firms like Junhe etc. on the other. Readers are therefore well placed to better understand and appreciate the rationale and operation of China's new legal framework.

I am particularly proud to be called upon to write a preface for this book edited by my friend and colleague. Dr Xiao was one of my first PhD students at the Law School, University of South Australia where I was appointed a Foundation Professor of Law. He wrote a very fine thesis based on China's *Food Safety Law* 2009, and so it is wonderful to see his intellect being applied to lead this collection of insights into China's revised *Food Safety Law* 2015. Knowing Dr Xiao's intellectual drive, his attention to detail, and his commitment to scholarly research, I am sure that this book will add substantially to the discourse surrounding the development of effective Chinese food safety regulation.

Vicki Waye

Foundation Professor of Law

Chair, Academic Board

University of South Australia

编写说明

一、编著框架

《食品安全法》于 2015 年 4 月修订通过，首次将网络食品正式纳入监管，并创设了网络食品交易第三方平台提供者这一概念，为研究互联网背景下的食品安全治理提供了立法实践基础。本书从 2015 年 5 月开始策划，邀请监管部门、司法系统、中国法学会、科研院所、知名律所、企业等机构的食品安全研究和实践方面的专家学者参与共同研究并撰写相关章节。来自各个领域的领导专家从各自专长领域对食品安全治理作出理论和实践的解读，也体现了食品安全的民生属性和社会共治的题中之义。本书在编写过程中获得了原国家食品药品监督管理总局高级研修学院（以下简称总局高研院）立项资金支持、中国博士后科学基金及广州大学等项目经费的支持。

本书对 2015 年《食品安全法》提出的原则、体现的新理念以及监管执法和食品产业中具有代表性的理论实践问题进行有针对性的研究。将实务与理论结合，在强调服务于食品安全监管及食品产业发展要求的实践性和操作性基础上，突出论述视角的学术性和前瞻性，契合食品安全开拓性研究的需要。全书分三大部分——原则理念编、监管合规编、网络食品编，每编 4~6 章节。本书所有的章节紧紧围绕 2015 年《食品安全法》展开，并对原国家食品药品监督管理总局以局令发布的规章有所回应，体现了本书紧跟立法实践的时代性。

第一部分原则理念编对新法提出的社会共治、预防为主、风险管理和全程控制四大原则进行了翔实论述。

■ 王伟国（中国法学会食品安全法治研究中心主任）主笔"社会共治"原则：从西方治理落脚到中国特色治理；

■ 孙娟娟（中国人民大学法学院博士后）主笔"预防为主"原则：从欧盟的预防原则、中国环保法的预防为主原则对比研究中论证食品安全法的相关原则；

■ 姚国艳（中国法学会食品安全法治研究中心副教授）主笔"风险管理"原则：论证了风险管理广义、狭义含义，分析了风险管理原则制度内容及中国风险管理制度不足之处；

■ 肖平辉（任教于广州大学法学院，总局高研院博士后）等主笔"全程控制"原则：分析了全程控制，包含公权力（政府）全程监管和私权利（食品生产经营者）全程溯源两大相互依存的制度内容，阐释了网络食品对落实全程控制原则带来的挑战。

第二部分监管合规编主要涵盖了 2015 年《食品安全法》第二章至第九章内容，围绕黑名单、追溯、保质期、法律责任等主题展开，共计六章。

■ 曾祥华（江南大学法学院教授）主笔"黑名单"：论证了黑名单制度需要平衡消费者知情权、健康权与企业的商誉权、营业权。

■ 李佳洁（中国人民大学农业与发展学院助理教授）主笔"追溯"：拟从美国 FDA 追溯改革对比中国的食品安全追溯体系的挑战。

■ 肖平辉主笔"保质期"：主要从美国日期标注及临近保质期食品处置看中国保质期制度可完善之处。

■ 法律责任（三章从不同角度）：

➤ 丁冬（美团点评集团法务部高级研究员）：从行政及司法两个角度分析了新法在法律责任设定上的进步之处；

➤ 郑宇（君合律师事务所合伙人）：从律师实证角度全面梳理了新法对食品企业合规的影响；

➤ 丁道勤（中国政法大学博士后）：微观角度细致分析标签瑕疵区别情形下的法律责任。

第三部分网络食品编主要围绕互联网背景下的食品新业态治理问题，网络食品作为新兴业态，新法的制度设计还相对原则，这也为将来食品安全治理的理论实践留下更多空间。因此，本编不拘泥于新法条款，论述论证更加开放。本编主要围绕网络食品销售、网络订餐、微商、网络食品小业态等。

- 阿拉木斯（中国电子商务协会政策法律委员会副主任）主笔网络食品销售：从网络食品销售模式、现有法律环境落脚到平台网规，实证角度上论证了网络食品销售私人规制的兴起；

- 刘标（中国人民大学食品安全法方向研究生）等主笔网络订餐，从传统的民法理论在网络订餐领域的适用，结合目前网络订餐实际存在的问题、订餐平台的盈利模式、主要的纠纷类型等对订餐平台的法律责任展开讨论；

- 杨乐（腾讯研究院副秘书长）主笔微商：分析了"互联网＋"背景下微商不同商业模式的法律责任界定问题；

- 肖平辉等主笔网络小业态：重点考察了北京食品小微业态监管中探索实施的"准许证及登记制度""清单目录管理制度""生产经营空间限制制度"等特殊监管制度，并分析了北京网络小微业态的监管问题。

二、编著背景

食品安全首先是宏观的，需要顶层设计，原则理念都可以放在顶层设计中去实现。食品安全的实现有两个不可分割的主体：政府和企业，政府的监管和企业的合规共同实现食品安全的重要条件。同时，食品安全既是过去时，更是现在时和将来时，食品安全应该关注当下新问题、新现象。"互联网＋"是当下中国非常重要的趋势，产生了很多新的"互联网＋食品"的现象。比如网络食品交易第三方平台，中国有体量巨大的这种平台，并且平台上的食品交易呈现了食品商业链的诸多环节，由此形成不同业态和商业模式，如食用农产品电商、生鲜电商、网络食品（主要为预包装）的销售、网络订餐、跨境食品电商等的推陈出新。再比如，互联网引发的所谓分享经济。在美国，基于分享经济模式下的网络打车平台（如 Uber）出现后，网络家厨模式平台（如 Eatwith、Feastly）也不断涌现，有较多的商业实践。在中国，也出现了类似的趋势，继交通出行之后，分享经济拓展到餐饮行业，主要表现为分享厨房模式，通过网络分享家庭厨房美食，由此形成新的经济现象。互联网与食品产业的结合变成了新常态，因此，研究食品安全监管应该主动去认识、发掘新业态的规律、方式方法，进而去驾驭之。本书正是在这样一个背景下展开，食品安全事关公众健康与生命安全，是重大的民生、经济及政治问题，与每一个人息息相关。在当前中国所处的发展阶段下，食品安全基础还比较薄弱，食品安全问题仍时有发生，安全形势依旧严峻。各级食品药品监管部门在加强和创新社会管理、推动监管实践的同时，迫切需要加强政策理论研究及服务监管实践的精细化和专业化。

三、主要内容

（一）原则理念编

第一部分为原则理念编。本编共有四章，围绕新修订的《食品安全法》第 3 条的四大原则：社会共治、预防为主、风险管理、全程控制。

社会共治原则在 2015 年《食品安全法》中具有提纲挈领的作用。王伟国在《食品安全的社会共治原则》中认为食品安全社会共治既是主观选择也是客观状况的倒逼，食品行业处在社会转型期，政府监管治理模式不足，社会认知进步使得人人都具备食品安全话语权，互联网信息技术的扩张也加剧了食品安全治理难度。作者主张分权，重构政府和市场关系以及强调服务而非统治是西方公共治理的理论范式，社会共治可以在西方公共治理理论中找到理论渊源。他进一步分析认为，西方的治理理论中强调"正式机构与市民社会之间互动的本质，而我国的治理理论虽然也强调互动，但互动不是本质，互动不能离开党委领导和政府主导"。因此，社会共治可以理解为政府主导下的社会各方深度参与治理的模式。同期的《环境保护法》用的是"公众参与"作为此法的原则，相对于《食品安全法》的社会共治原则，《环境保护法》政府之外的社会力量参与治理的深度和范围有所弱化。作者进一步分析提出社会共治包括食品监管部门、生产经营者、消费者、媒体等七方面的主体。这些主体中，政府和生产经营者是社会共治的当然主体，其中，政府是主导者，生产经营者是主要参与者和第一责任人。而其他主体则是基于专家技术支撑、舆论监督、市场自净等角度，也是社会共治中中坚力量。关于四大原则之间的关系，作者认为预防为主、风险管理和全程控制三项原则更多体现食品安全内在特点和要求，而社会共治则在某种程度上体现了国家公共安全治理的理念转变的政策性表达，在四大原则中具有更宏大的叙事格局和位阶。社会共治对食品安全具体机制设置及制度性设计均具有指导意义。

　　食品风险预防作为一项基础原则，为发达国家和地区广为认可，美国及欧盟都有相关规定。美国食品法中提出所谓的以风险为基础的预防性控制（preventive controls），指的是对通过风险分析的与现代科学相一致的风险认知下的风险进行预防预先性干预的程序、操作、过程等。① 欧盟在"疯牛病"之后，其《通用食品法》引入谨慎预防原则（precautionary principle），欧盟《通用食品法》第7条第1款规定，在对现有的信息进行评估，发现对健康有害的可能性存在但科学证据尚存不足的情况下，欧盟可以采取临时的风险管理措施以待获取进一步的科学证据做更全面的风险评估。② 其核心含义是在风险因素的科学证据存在

---

① Food and Drug Administration, *Hazard Analysis and Risk – Based Preventive Controls for Human Food: Guidance for Industry（Draft Guidance）*, U. S. Department of Health and Human Services, 2016, pp. 4 – 6.

② European Union, *Regulation（EC）No 178/2002 of the European Parliament and the Council of 28 January 2002 Laying down the General Principles and Requirements of Food Law, Establishing the European Food Safety Authorityand Laying down Procedures in Matters of Food Safety*, OJ L 31/1（2002）.

不确定时的疑似风险存在的情况下，从而进行风险管控。[①] 因此，美欧之间关于食品风险的认知及管控存在较大分歧，从而引发美欧之间旷日持久的牛肉及转基因贸易战。[②] 关于预防为主原则，孙娟娟在《食品安全的预防为主原则》中认为，2015 年《食品安全法》中引入的预防为主原则与 20 世纪六七十年代国际上的环保法谨慎预防原则 (precautionary principle) 一脉相承。预防为主也是中国环保法的一项重要原则。作者认为中国的预防为主原则应该包括两大内涵：一是以科学的风险评估为前提，建立在确定性的科学证据基础上的预防原则；二是应对不确定性，也就是当有不确定风险存在时，现行缺乏确定科学证据情形下的风险预防原则。关于预防为主原则与其他原则之间的关系，作者进一步分析认为，预防原则的逻辑起点是科学的风险评估，所以风险管理原则中风险评估是预防为主原则的基础，为预防原则提供科学分析的保障。

我国《食品安全法》的一大创造性是将国际上通行的风险分析原则三大要素之一的风险管理进行理论再创造，提出了广义的风险管理原则。本原则除了涵盖风险分析的三大要素即风险评估、风险管理和风险交流，还将风险监测纳入风险管理原则。风险监测和风险评估有相似之处，都属于科学评价过程，但在《食品安全法》的制度设计中，两者在过程和目的上有着不同之处。食品安全风险评估更多是以既有的食品安全国家标准对食品安全风险进行评价分析的过程，主要目的是发现风险为食品安全标准制修订提供技术支撑。风险监测则不一定按既有的食品安全国家标准去监测风险，更多是发现未知风险的过程，主要服务于风

---

① Majone, The Precautionary Principle and Its Policy Implications, *Journal of Common Market Studies*, 2002, Vol. 40, No. 1.

② See e. g——, William A Kerr and Jill E Hobbs, The North American - European union dispute over beef produced using growth hormones: a major test for the new international trade regime, *The World Economy*, 2002. Vol. 25, No. 2, p. 283; Debra M Strauss, Feast or famine: the impact of the WTO decision favoring the US biotechnology industry in the EU ban of genetically modified foods, *American Business Law Journal*, 2008, Vol. 45, No. 4, p. 775.

险评估。更多的是针对不确定风险发现未知风险，侧重总体评价不针对具体食品。[①] 姚国艳在《食品安全的风险管理原则》中认为，风险社会的到来使得风险管理成为社会治理的重要手段和内容。食品安全治理实践中面临的风险可以分为客观性风险和主观性风险。前者是基于客观理性的风险，后者是缺乏沟通，存在误解的非理性风险。关于风险管理原则与其他原则之间的关系，作者进一步分析，风险是在《食品安全法》处于基础性地位的概念。风险管理原则的理论渊源为国际相关通行原则，与其他三项原则相辅相成，构成有机的整体。

肖平辉等在《食品安全的全程控制原则》中认为，全程控制包括掌握公权力的政府全程监管和私权利的食品生产经营者的全程溯源两个不可分割的部分。全程是一个食品供应链的概念。控制既包括公权力的强制性的介入，也包括食品生产经营者自律性合规行为。网络食品给中国的全程监管和全程溯源带来挑战。关于全程控制与其他原则之间的关系，作者认为，其他三大原则可以为达到全程控制提供手段和基础资源。只有风险可预防、进行正确管控并且有充分的社会利害关系者的参与才能实现真正的全程控制。同时，全程控制是四大原则中具有时间和空间维度的原则，为风险预防、风险管控和社会资源介入创造时间节点，因此全程控制的实现也为其他几大原则提供保障。

（二）监管合规编

第二部分为监管合规编。本编包括六章，主要围绕食品安全规制工具手段及法律责任展开，讨论食品安全日常监管合规中的相关问题。有关食品安全规制工具、手段及方式，本编集合了三篇文章，主要围绕食品安全黑名单制度、食品安全追溯、日期标注与保质期等主题。有关法律责任也集合了三篇文章，主要围绕法律责任宏观架构（若干问题）、标签瑕疵法律责任、食品生产经营企业合规等主题。

[①] 徐娇：《〈中华人民共和国食品安全法〉解读》，中国质检出版社、中国标准出版社 2015 年版，第 35～37 页。

黑名单制度在食品安全监管合规中好比古代城门张贴的通缉令，扎眼而令人不安，在现实中，因为对企业的名誉存在不利陈述而使得这项制度带有一定"处罚"性质。本编中曾祥华在《食品安全黑名单制度研究》中认为，黑名单制度是建构食品安全信用体系建设的重要手段，但因其涉及行政相对人的重大权益，需慎重实施。作者进一步从黑名单制度的形式、实质合法性进行分析发现：目前，我国的黑名单制度设定对相对人的权益减损相当于行政罚款，而此项制度又大都通过规章及规范性文件建立，从立法法角度合法性存疑。另外，在实践中，公布黑名单也会对企业名誉、商誉等决定企业生死的重大权益产生不利影响；在保护消费者生命健康权而进行公权力介入时，也需要适当平衡对企业正常营业权的保护。作者进一步建议，应该在黑名单的适用情形、黑名单发布程序上做具体细致的制度建构以保证这项制度真正有利于食品安全监管。

食品追溯为食品安全监管合规提供了重要的信息线索。李佳洁在《中国食品安全追溯制度构建与挑战》中认为，食品追溯根据信息交互方式的不同，存在于企业内部建立的链条式传递追溯系统和第三方建立的共享式传递追溯系统，目前，我国以政府主导的后者为主。在借鉴美国学者设定的衡量追溯系统实施效力的三个标准——宽度、深度和精确度，作者认为我国由政府主导共享式追溯体系在上述三个标准上表现不佳，而且在追溯上还存在一些认识误区：如认为政府应该是追溯体系的主导建立者，追溯一定需要高科技来完成。作者认为我国的 2015 年《食品安全法》等法律法规对追溯制度做了较好的构建。除了显性规定国家强制建立追溯制度，鼓励信息化手段优化追溯体系建设，还有农产品生产记录，食品、食品添加剂、食品相关产品进货查验记录、销售记录、食品进口和销售记录等与追溯息息相关的隐性条款，这些都构成保障食品可追溯的重要机制。作者最后建议应该重塑食品追溯体系利益相关者的角色：企业是追溯体系的主体，是追溯信息的记录者、传递者，政府是追溯体系的顶层制度设计者、保障者。

好比人有生辰八字，食品日期标注就是食品的生辰八字，这是食品的生命周期，食品日期标注是人们进行食品购买、消费行为的基础信息，因此也成为监管合规非常重要的手段。保质期是中国食品日期标注的一种法定方式。肖平辉在《中国食品日期标注及临近保质期食品监管研究》中对比了美国的食品日期标注体系，归纳总结了美国食品日期标注三大类别：安全截止日期、质量截止日期和准卖截止日期。美国日期标注体系的中央地方分权及多样性造成消费者误导和食品浪费。但美国有包括食品银行等良好的过期食品、临近保质期食品处理机制，一定程度上提振了美国的食品安全管理效果。作者认为，中国用保质期作为日期标注的法定概念，一方面有助于建构统一的食品日期标注体系；但另一方面，中国的保质期概念是食品日期标注泛概念，执法容易"误伤"一些食品，造成食品浪费，对企业造成不必要的负担。发达地区推动了一些临近保质期食品处理机制，但这些推动政府行为多于企业和社会。作者最后建议，中国应该提前介入研究如何规避美国也存在的因日期标注而产生的食品浪费问题。另外，亦应当学习借鉴美国的食品银行，鼓励民间力量参与临近保质期食品的处理。

食品安全法律责任可以从三大部门法角度来宏观透视，即民法、行政法和刑法。三大部门法视角基本上就框定了食品安全法律责任的格局观，这是宏观视角。食品安全法律责任也可以从中微观层面，从小切面来检视法律机制构建，呈现问题，找出解法。法律责任从政府监管角度是政府食品安全治理有"牙齿"的体现。从企业合规角度上说，是企业业务的指南针，牵着这个"牛鼻子"，企业食品安全事务就纲举目张。因此，特意选定法律责任作为本编的核心主题，分别从宏观方面的食品安全法律责任微观方面的标签瑕疵和企业食品安全合规做了细致的研究。

从宏观的法律责任视角分析 2015 年《食品安全法》在制度设计上的构建是本编对法律责任解读的逻辑起点，丁冬在《食品安全法律责任若干问题研究》中尝试建构这个逻辑起点。作者从 2015 年《食品安全法》及司法实践两个视角检视中国食品安全法律责任设定的进步之处和面临的挑战。作者认为，2015 年《食品安全法》设定的法律责任呈现出主体涵盖范围广（生产经营者、检验检测机构、认证机构及其工作人员、食品安全监管机构及其工作人员等）、法律责任种类多（民事责任、行政责任等）的基本特点。也因此，食品安全法的法学属性已经不再局限于经济法和行政法的截然两分，而是一部兼具经济法和行政法特征的综合性法律。作者进一步分析认为我国的司法实践在消费者（职业打假人）惩罚性赔偿制度设计、食品安全行政自由裁量权限定、行刑衔接等方面都做了有益的探索。作者最后也提出法律责任落实的三大挑战：法律责任散见于卷帙浩繁的法律法规规章和规范性文件，对法律具体适用造成困扰；基层能力建设；重典治乱与法条可操作性的矛盾。

本编也从微观视角分析了标签瑕疵的法律责任。2009 年《食品安全法》第 96 条第 2 款规定："生产不符合食品安全标准的食品或者销售明知是不符合食品安全标准的食品，消费者除要求赔偿损失外，还可以向生产者或者销售者要求支付价款十倍的赔偿金。"本款设定以来，职业打假人大量往食品打假领域集结，而且因为食品标签直观，容易打假索赔，在标签领域的打假成为重点，甚至出现滥诉"假打"现象。为纠正这种现象，2015 年《食品安全法》设计了第 148 条的第 2 款，规定标签瑕疵十倍赔偿的但书情形，即"食品的标签、说明书存在不影响食品安全且不会对消费者造成误导的瑕疵的除外"。但因此也出现新的问题，如何理解"食品的标签、说明书存在不影响食品安全且不会对消费者造成误导的瑕疵"以及本标签瑕疵设定对拘束职业打假的过多过滥问题的真正作用？丁道勤在《食品标签瑕疵的法律责任研究——兼评 2015 年〈食品安全法〉第 148 条》中细致地剖析了 2015 年《食品安全法》在食品标签瑕疵规制中的问题。作者认为规范食品标签是食品安全管理的重要手段，《食品安全法》在食品标签上设计了行政责任和民事惩罚性赔偿责任，为避免对生产经营者苛以过重法律责任，新修订的《食品安全法》引入标签瑕疵条款，对属于标签瑕疵问题，行政处罚上"责令改正；拒不改正的，处二千元以下罚款"，并免于十倍惩罚性赔偿。但是当下的食品标签泛化问题严重，食品标准还存在交叉冲突问题，执法机构也存在部门信息共享不畅，但书适用范围过窄削弱了但书积极功能等问题。作者进一步分析认为，食品安全行政监管方面的专业性判断制度供给不足，为了从源头上强化食品标签的规范化，避免食品标签泛化，应当从制度上建立起食品标签的法律法规及标准规范体系，并加强指引作用。作者最后建议，进一步清理和统一食品标签相关的国家标准和行业标准；加强执法协同，避免重复执法，对平台赋权赋能；明确界定标签瑕疵，可在配套法规采取概括加列举方式进行定义。

本编最后还从行政相对人合规角度全面研究了食品生产经营企业的合规。郑宇等在《食品安全法修订对企业食品安全合规制度的影响》中全面阐述了2015年《食品安全法》对企业食品安全合规的具体影响。作者认为该法完善了更为严格的统一的全过程食品监管体制，针对特殊领域及特殊食品作出针对性的制度设计和补充，最后落脚为建立更为严格的法律责任制度。作者进一步分析认为，新法的食品安全合规可以概括为：市场准入合规、食品安全标准合规、食品原料使用合规、生产经营管理合规和产品标识/广告合规。目前，食品生产经营企业合规制度主要面临以下几大问题：合规制度还需要配套规定明确和细化；某些企业不合规影响到整个食品供应链；企业从业人员能力建设影响企业合规的落实等。作者还对进口食品、特殊食品和网络食品交易第三方平台等特定领域的食品合规进行阐述。作者最后总结了企业违法合规要求需承担的法律责任。作者提出新法加大行政处罚力度，最高罚款可达货值30倍，新增行政拘留和从业限制处罚；新法还新增首负责任制、扩大第三方连带责任适用范围、提高民事惩罚性赔偿标准等进一步完善民事法律责任机制。作者最后对2015年《食品安全法》实施后产生的法律责任竞合及配套执法依据问题提出见解：该法与《产品质量法》竞合应按新法优于旧法、特殊法优于一般法原则进行处理；对于由原食品监管部门制定的相关配套规章，食品药品监管部门基于继受相关职权在没有制定新的规章的前提下，可以以原来规章作为执法依据。

（三）网络食品编

第三部分为网络食品编。本编共四章，围绕网络食品安全这个主题展开，主要从网络食品监管立法及发展的业态模式展开讨论，包括网络食品监管最新进展、网络食品零售、网络订餐、微商及网络小业态等视角分析了新兴业态对食品安全监管带来的挑战及问题的解法。

本编中阿拉木斯等人在《网络食品销售监管及平台网规研究》中认为，中国的网络食品最早是以零售食品形式存在也就是预包装食品的远程销售。网络食品远程零售模式也在不断的演进过程中形成了淘宝C2C、天猫B2C、京东自营、O2O等模式。目前，中国对网络食品治理还处于探索阶段，2015年《食品安全法》确立了第三方平台治理的上位法基础，但相关配套立法还需要进一步完善。与政府立法还处于初级阶段相比，中国网络食品第三方平台中以网站协议、用户服务协议、网站管理公约等形式存在的网规成为网络食品治理的重要补充力量，也对政府治理不足形成一定的正向补位。网规不具有强制执行力，具有非公权性，强调意思自治和一定范围的规范性。需要进一步研究网络食品安全治理基于公法规制和基于意思自治的网规各自的作用以及它们之间的互动关系。

刘标等在《网络订餐第三方平台的侵权责任研究》中认为，基于O2O模式的网络订餐成为餐饮业新兴的业态模式，现行法律法规并没有全面完整的对网络订餐的法律地位作出明确界定。进而对网络订餐提出电子代理人、柜台出租者、居间人、合营者、技术服务提供者等五种学术假说。因为网络业态还处于不断创新中，加之新的盈利模式，使得五种假说都无法涵盖网络订餐的全貌。作者主张，订餐平台承担的民事法律责任，应根据平台"在其中参与的程度和身份来界定"。获利报偿、企业社会责任、社会成本控制三大理论以及现有立法规定构成了网络订餐第三方平台承担侵权责任的依据。最早的《食品安全法》（修订草案送审稿）是将网络食品交易第三方平台提供者视同食品生产经营者，需要取得食品生产许可，并承担相应的食品安全管理责任。也就是将平台从幕后推到前台，作为第一责任人。后来，实际通过的 2015 年《食品安全法》则将上述义务进行了删减，平台需要取得许可，不作为食品安全第一责任人，但变成了承担附条件的不真正连带责任。这实际上是全国人大常务委员会在"互联网＋"时代对促进平台经济发展与保护消费者利益之间做了一个平衡。

本编中，杨乐在《"微商"视角下的网络平台民事责任研究》中认为，在目前学术和实践中对微商都缺乏统一认识的背景下，可将其细分为三种类型：移动化电商、模块化电商和碎片化电商。前两种是传统电商的延伸，形成从商品展示、沟通到付款交易等完整的交易闭环，而后一种没有在单一平台形成闭环。作者提出对微商的法律责任分析的前提手段是区分网络平台的性质。互联网发展至今主要有两类性质的平台：网络信息平台和网络交易平台。对于网络信息平台，适用《侵权责任法》第 36 条之规定，承担"通知—删除"义务以及相应的连带责任。而网络交易平台则是依据《消费者权益保护法》及《食品安全法》等法律法规承担登记审查义务以及相应的连带责任。作者进一步认为，网络信息平台除了有单独侵权和放任用户侵权的连带责任情形外，还存在平台和用户共同侵权而承担按份连带责任情形。网络交易平台则一般是承担不真正的连带责任。前者平台承担后不能追偿，而后者则可以。因此，微商应当具体分析不同场景，对于移动化电商和模块化电商，应当按网络交易平台承担相应的侵权责任，而碎片化电商则按网络信息平台承担相应的侵权责任。

本编中肖平辉等在《"互联网＋"背景下食品小微业态监管的实践与反思——以北京市为例》中认为，2015 年《食品安全法》将小微业态的监管下放给省、自治区、直辖市，各地可以根据自己的情况进行地方立法监管。北京因此建立了准许证及登记制度、清单目录管理及生产经营空间限制制度来管控线下小微业态。网络食品小微业态是线下小微业态的一个映射。上述相关规定也适当地移植到网络小微业态。但网络小微业态的监管也面临着较大挑战：小微业态立法下放到各省后，出现各地对网络小微业态的规定不一样而带来的平台合规成本增加，一定程度阻碍了网络食品业态的发展。破解这个问题，作者建议可借鉴联邦制国家如澳大利亚在食品安全治理中的联邦制定模范法等做法，在不破坏地方在食品小业态上的立法权基础上，在涉及网络小业态的一些关键问题上引导地方政策趋同。

（四）三编相互关系

大师胡适先生有句话"多研究些问题，少谈些主义"。胡先生强调人要仰望星空，但落点要回归到脚踏实地。胡先生的警醒，编著者时刻记挂在心上，但也认为胡先生本意并非要否定主义的价值。本书正是在这样一个认识的基础上形成的。本书的第一编在宏观层面上为本书开篇，主要是在谋篇布局上搭好框架。第二编和第三编则围绕现实问题进行论述。从编著者编著本书的目的上说，本书的第一编和第二编都是在为第三编服务。原则理念与监管合规在传统业态和新兴的网络食品业态中都是基本的问题，所以从这个意义上说，第三编是第一编和第二编的具体运用。第一编建立了食品安全法的理论原则架构，治理和规制是全书的理论核心。第二编建立了食品安全法的实践框架。从布局谋篇上看，读者也自然会对第三编的存在好奇，作为新兴业态的网络食品如何对食品安全法建构的原则理念和监管合规实践进行丰富演绎还是适度异化。这其实也是编著者每天都在问自己的一个问题。以上是编著者对本书三编关系的思考。本书的落脚点和升华点是探讨互联网背景下的食品安全治理，所以网络食品编作为全书的收尾之编，也是本书的一大亮点。

前言：中国网络食品监管最新进展

陈　谞*

导读

中国网络食品（食品电商）随着快速发展的电子商务而蓬勃发展。网络食品的出现也给食品安全监管带来巨大挑战。中国在 2015 年修订《食品安全法》首次规定对网络食品进行监管。本文探讨了 2016 年出台的《网络食品安全违法行为查处办法》，以及 2017 年出台的《网络餐饮服务食品安全监督管理办法》主要亮点，分析了办法对进一步强化了网络食品违法行为查处的意义，并对网络食品交易第三方平台的义务和责任进行了解读。

一、中国网络食品交易的发展

近年来，中国电子商务发展迅速，2016 年网络零售交易额已达 5.16 万亿元。食品也是中国互联网业态发展的一个重要类目，近年来呈现良

---

* 陈谞，原国家食品药品监督管理总局法制司正司级稽查专员。陈谞稽查专员在 2017 年 12 月 5 日至 6 日比利时布鲁塞尔第二届亚欧卫生及植物卫生食品安全会议（2nd ASEM Conference on Sanitary and Phytosanitary（SPS）- Food Safety）发表演讲，本文以其英文演讲稿为基础修改而成。欧盟卫生和食品安全总司总司长、国际动物组织（OIE）司长以及欧盟亚洲各国食品安全监管政府部门负责人等在本次会议做了主旨演讲，陈谞稽查专员主持相关议题并围绕中国网络食品立法最新进展做了主题发言，同全球与会代表做了互动探讨。文章也吸纳其同与会代表对相关问题探讨的内容，本文仅为学术研究观点，不代表其所在机构的意见。

好发展态势。网络食品即食品生产经营者利用网络进行经营，消费者通过网络购买食品，经营者和消费者之间达成交易的一种新兴业态。

网络食品具有诸多优势。一是利用新兴交易工具和媒介。网络食品是利用便捷的互联网进行交易，互联网是交易的媒介和工具。二是品类海量，交易时效性好。网络食品种类繁多，消费者可以选择的食品面宽，并且由于网络媒介的传播性迅速，也使得交易传播具有快速时效性。三是相对不受时空拘束。只要是有网络的社区，就组成一个虚拟的即时全球无死角食品交易社区，它消除了同其他国家做交易的空间和时间障碍，因此网络食品具有无地域限制、全时间的经营优势。四是相对价格低廉优势。网络食品经营者不同于线下实体经营主体，节约了一定经营成本，所以相对来说，价格要比线下同等食品便宜。

中国网络食品业态呈现多种模式，按交易主体即经营主体和消费者的性质可区别为四种模式：企业与企业进行产品销售、服务与信息交换的网络批发模式（Business to Business，B2B）；企业对消费者或者消费者对消费者的网络零售交易模式（Business to Customer/Customer to Customer，B2C/C2C）；线上网店线下消费模式（Online to Offline，O2O），因为上述模式都是基于电子信息技术为基础发展起来的商务活动，又称为食品电商。网络食品业态的发展还可以是否自建网站还是通过第三方平台进行网络经营进行区分，分为自营式购物网站模式和平台式购物网站模式。前者也称为自营模式，后者为平台模式。

网络食品的迅速发展，也带来所谓的"柠檬市场"问题，即市场失灵，食品安全问题频发，消费者权益得不到保障。目前，主要问题表现在：一是假冒伪劣，以次充好，这个线上线下都存在，但线上维权难；二是虚假信息多，这个在线下的保健食品治理一直就是难题，线上更是因为交易的虚拟性使得监管较难；三是证照缺失，或无证经营，这个在线上更有隐蔽性；四是虚拟隐蔽网络食品交易的具有虚拟性、隐蔽性，使得监管部门对线上食品的进货渠道、配送运输等方面的食品安全监管难度增加，给监管带来挑战。

二、中国网络食品立法历史及现状

2015 年是中国互联网及食品安全治理非常重要的历史时刻。2015年，两会提出"互联网＋"行动计划后，国务院紧接着出台了《关于大力发展电子商务加快培育经济新动力的意见》（业内称为"电商国八条"），当中提到要制定完善互联网食品药品经营监督管理办法，规范食品、保健食品、药品、化妆品、医疗器械网络经营行为，加强互联网食品药品市场监测监管体系建设。同年 4 月，新修订的《食品安全法》通过，并首次将网络食品纳入监管。新法设定了第62 条及131 条两条对网络食品交易第三方平台提供者进行监管。这两条分别设定了平台义务和不履行义务需承担的法律责任。

中国的食品药品监管部门在互联网业态的监管的探索，起步还是比较早的。早在 2001 年，原国家药品监督管理局就发布了《互联网药品信息服务管理暂行规定》，这实际上是当时的药监系统对互联网药品监管的探索初级阶段。但是，中国在网络食品监管的探索相对互联网药品要晚，直到 2015 年，《食品安全法》修订，网络食品的监管才提到立法议事日程，相比药品晚了十余年。当然，中国网络食品立法虽然相对较晚，但立法规格很高，一上来就是人大常委会立法的建章立制。因此，国人对它的期待和关注也很高。

原国家食品药品监督管理总局自 2013 年成立以来，即着手开展互联网食品药品统一的监管制度研究。2014 年曾以《互联网食品药品经营监督管理办法（征求意见稿）》的名称征求过社会公众意见。但后来考虑到食品药品业态的不同属性，2015 年又将之前的办法拆分以《网络食品经营监督管理办法（征求意见稿）》再次公开向社会征求意见。2016年"3·15"报道了网络食品安全事件后，原国家食品药品监督管理总局于同年 7 月 14 日在《网络食品经营监督管理办法（征求意见稿）》基础上正式发布了《网络食品安全违法行为查处办法》。2017 年 11 月，总局又通过了《网络餐饮服务食品安全监督管理办法》。

三、《网络食品安全违法行为查处办法》解读

《网络食品安全违法行为查处办法》（以下简称《办法》）共 48 条，重点放在网络食品安全违法行为的查处方面，规定了网络食品安全违法行为查处的管辖，完善了食品药品监管部门调查处理职权和网络食品安全抽样检验程序，强化了网络食品交易第三方平台提供者和入网食品生产经营者的义务和法律责任。《办法》具有全方位性和可操作性。在新修订的《食品安全法》中，网络业态中只有网络食品交易第三方平台提供者直接在条文中有所体现，而《办法》将网络业态做了全方位的展示并设定规则。尽管网络食品交易第三方平台提供者具有广告发布者、居间人、技术服务提供者等多重角色，《办法》主要是从食品安全相关义务角度设定义务和责任。

（一）《办法》体现四大原则理念

《办法》体现了风险管理、公开透明、科学治理和社会共治的理念。

第一，风险管理是《办法》的一项重要理念。《办法》在分析网络食品交易风险实际状况的基础上，根据风险程度，对不同主体和交易行为特点，分别规定不同的监管措施，实现监管力度与风险大小相对应。对于一般违法行为，《办法》规定，由网络食品交易第三方平台提供者所在地属地管辖。对于因网络食品交易引发食品安全事故或者其他严重危害后果的，也可以由网络食品安全违法行为发生地或者违法行为结果地的县级以上地方食品药品监督管理部门管辖。

第二，《办法》也充分体现了公开透明理念。网络食品中的信息公开透明是防止因信息不对称而造成侵害消费者利益的有力武器。《办法》规定网络食品交易第三方平台提供者应当对入网食品生产经营者食品生产经营许可证、入网食品添加剂生产企业生产许可证等材料进行审查，如实记录并及时更新。网络食品交易第三方平台提供者应当对入网食用农产品生产经营者营业执照、入网食品添加剂经营者营业执照以及入网交易食用农产品的个人的身份证号码、住址、联系方式等信息进行登

记，如实记录并及时更新。《办法》还规定，第三方平台要到省局备案，自建网站要到市县备案，省级和市、县级食品药品监督管理部门应当自完成备案后7个工作日内向社会公开相关备案信息。

第三，科学治理是《办法》的另一个重要理念。网络食品经营活动依托网络技术发展，是技术发展的产物。网络食品交易的主体之间的活动通过网络形成海量的交易信息、数据等。因此技术化信息化是网络食品的关键，监管要因势利导，充分依托科学技术手段，强化行政监管的信息技术成分。《办法》规定网络食品交易第三方平台提供者和通过自建网站交易的食品生产经营者应当具备数据备份、故障恢复等技术条件，保障网络食品交易数据和资料的完整性与安全性。

第四，《办法》突出了社会共治理念。一是任何组织或者个人均可向食品药品监督管理部门举报网络食品安全违法行为。二是第三方平台既是被监管者又是管理者。充分发挥市场作用，依托第三方平台提供者的优势地位，充分发挥市场的自我净化功能，借力用力，强化网络食品交易第三方平台提供者的义务和责任。

（二）《办法》主要亮点

第一，《办法》对网络食品两种业态模式实施监管，即食品生产经营者自建网站的自营模式及利用网络食品交易第三方平台交易的平台模式。《办法》主要监管查处三类对象，即网络食品交易第三方平台提供者、通过自建网站交易食品的生产经营者和通过第三方平台交易的食品生产经营者（后两者在《办法》中被合并称为入网食品生产经营者），针对这三类对象共性设定共同的义务责任；针对它们之间的不同特点则设定有区别的义务和责任。比如，网络食品交易是在虚拟的网络平台上发生，信息是网络食品核心，所以保证网络食品安全信息的真实性是平台及入网食品生产经营者共同的义务，它们如果违背了这项义务就都要受到处罚。再比如，网络食品交易第三方平台及通过自建网站交易的食品生产经营者都有网站备案的义务，但根据它们数量和影响力，《办法》对具体的备案程序要求做了一些区别对待，前者需在所在地省级食品药品监督管理部门备案，后者则在所在地市、县级食品药品监督管理部门备案。

第二，《办法》作为规章是《食品安全法》的下位法，因此对法律中涉及的网络食品相关条款进行了细化，特别是涉及平台网络食品安全违法行为的处罚也进行了进一步详细的规定。一是如《食品安全法》第62条关于"严重违法行为"的规定，《办法》第15条细化规定，入网食品生产经营者因涉嫌食品安全犯罪被立案侦查或者提起公诉的、入网食品生产经营者因食品安全相关犯罪被人民法院判处刑罚等四种严重违法行为之一，平台提供者发现后，应当停止向其提供网络交易平台服务。二是《食品安全法》第131条关于"严重后果"的规定，《办法》第37条就细化为，平台提供者未履行相关义务，导致发生致人死亡或者造成严重人身伤害的、发生较大级别以上食品安全事故的、发生较为严重的食源性疾病的、侵犯消费者合法权益、造成严重不良社会影响五种严重后果之一的，县级以上地方食品药品监督管理部门责令平台停业，并将相关情况移送通信主管部门处理。三是《办法》还对平台强化了七项义务，分别包括：备案、具备技术条件、建立食品安全相关制度、审查登记、建立档案、记录保存交易信息、行为及信息检查等。

《食品安全法》及配套相关法规规章的出台使得平台有两种身份：一种作为行政相对人，接受政府职能部门的监管，此时是被监管者；另一种是居于消费者与入网食品生产经营者之间对二者进行管理（实践中主要是对入网食品生产经营者的管理），这种管理就包括审查登记。此时的审查登记等管理行为，平台必须为，不为将会受到监管部门的处罚。

第三，本《办法》还引入了"神秘买家"制度。这实际上是在互联网时代下，为应对在线购物的虚拟性、信息相对不对称性的一项有利于科学监管的网络食品抽检手段。在网络食品交易第三方平台也就是我们通常所见的平台电商较早采取这种做法。《办法》中的网络抽检制度主要体现为四个方面：

一是必要性。传统实体有形店铺购物，有形市场的商品抽检，可以面对面完成直接取样、封样等一系列流程。结合网络食品的特点，在总结监管实践并借鉴网络食品交易第三方平台的既往的经验的基础上，《办法》借鉴"神秘买家"制度的合理内核，设计了针对网络食品的抽检制度。为保证抽样的合理性，抽样人员以顾客的身份买样，记录抽检样品的名称、类别以及数量，购买样品的人员以及付款账户、注册账号、收货地址、联系方式，并留存相关票据。以顾客的身份实际上是在还原模拟消费者的购买场景，可以更加真实的还原消费者所购食品的安全状况，从而更好地保障消费者权益。

二是神秘性。《办法》中的抽验制度设计有一个重要的时间节点，就是购买的样品到达买样人后，要进行查验和封样。在这个时间节点前，需保证一定程度的"神秘性"，即对卖家及相关人员的"神秘购买"。这是为了确保样品的真实性和有效性。同时，为了保证抽样对卖家的公正性，我们也规定，买样人员应当对网络购买样品包装等进行查验，对样品和备份样品分别封样，并采取拍照或者录像等手段记录拆封过程。

三是监督抽检的多层级性。《办法》规定县级以上食品药品监督管理部门都可以通过网络购样进行抽检。也就是说，鉴于网络食品影响的广泛性和民众高度关注性，包括国家局和地方局在内都可以根据监管的需要对网络食品进行抽检。

四是责任共担，社会共治。入网食品生产经营者以及第三方平台对抽检结果一定程度上责任共担。《办法》首先规定入网食品生产经营者的对抽检结果需承担的责任。检验结果表明食品不合格时，入网食品生产经营者应当采取停止生产经营、封存不合格食品等措施，控制食品安全风险。《办法》同时规定了网络食品交易第三方平台提供者在抽检上义务和责任：一是应当依法制止不合格食品的销售。二是入网食品生产经营者联系方式不详的，网络食品交易第三方平台提供者应当协助通知。三是入网食品生产经营者无法联系的，网络食品交易第三方平台提供者应当停止向其提供网络食品交易平台服务。

（三）关于网络食品小业态的监管

鉴于网络业态的虚拟性和网络食品小业态"散小多"等特点，网络"三小"食品安全违法行为查处目前缺乏有力抓手，容易成为监管的盲区。为在全国范围内有效查处和打击网络食品小业态的违法行为，统一立法执法尺度，《办法》规定小作坊、食品摊贩等食品小业态的入网经营的违法行为，可以参照本《办法》执行。这一规定是为防止部分省份因缺失地方立法，导致所在地因没有相关网络食品小业态的地方立法而使得所在地食品药品监督管理部门无法对网络小业态进行查处，出现监管真空。或者因为各省间对网络小业态的规定不一致而导致同案异罚、同案异判等情形。《办法》提出可以参照，这是建议性和鼓励性的，不是强制性的，主要是考虑到，《食品安全法》规定小作坊等小业态由地方制订地方办法。《办法》这样规定就与上位法保持一致。地方仍可按法的精神制订地方相关规定。

对于与手机等移动互联网上的社交平台相关的微商，这里的"微"字面理解有小的意思，意味着它是小业态，因此按照《办法》的规定，也可以参照本《办法》监管。但对移动互联网中微商的具体定性，需要区分不同情况。有专家认为，移动互联网上的社交平台首先是社交功能的平台，不是作为第三方交易平台的目的而存在，因此，类似移动互联网上的社交平台不应该承担这里的第三方交易平台的审查登记义务和相关法律责任。也有专家认为应分不同情形，不应"一刀切"，手机等移动互联网上社交平台在某些情形下，可以成为网络食品交易第三方平台提供者。比如，当手机等移动互联网上社交平台介入网络食品交易就要承担相应的责任。可以肯定的是，手机等移动互联网上的社交平台，首先它是提供一个社交交流功能，原始功能是信息沟通，所以，它首先是信息平台。当它只纯粹作为信息平台不发生网络食品交易的时候，如朋友圈发广告等，这些可比照《广告法》相关规定，具体由有关部门进行定性和监管。但手机等移动互联网上的社交平台有了网络食品交易功能的时候，此时就从一般意义的信息平台转化为交易平台。目前，手机等移动互联网上的社交平台发生食品交易的"微商"大致分两类：一类是一体化交易平台，主要通过手机端的 App 来实现，在社交平台中设置具有完整的商品展示、交易等功能的闭环式的一体平台功能，这个就是《办法》所称的第三方平台，应按第三方平台定性监管；另一类碎片化交易平台，如通过社交平台中的朋友圈发广告，交易成碎片化状态，如何监管，留待进一步研究。

四、《网络餐饮服务食品安全监督管理办法》解读

《网络餐饮服务食品安全监督管理办法》（以下简称《网络餐饮办法》）共 46 条。中国互联网经济的发展，迅速扩展到餐饮行业，使得"互联网＋餐饮服务"等新兴业态呈现快速增长势头。与一般的网络食品业态如网络食品零售相比，网络餐饮服务因为其涉及即食食品，有自身的特殊性，风险通常较高。与此同时，第三方平台及入网餐饮服务提供者都可能出现因食品安全把控不严而产生的食品安全隐患的问题。同时，网络餐饮服务与传统的线下的堂食不同，增加了餐食配送等环节，风险隐患增加。互联网本身具有虚拟性、跨地域性和用户巨大体量性等特点。这些都给消费者保护、政府监管带来巨大挑战。为进一步规范网络餐饮服务经营行为，保证餐饮食品安全，保障公众身体健康，制定《网络餐饮办法》有一定的必要性。

（一）《网络餐饮办法》与 2016 年《办法》的关系

《网络餐饮办法》与 2016 年《办法》，两者都是《食品安全法》的下位法，因此，都是对上位法的细化。《网络餐饮办法》也是对两种网络餐饮服务业态模式实施监管即：通过第三方平台提供餐饮服务和通过自建网站提供餐饮服务。并对三类对象即网络餐饮服务第三方平台提供者、通过第三方平台和自建网站提供餐饮服务的餐饮服务提供者（后两者统称为入网餐饮服务提供者）设定义务责任。从这个意义上说，两部办法在概念体系上一脉相承。但《网络餐饮办法》与 2016 年《办法》

相比属于同位阶的特殊规章，作为后法和特殊法，对于网络餐饮服务食品安全的监督管理，《网络餐饮办法》优先适用。

（二）《网络餐饮办法》主要亮点

第一，《网络餐饮办法》进一步强化了平台义务责任要求。主要包括三项义务：一是平台内部食品安全管理义务。第三方平台应当设置专门的食品安全管理机构，配备专职食品安全管理人员，每年对食品安全管理人员进行培训和考核。二是对入网餐饮服务提供者的管理义务。要求平台对入网餐饮服务提供者的经营行为进行抽查和监测。平台提供者还应当对入网餐饮服务提供者的食品经营许可证进行审查，登记入网餐饮服务提供者的名称、地址、法定代表人或者负责人及联系方式等信息，保证入网餐饮服务提供者食品经营许可证载明的经营场所等许可信息真实。三是强化平台对消费者的保护义务。要求建立投诉举报处理制度，公开投诉举报方式，对涉及消费者食品安全的投诉举报及时进行处理。

第二，《网络餐饮办法》强化了入网餐饮服务提供者及餐饮配送的相关要求。一是规定入网餐饮服务提供者应当在网上公示菜品名称和主要原料名称，公示的信息应当真实。二是明确送餐人员应当保持个人卫生，使用安全、无害的配送容器，保持容器清洁，并定期进行清洗消毒。送餐人员应当核对配送食品，保证配送过程食品不受污染。三是明确入网餐饮服务提供者配送有保鲜、保温、冷藏或者冷冻等特殊要求食品的，应当采取能保证食品安全的保存、配送措施。

第三，《网络餐饮办法》明确建立线上线下一致，网上网下联动机制。一是入网餐饮服务提供者应当具有实体经营门店并依法取得食品经营许可证，并按照食品经营许可证载明的主体业态、经营项目从事经营活动，不得超范围经营。二是网络销售的餐饮食品应当与实体店销售的餐饮食品质量安全保持一致。三是食品药品监督管理部门查处的入网餐饮服务提供者有严重违法行为的，应当通知网络餐饮服务第三方平台，平台应立即停止对入网餐饮服务提供者提供网络交易平台服务。

五、结语

互联网给人们生活带来便利的同时，也给不法分子提供了条件，庞大网民，手机等移动互联网工具近乎普及，给非法网络销售假冒伪劣食品创造了机会。而案例统计发现，从 2009 年至今，网售假冒伪劣食品药品违法犯罪呈高增长趋势，食品类案件增长较多。互联网业态具有一定隐蔽性、辐射性、虚拟性，由此造成案源发现难、调查取证和查处难。因此，网络食品治理任重而道远。

中国是全球首个在《食品安全法》中明确网络食品交易第三方平台义务和相应法律责任的国家，也是第一个专门制定网络食品监管具体办法的国家。网络食品属于较新的业态，网络食品监管在国际上也缺乏相应的实践和经验。因此，中国的探索一方面缺少参照物，另一方面也意味着，中国在这个领域的所做的努力本身就是一种创新，在为全球网络食品治理发出中国的声音。修订的《食品安全法》及网络食品和网络餐饮等两个规章的实施，是中国网络食品治理迈出积极的一步。尤其是相应的规章还处在刚刚施行阶段，从立法到执法和司法实践或还需要相当时间才能看出效果，不可避免有不足之处。我们也需要不断在实践中总结经验，不断完善立法，为网络食品治理交出更好的答卷。

第一部分
原则理念编

食品安全的社会共治原则

王伟国[*]

导读

社会共治作为新食品安全法的原则之一，是新法的一大亮点，体现了我国食品安全治理观念的时代变革。这既是社会共治理念的体现，也是共治理念政策表达的升华。形成社会共治格局，是"法治国家、法治政府、法治社会一体建设"精神在食品安全领域的具体体现。社会共治的本质是公权力、私权利、社会权力三权共治。社会共治与国外公共治理理论的发展密不可分，我们在吸收借鉴中必须结合中国实际，寻找符合现实国情的治理之策：以坚持党的领导为根本保证，以政府主导与社会协同为基本方式，以增强全民共治理念为突破口，以注重发挥消费者组织、行业组织、新闻媒体、专家作用为抓手，以形成多元融贯的规则体系为支撑，以健全公民依法维权机制和多元纠纷化解机制为保障，以信息交流为基础，以形成完备的社会共治制度体系和高效的治理能力体系为标志，实现政府治理和社会自治的良性互动，形成科学、民主、严格的食品安全监管格局。当前，对社会共治，我们尽管已经充分点题，但仍处于初步破题状态，离真正解题还有相当长的距离。深刻认识食品安全社会共治的必要性，进一步健全完善

---

  * 王伟国，中国法学会食品安全法治研究中心主任，中国法学会法治研究所副所长（主持工作）、研究员。

相关制度表达，针对社会共治的现实困境，提出有效形成社会共治格局的破解之道，意义重大。

作为 2015 年《食品安全法》的一个亮点，社会共治体现了我国食品安全治理观念的时代变革，预示着我国食品安全治理格局的重大转变。我们必须深刻认识社会共治原则入法的时代背景，准确把握社会共治的丰富内涵，切实转变监管理念和方式，从根本上提升我国食品安全治理能力和水平。

一、食品安全社会共治的时代背景

《食品安全法》实施以来，食品安全监管体制改革不断推进，治理力度不断加大，食品安全总体形势稳中向好。但是，食品安全监管中的一些深层次矛盾并没有根除，人民群众的满意度并未随之明显提高，在某些问题上，不信任感甚至与日俱增。对此，习近平总书记在 2013 年 12 月的中央农村工作会议上指出："能不能在食品安全上给老百姓一个满意的交代，是对我们执政能力的重大考验。我们党在中国执政，要是连个食品安全都做不好，还长期做不好的话，有人就会提出够不够格的问题。所以，食品安全问题必须引起高度关注，下最大气力抓好。"显然，食品安全不仅是重大的民生问题，而且是重大的政治问题。由此，我们要准确把握食品安全社会共治的时代背景，就不仅要从食品安全治理的状况出发，也要立足于国家治理的战略高度。

（一）食品安全社会共治的现实需求

食品安全工作实行社会共治，既是一种主观选择，也是客观状况倒逼的结果。对此，我们可从以下四个方面理解。

一是食品行业在我国社会转型期呈现更加复杂的局面。现代食品行业产业链条长、时间跨度大、从业主体多、安全因素复杂，同时，受生态环境水平、产业发展水平、企业管理水平、诚信建设状况等因素制约，食品安全基础薄弱的状况仍未根本转变，西方国家在不同时期渐次出现的食品安全问题在我国"扎堆"出现，我国的食品安全问题呈现更加突出的复杂性。事实上，欧美等发达地区和国家经过一百多年的奋斗仍然面临"马肉风波""肉毒杆菌污染""粉红肉渣风暴"等问题。毫无疑问，我国食品安全问题正处于并将在一定时期内持续处于易发、高发期。①

二是以政府监管为主的治理模式无法根本扭转食品安全状况。尽管我国食品安全监管体制进行了重大调整改革，但真正整合、融合进而形成合力还需要一个较长的过程。我国的食品安全监管模式总体上是单一的政府监管模式，食品安全监管关系被简单化，突出了政府与企业的关系，把政府监管部门与食品生产经营企业的关系定格为"管"与"被管"的对立关系。② 这样的模式决定了食品安全治理效率低、成本高，重审批和外部监管，忽视事中、事后监管以及经营者、消费者和社会组织在治理中的基础性作用及其主观能动性，不论是源头治理还是全程监管都难以有效实现，市场也难以发挥自我调节的机能，社会主体参与管理的机会与能力较为缺乏。

三是人类认知能力的提升已经使得食品安全问题关注主体迅猛扩展。从历史发展的角度来看，人类对食品安全的认知大体经历了生命安全、公共安全、国家安全和人类安全的发展阶段。与这些阶段的演变相适应，对食品安全问题关注的主体也在不断地扩展。时至今日，食品消费所具有的全民性、终身性、必需性和一次性消费特征更加凸显。在人类所创造的各类产品中，还没有其他任何产品与每一个人的日常生活有如此直接、广泛、必要的联系，食品安全拥有最广泛的利益相关者，这也构成了建立最紧密命运共同体的社会基础。③ 中国不

---

① 徐立青、黄胜平："智慧城市与食品安全社会共治"，载《办公自动化》2015 年第 8 期。

② 丁煌、孙文："从行政监管到社会共治：食品安全监管的体制突破——基于网络分析的视角"，载《江苏行政学院学报》2014 年第 1 期。

③ 徐景和："建立和依靠最紧密的食品安全命运共同体"，载《中国社会科学报》2014 年 11 月 21 日，第 A04 版。

仅是拥有人口最多的国家，也是最大的发展中国家，无疑拥有最为庞大的食品安全利益共同体。在这样的时空背景下，要保障最紧密的命运共同体利益，无疑极具挑战性。

四是互联网时代的信息技术加剧了食品安全治理的难度。习近平总书记明确指出："食品安全社会关注度高，舆论燃点低，一旦出问题，很容易引起公众恐慌，甚至酿成群体性事件。毒奶粉、地沟油、假羊肉、镉大米、毒生姜、染色脐橙等事件，都引起了群众愤慨。再加上有的事件被舆论过度炒作，不仅重创一个产业，而且弄得老百姓吃啥都不放心。"这段话不仅生动地点明了食品安全事件的特点，而且指出了我国食品安全治理需要高度重视舆论的影响力。特别是，微信等自媒体的发展更加剧了这种影响力。对此，中国工程院院士、国家食品安全风险评估中心总顾问陈君石指出："微信上的一些自媒体，已成为谣言和不实信息的'放大器'。这些谣言对实际生活和社会产生的危害远远超过所谓风险对人们健康的损害。"《新京报》记者调查发现，利用微信公众号传谣已呈现公司化运作趋势，背后则清晰呈现出一条各家微信运营公司借谣生利的商业模式，其中也不乏一些大型食品企业炮制谣言恶意竞争。诸如六翅肯德基怪鸡、康师傅地沟油、娃哈哈肉毒杆菌等一些食品谣言不断地成为近百家微信公众号热门推送内容，并在朋友圈中刷屏。① 毫无疑问，在信息技术飞速发展的新时代，传统"官媒天下"的垄断格局已经被打破，民意表达呈现了勃发的态势。②

---

① 李栋、郭铁等："'六翅鸡'背后微信传谣利益链调查"，载新京报网，http://www.bjnews.com.cn/food/2015/06/09/366473.html，2015 年 6 月 22 日访问。

② 2015 年 2 月 3 日，中国互联网络信息中心（CNNIC）发布的第 35 次《中国互联网络发展状况统计报告》显示，截至 2014 年 12 月，我国网民规模已达 6.49 亿，互联网普及率为 47.9%。此外还有 580 万新兴的微信公号。这样，就形成了传统官媒、市场化媒体、自媒体等的多足鼎立格局，从而彻底瓦解了一元化、体制型、权力支配性的新闻场域和话语体系，构造了多元化、市场型、受众消费性的信息生产和再生产机制。参见马长山："当下中国的公共领域重建与治理法治化变革"，载《法制与社会发展》2015 年第 3 期。

（二）食品安全社会共治理念的确立及其政策表达

党的十八大以来，随着社会管理体系建设的不断深入推进，食品安全社会共治的顶层设计日渐清晰，政策表达逐步明确。2012 年，党的十八大报告提出："要围绕构建中国特色社会主义社会管理体系，加快形成党委领导、政府负责、社会协同、公众参与、法治保障的社会管理体制，加快形成政府主导、覆盖城乡、可持续的基本公共服务体系，加快形成政社分开、权责明确、依法自治的现代社会组织体制，加快形成源头治理、动态管理、应急处置相结合的社会管理机制。"这段表述已经透露出明显的社会共治理念。2013 年 6 月 5 日，汪洋副总理在全国食品药品安全和监管体制改革工作电视电话会议上，明确提出保障食品药品安全需要"构建社会共治格局"。而当月 17 日举办的全国食品安全宣传周启动仪式暨第五届中国食品安全论坛，更是将主题确定为"社会共治同心携手维护食品安全"。2014 年 3 月，李克强总理在《政府工作报告》中明确提出，"建立从生产加工到流通消费的全程监管机制、社会共治制度和可追溯体系，健全从中央到地方直至基层的食品药品安全监管体制"。除了对食品药品安全治理提出社会共治外，李克强总理的政府工作报告也对社会治理和环境保护提出了社会共治的要求，强调"推进社会治理创新。注重运用法治方式，实行多元主体共同治理"。

不止于此，党和国家把维护食品安全在内的公共安全摆在更加突出的位置。党的十八届三中全会围绕健全公共安全体系提出食品药品安全、安全生产、防灾减灾救灾、社会治安防控等方面体制机制改革任务，党的十八届四中全会提出了加强公共安全立法、推进公共安全法治化的要求。从中可以看出，建立包括食品安全在内的社会共治制度，并非权宜之计，而是国家治理战略转型的重要举措。对此，我们可以从公共治理、法治社会建设及社会管理等不同层面予以把握。

公共治理的理念和做法，已成为民主行政和社会治理的共识。国家治理现代化在立法、行政和司法等公法层面的治理创新，面临许多挑战和重大机遇，协同、参与的治理模式就是一个重要举措。行政部门之间、公权力机构之间的合作叫作协同治理，政府与民众之间、公权力主体与私权利主体之间的合作叫作参与治理，而参与治理的更高形态叫作共同治理。参与治理、共同治理的前提是政府职能调整、行政法制革新。这是走向政府管理、社会管理民主化的基本要求，也是法治政府建设和法治社会建设的连接点。①

食品安全社会共治是法治社会建设在食品安全治理领域的具体体现，要将社会共治置于"法治国家、法治政府、法治社会一体建设"中把握。法治社会之"法"是回应性的国家法和具有法品质性的自治规则共同嵌入社会的多元规则体系；法治社会之"治"是社会主治、国家备位的互动共治；法治社会之"社会"是理性、自由、民主的社会。法治社会建设之"建设"是一个由国家育化、涉及多维度的社会法治化的过程。以法治国家、法治政府、法治社会一体化为标志的法治中国，承载自由、民主价值和公平正义理想的规则之治，将在以法治社会为重心的建设实践中最终达成。②

进入新世纪后，为有效应对经济社会发展新挑战，党和政府相继提出了一系列推动社会建设的政策目标和制度安排，构成了"社会治理"的政策变迁历程：2004 年，十六届四中全会将"社会管理"作为党执政能力建设的重要内容。2006 年，十六届六中全会首次提出"创新社会管理体制"。2007 年，十七大报告强调要加强以民生为重点的社会建设。2012 年，全国人大通过的"十二五"规划纲要系统提出了"改善民生，建立健全基本公共服务体系"和"标本兼治，加强和创新社会管理"的社会建设目标。2012 年，十八大报告不仅首次提出"社会体制"的概念，更系统论述了"在改善民生和创新管理中加强

---

① 莫于川："法治国家、法治政府与法治社会的一体建设"，载《改革》2014 年第 9 期。

② 江必新：《法治社会的制度逻辑与理论构建》，中国法制出版社 2014 年版，第 29 页。

社会建设"，进一步明确了社会管理和社会建设的关系，并较为系统地提出了中国特色社会主义社会管理体系的基本框架。2013 年，十八届三中全会提出"国家治理"与"社会治理"的概念，并指出全面深化改革的总目标是"完善和发展中国特色社会主义制度，推进国家治理体系和治理能力的现代化"。特别是十八届三中全会强调"法治社会"建设，意味着国家或政府必须向社会放权，培育社会，并接受社会对国家权力行使的影响与监督。同时，社会不仅依赖于国家、政府的引导与管理，它更需要通过公民个体和社会组织的行为，以自身的法治化和自治化维护自身的有序化。总之，当代中国国家与社会的互动关系呈现出一种"从社会管控到社会治理"的宏观态势和过渡形态，而"国家主导下的社会治理"则蕴含了当代中国社会治理机制的生成逻辑。① 在此，需要特别指出的是，我们必须对西方的治理理论与我国的治理理论（观念）加以明确区分。

从理论上讲，社会共治无疑与公共治理理论的发展密不可分。公共治理理论在国际社会科学中兴起并成为影响全球的理论范式，均产生于西方语境，价值意义也主要体现在西方国家的政府管理改革。21世纪以来，国家治理视角下的公共治理理论形成以下几个基本共识：主张分权导向，摒弃国家和政府组织的唯一权威地位，社会公共管理应由多主体共同承担；重新认识市场在资源配置中的地位和作用，重构政府与市场关系；服务而非统治，传统公共行政模式发生变革，公共政策、公共服务是协调的产物。公共治理理论引入国内 20 年来，"治理""善治"成为我国行政管理体制改革的主流词，但又不得不面对许多领域"越治越乱"的现实。显然，对公共治理理论采取简单的"拿来主义"，可能引发更大的治理危机。虽然西方的"治理"内涵也在发生着改变，但其主导方向"治理"日益被解读为非国家行为者

---

　① 郁建兴、关爽："从社会管控到社会治理——当代中国国家与社会关系的新进展"，载《探索与争鸣》2014 年第 12 期。

（如私营部门、工会和其他非政府组织）实施的活动，这是新自由主义逻辑基础上特定意识形态刺激的结果，其中新自由主义主张一种国家的极简主义理论，旨在限制政府对经济领域的干预来维护市场力量和私营部门的首要地位。由此可见，在国外治理理论中，社会治理居于主导地位。与此相反，中国现代的治理体制显然不存在否定政府角色的隐含假定，而是更突出国家治理在全面深化改革中的重要性。在西方，"治理"这个概念具有正式机构与市民社会之间互动的本质，而我国的治理理论虽然也强调互动，但互动不能离开党的领导和政府主导。公共治理理论作为一个"舶来品"，要真正对中国国家治理体系构建起积极推进作用，在准确把握其核心内涵前提下，必须置于中国现实的政治体制中，寻找可操作性的治理改革路径。党的十八届三中全会提出了推进国家治理体系与治理能力的现代化，虽然这里还是在强调国家治理，但却是在全面深化改革的攻坚意义上来谈的，国家在创新社会治理体制方面有很多举措，包括改进治理方式、激发社会组织活力、创新有效预防和化解社会矛盾体制等。虽然创新社会治理体制的改革主体还是国家，但是社会治理的地位在提升。国家治理在其中扮演的是改革者与守门人的角色，这说明中国正在调整国家治理与社会治理的关系，国家治理虽然没有改变其主导地位，但却为社会治理赋予了更多的权限。①

综上所述，新一届政府强调，努力形成企业负责、政府监管、行业自律、社会参与、法治保障的食品安全治理新格局，充分体现了多元主体共治的精神，彰显了公共治理理念的提升、社会管理方式的转变，也是法治社会建设内容的重要体现。应该明确，社会共治是公共治理的更高形态，是最高的目标追求。

---

① 郑杭生、邵占鹏："治理理论的适用性、本土化与国际化"，载《社会学评论》2015年第2期。

二、食品安全社会共治理念的法律表达

2015 年《食品安全法》确立了包括社会共治在内的食品安全工作四项指导原则，这意味着食品安全社会共治理念从政策表达层面进入法律表达层面，社会共治具有了明确的法律依据。

（一）食品安全社会共治原则的确立

2015 年《食品安全法》第 3 条规定："食品安全工作实行预防为主、风险管理、全程控制、社会共治，建立科学、严格的监督管理制度。"至此，社会共治作为一项法律原则，首次在 2015 年《食品安全法》中出现。与之形成鲜明对照的是，几乎同时期修订的《环境保护法》只是用"公众参与"的原则体现社会共治精神。[①] 将"社会共治"确立为一项法定原则，2015 年《食品安全法》开创了先河。这既是社会共治理念的重要体现，也是共治理念政策表达的升华。

修法过程中，最初的征求意见稿就明确将社会共治作为食品安全监督管理工作应遵循的一项原则，并与预防为主、风险管理和全程控制一并写入。草案经过全国人大常委会三次审议，对第 3 条的文字进行了部分修改（见表 1－1－1），但对社会共治一直保留了下来。

表 1－1－1 《食品安全法》第 3 条修订过程稿比较

送审稿（法制办征求意见稿）	一审稿（法工委征求意见稿）	二审稿（法工委征求意见稿）	三审稿（常委会审议通过稿）
第 3 条 食品安全监督管理工作遵循预防为主、风险管理、全程控制、社会共治的原则。	第 3 条 食品安全工作实行预防为主、风险管理、全程控制、社会共治，建立最严格的监督管理制度。	第 3 条 食品安全工作实行预防为主、风险管理、全程控制、社会共治，建立科学、严格的监督管理制度。	第 3 条 食品安全工作实行预防为主、风险管理、全程控制、社会共治，建立科学、严格的监督管理制度。

① 2014 年《环境保护法》第 5 条规定："环境保护坚持保护优先、预防为主、综合治理、公众参与、损害担责的原则。"

对社会共治原则，我们可从四个方面加以解读：

第一，社会共治作为食品安全工作的一项原则，就要求在食品安全工作中都要始终贯彻这一原则精神，而不是在某个环节或某个方面才加以体现。

第二，食品安全社会共治的落脚点是"建立科学、严格的监督管理制度"。这要求社会共治是和谐之治而非混乱之治。

第三，在食品安全工作的四项原则中，"预防为主、风险管理、全程控制"三项原则更多地体现了食品安全自身的特点和要求，而社会共治原则主要地反映了国家在公共安全治理问题上的新要求。贯彻落实前三项原则的同时也要注重体现社会共治原则。

第四，社会共治也是食品安全法立法的一项指导原则，除了对食品安全工作进行方向性指引外，还要有具体的制度作为支撑。

（二）食品安全社会共治原则的制度体现

1. 相关立法资料分析

关于社会共治的制度表达与理解，在《食品安全法》修订中发生了一些明显变化，这些变化清晰地反映在征求意见稿的修订说明及草案修改情况的报告等立法资料中。比如，原国家食品药品监督管理总局报送国务院法制办的《食品安全法（修订草案送审稿）》修订说明（以下简称《送审稿修订说明》）对社会共治具体列举了三方面的举措：第一，建立食品安全风险交流制度。第二，食品安全国家标准评审委员会应当有食品行业协会、消费者协会的代表。第三，国家将食品安全知识纳入国民教育等。而国务院报送全国人大常委会的《食品安全法（修订草案）》修订说明（以下简称《一审稿草案说明》），针对社会共治所列举的三方面举措与《送审稿修订说明》毫无交集：一是规定食品安全有奖举报制度。此内容在《送审稿修订说明》中是作为创新监管机制方式的第五项举措列举。具体表述有变化。二是规范食品安全信息发布（此内容在《送审稿修订说明》中是作为创新监管机制方式的第六项举措列举的），具体表述有一定的变化。三是增设食品安全责任保险制度。此内容在《送审稿修订说明》中是作为强化企业主体责任落实的第五项举措。但是由"应当"投保改为了"鼓励"和"支持"投保。

此外，针对一审稿征求意见情况，全国人大常委会二次审议修订草案后，又对食品安全社会共治的相关制度机制进行了修改。《全国人民代表大会法律委员会关于〈中华人民共和国食品安全法（修订草案）〉修改情况的汇报》第3条做了详细说明："修订草案第三条中规定，食品安全工作实行社会共治的原则。有些常委会组成人员和社会公众建议进一步充实这方面的规定，充分发挥行业协会、媒体和消费者等的作用。法律委员会经研究，建议作如下修改：一是明确食品行业协会应当依照章程建立健全行业规范和内部奖惩机制，提供食品安全信息、技术等服务，引导和督促食品生产经营者依法生产经营（修订草案二次审议稿第九条第一款）。二是规定消费者协会和其他消费者组织对违反本法规定，侵害消费者合法权益的行为，依法进行社会监督（修订草案二次审议稿第九条第二款）。三是增加规定对举报人的相关信息予以保密，保护其合法权益（修订草案二次审议稿第一百零七条）。四是删去修订草案第一百二十一条第二款有关发布食品安全信息应当事先向食品药品监督管理部门核实情况的规定，同时增加规定媒体编造、散布虚假食品安全信息的，由有关主管部门依法给予处罚，并对直接负责的主管人员和直接责任人员给予处分（修订草案二次审议稿第一百三十一条第二款）。"①

以上所引资料表明，在社会共治问题上，不同阶段不同部门的立法工作者存在着不同的认识与处理：一是"修订草案"没有保留"送审稿"关于纳入国民教育的规定。二是相较"送审稿"，"修订草案"对风险交流的规定明显弱化了。这种弱化一直延续到审议通过稿。《修订草案说明》关于社会共治方面的举措中缺少了风险交流。三是

① 中国人大网，http://www.npc.gov.cn/npc/lfzt/spaqfxd/2014 - 12/30/content_1892288.htm，2015年6月7日访问。

《修订草案说明》将食品安全责任保险作为社会共治的举措之一，但相较于"送审稿"的规定也明显弱化了，只是倡导性的。以上一至三项的情况直到常委会第三次审议通过稿也没有再改变过。四是对于如何规范信息发布的态度发生了较大的变化，从最初的严格管控转为平衡处理。一方面取消了信息发布事先审查的规定，另一方面对媒体发布虚假信息等情形的责任给予了严格规定。

2. 2015 年《食品安全法》的具体规定

关于 2015 年《食品安全法》体现食品安全社会共治原则的具体制度，主要为四方面说。① 我们综合各方资料和解读，认为主要有五个方面。

第一，发挥食品行业协会在社会共治方面的重要作用。明确食品行业协会应当依照章程建立健全行业规范和奖惩机制，提供食品安全信息技术等服务，引导和督促食品生产经营者依法生产经营。与之相关的规定主要为：第 9 条第 1 款②、第 32 条第 3 款③及第 116 条第 2 款④。

第二，发挥消费者组织在食品安全共治方面的重要作用。消费者协会和其他消费者组织对违反食品安全法规定，侵害消费者合法权益的行为，要依法进行社会监督。与之相关的规定主要为：第 9 条第 2 款⑤、

① 2015 年 4 月 24 日全国人大常委会办公厅召开的新闻发布会直播记录，载中国人大网，http://www.npc.gov.cn/npc/zhibo/zzzb37/node_363.htm。

② 2015 年《食品安全法》第 9 条第 1 款规定："食品行业协会应当加强行业自律，按照章程建立健全行业规范和奖惩机制，提供食品安全信息、技术等服务，引导和督促食品生产经营者依法生产经营，推动行业诚信建设，宣传、普及食品安全知识。"

③ 2015 年《食品安全法》第 32 条第 3 款规定："食品生产经营者、食品行业协会发现食品安全标准在执行中存在问题的，应当立即向卫生行政部门报告。"

④ 2015 年《食品安全法》第 116 条第 2 款规定："食品生产经营者、食品行业协会、消费者协会等发现食品安全执法人员在执法过程中有违反法律、法规规定的行为以及不规范执法行为的，可以向本级或者上级人民政府食品药品监督管理、质量监督等部门或者监察机关投诉、举报……"

⑤ 2015 年《食品安全法》第 9 条第 2 款规定："消费者协会和其他消费者组织对违反本法规定，损害消费者合法权益的行为，依法进行社会监督。"

第 28 条第 2 款①第 116 条第 2 款②。

　　第三，增加规定食品安全有奖举报制度。明确规定，对查证属实的举报应当给予举报人奖励，对举报人的相关信息，政府和监管部门要予以保密，保护举报人的合法权益，对举报所在企业食品安全违法行为的内部举报人要给予特别保护。与之相关的规定主要为第 12 条③、第 115 条④。

　　第四，增加了食品安全责任保险制度。与之相关的规定为第 43 条第 2 款⑤。

　　第五，规范食品安全信息发布，强调监管部门应当准确、及时、客观地公布食品安全信息，鼓励新闻媒体对食品安全违法行为进行舆论监督，并要求有关食品安全的宣传报道公正真实。与之相关的规定主要为第 10 条第 2 款⑥、第 118 条第 3 款⑦。

----

　　①　2015 年《食品安全法》第 28 条第 2 款规定："……食品安全国家标准审评委员会由医学、农业、食品、营养、生物、环境等方面的专家以及国务院有关部门、食品行业协会、消费者协会的代表组成，对食品安全国家标准草案的科学性和实用性等进行审查。"

　　②　2015 年《食品安全法》第 116 条第 2 款规定："食品生产经营者、食品行业协会、消费者协会等发现食品安全执法人员在执法过程中有违反法律、法规规定的行为以及不规范执法行为的，可以向本级或者上级人民政府食品药品监督管理、质量监督等部门或者监察机关投诉、举报……"

　　③　2015 年《食品安全法》第 12 条规定："任何组织或者个人有权举报食品安全违法行为，依法向有关部门了解食品安全信息，对食品安全监督管理工作提出意见和建议。"

　　④　2015 年《食品安全法》第 115 条规定："县级以上人民政府食品药品监督管理、质量监督等部门应当公布本部门的电子邮件地址或者电话，接受咨询、投诉、举报。接到咨询、投诉、举报，对属于本部门职责的，应当受理并在法定期限内及时答复、核实、处理；对不属于本部门职责的，应当移交有权处理的部门并书面通知咨询、投诉、举报人。有权处理的部门应当在法定期限内及时处理，不得推诿。对查证属实的举报，给予举报人奖励。""有关部门应当对举报人的信息予以保密，保护举报人的合法权益。举报人举报所在企业的，该企业不得以解除、变更劳动合同或者其他方式对举报人进行打击报复。"

　　⑤　2015 年《食品安全法》第 43 条第 2 款规定："国家鼓励食品生产经营企业参加食品安全责任保险。"

　　⑥　2015 年《食品安全法》第 10 条第 2 款规定："新闻媒体应当开展食品安全法律、法规以及食品安全标准和知识的公益宣传，并对食品安全违法行为进行舆论监督。有关食品安全的宣传报道应当真实、公正。"

　　⑦　2015 年《食品安全法》第 118 条第 3 款规定："公布食品安全信息，应当做到准确、及时，并进行必要的解释说明，避免误导消费者和社会舆论。"

（三）食品安全社会共治的内涵解读

社会共治原则及体现这一原则的具体制度已经从立法层面确立下来，但如何准确把握社会共治的丰富内涵，仍然是一个需要认真研究的问题。社会共治毕竟是一个新事物，目前并无统一的界定。对此，笔者认为，社会共治的本质是公权力、私权利、社会权力三权共治。具体而言，就是包含了立法者、执法者、司法者等行使的公权力，生产经营者、消费者等行使的私权利，媒体、各类社会组织、专家等行使的社会权力。相较于传统管理方式，社会共治承认社会权力的单独存在，并且强调三类权利（力）主体应该更加平等地合作共治。因此，把握社会共治的内涵，至少需要阐明两个方面的问题：一是共治的主体为何，二是共治权力（权利）的构成如何。当前，理论研究中，对于三权共治的本质及其系统研究还较为不足，对社会共治主体的认识还没有达成一致。

一种观点认为，社会共治强调的是除政府与企业之外的其他主体共同参与社会的管理活动，属于市场机制与政府管理的有机补充。"食品安全社会共治强调的是政府和食品生产经营主体之外的消费者、消费者保护组织、行业协会、专家学者、商业保险机构等其他社会主体在食品安全保障方面的权利与责任。"①

另一种观点认为，现在提出社会共治并非否定之前的企业、政府这两大责任主体，而是鼓励食品安全各利益相关方在更加平等的基础上参与食品安全治理，这也是全球通行的科学管理理念。② 相较而言，持此类观点的更多。比如，有专家指出，"所谓食品安全社会共治，是指发挥国家、市场与社会三大行为主体各自的积极性与主动性，通

---

① 丁冬："食品安全社会共治的主体和路径"，载《中国社会科学报》2014年11月21日，第 A05 版。
② 钟凯："食品安全社会共治你我做些什么"，载《饮食科学》2014年第3期。

过相互协调的方式来消除食品安全风险"。① 还有专家指出，"所谓食品安全社会共治，是指调动社会各方力量，包括政府监管部门、相关职能部门、有关生产经营单位、社会组织乃至社会成员个人，共同关心、支持、参与食品安全工作，推动完善社会管理手段，形成食品安全社会协同共治的格局"。② 还有专家指出，"所谓食品安全的社会共治就是指政府和社会协同治理食品安全，问题的本质是，通过政府权力主体与社会权利主体的有机结合，特别是运用公民权利、社会权利的方法来保障食品安全，实现由单一的政府监管模式转向由政府与社会共同治理食品安全"。③ 还有专家指出，"'社会共治'强调的就是发挥社会各主体的责任意识，共同监管食品安全。社会共治，包括'社会协同'与'公众参与'，因此可将社会共治的主体分为：企业、政府与第三方监管力量。第三方监管力量，独立于食品安全保证主体（企业和政府），也叫作社会监管力量，包括媒体、消费者、非政府组织等。在社会共治的框架下，包括政府在内的各种社会力量交织成监管网络，从而确保食品安全"。④

还有专家明确了七类主体的不同角色，进行了较为清晰的阐释：社会共治大概涉及政府及其食品安全监管部门、生产经营者、第三方认证和检测机构、消费者、媒体、行业协会以及专家与科研机构七个方面的主体。从各自地位与作用来看，政府与生产经营者是社会共治体系中的当然主体。其中，政府是食品安全社会共治的主导者，规范引导鼓励其他主体参与社会共治，具有不可推卸的责任。这主要是由

① 刘飞、孙中伟："食品安全社会共治：何以可能与何以可为"，载《江海学刊》2015 年第 3 期。

② 徐立青、黄胜平："智慧城市与食品安全社会共治"，载《办公自动化》2015 年第8 期。

③ 邓刚宏："构建食品安全社会共治模式的法治逻辑与路径"，载《南京社会科学》2015 年第 2 期。

④ 张曼、唐晓纯、普蓂喆等："食品安全社会共治：企业、政府与第三方监管力量"，载《食品科学》2014 年第 13 期。

食品安全的公共性及其所带来的负外部性所决定的。生产经营者是社会共治的主要参与者，也是第一责任人。这是由食品安全是生产出来的基本逻辑所决定的。消费者是保障食品安全的中坚力量。这主要是因为消费者作为重要的市场力量，有能力通过自身的选择行为影响市场，进而影响企业的生产行为，尤其是有组织的消费者，其力量将更为强大。第三方认证和检测机构是食品安全社会共治不可或缺的主体，一方面，可以保证食品安全检测、认证的客观性独立性；另一方面，可以减轻政府监管压力。行业协会在治理体系中发挥行业自律作用，是独立于政府的一种社会中介组织，对本行业企业之间的经营行为起着协调作用，对本行业的产品和服务、经营手段等发挥监督作用。媒体发挥舆论监督作用，专家与科研机构为社会共治提供技术支持，是实现食品安全社会共治的重要主体。①

我们认为，以上两种观点并不存在原则性分歧，只是侧重点不同而已。前一种认识重在"社会之治"，强调了行使社会权力主体的作用，后者则重在"共治"，但对共治机理的阐释还有待进一步深化。这也提醒我们，在把握社会共治内涵时，一方面要从最广泛的参与主体角度去理解，另一方面又要明确社会共治在我国当前阶段的工作重点。正如全国人大法工委行政法室副主任黄薇指出的："社会共治是食品安全治理中的一个新的原则、新的理念。它表明加强食品安全管理不能仅依靠政府，也不能仅依靠监管部门单打独斗，应该调动社会方方面面的积极性，大家有序参与到这项工作中来。"同时，对于2015 年《食品安全法》也要从两方面结合，更好地予以把握。一方面，2015 年《食品安全法》从具体制度层面为政府和食品生产经营主体之外的消费者、消费者保护组织、行业协会、专家学者、商业保险机构等其他社会主体参与食品安全治理进行了针对性的设计；另一方

---

① 邓刚宏："构建食品安全社会共治模式的法治逻辑与路径"，载《南京社会科学》2015 年第 2 期。

面，2015 年《食品安全法》将社会共治作为食品安全工作的一项重要原则在总则中予以规定，这就赋予了社会共治以更加重要的地位，使之统摄食品安全工作，而非局限于具体制度层面。

三、食品安全社会共治面临的困境

食品安全社会共治对我国食品安全治理格局树立了更高目标、提出了更高要求。同时，良法只是善治的前提，徒法不能自行。"社会共治"说起来容易、落实起来难。实现社会共治既要有共治的意愿，也要有共治的能力，而我们现在还面临一些明显不足，需要认真应对。

（一）社会共治的治理体系与治理能力不足

习近平同志指出，国家治理体系和治理能力是一个国家的制度和制度执行能力的集中体现，两者相辅相成。食品安全社会共治体系作为一项系统复杂的工程，是参与食品安全治理的主体、行为、责任以及制度等要素的有机结合。其中，制度体系是食品安全社会共治机制的法治化规范化。① 2015 年《食品安全法》从社会共治的理念出发，确立了社会共治原则及相关法律制度。但要将相关规定落到实处，还必须进一步完善相关配套法规，增强相关制度的可操作性。同时，形成食品安全社会共治格局，不仅要健全完善制度体系，还要具备制度的执行能力。国家治理的现代化，是公权力机关退位、归位和理性再定位的过程。应当承认，我国目前的市场机制尚不健全，社会组织还不规范，市场机制和社会组织还难以担当起合格的公共产品或公共服务提供者的角色。而中国当下社会问题的复杂性和独特性，又是以往任何时候不可比的，社会改革进入攻坚期，社会矛盾进入"旋涡期"，治理难度加大，迫切需要对社会管理模式进行升级，以改变过于简单、

---

① 邓刚宏："构建食品安全社会共治模式的法治逻辑与路径"，载《南京社会科学》2015 年第 2 期。

低效的应对方式。① 需要指出的是，虽然社会共治强调最广泛的利益共同体的共同参与，但政府部门仍然是社会共治中的主导者。客观而言，政府的这种主导作用还没有充分发挥。比如，食品安全信息属于"与民众切身利益相关""需要社会各界广泛知晓"的事项，但实践中不管是食品安全风险监测评估的数据、食品安全监督抽检的数据还是食品安全事件的情况等信息，相关部门公开的力度、途径各不相同，部门之间形成信息"壁垒"，存在信息"孤岛"。而且，发生食品安全事件时，监管部门常以"挤牙膏"方式进行信息发布。这样的情况如果不能根本改变，社会主体就难以有效获取食品安全相关信息，更不用说有效发挥各自作用从而形成社会共治格局了。特别是，政府相关部门之间的合作机制仍不够健全，执法信息共享的意愿不足、机制不畅，甚至在某些问题上推诿扯皮、争权诿责。

食品安全社会共治，尤其需要行业协会、媒体、消费者组织、社会团体等各类社会主体具有相当的自治能力，从而可以发挥主体作用和能动作用。但是，受我国政治传统中大政府、小社会的长期影响，包括行业协会、消费者组织及消费者在内的各类社会主体发育程度参差不齐，自治能力明显不足。比如，行业协会存在的政府依赖性强、行政色彩浓厚等问题；消费者自身缺乏必要的食品安全知识和信息等。特别是，当前行业自治规范程度明显不足。我国从 20 世纪 80 年代后期全面进入市场经济以来，行业协会、民间商会等在内的行业组织有了较快的发展。然而，在我国这样一个有着深刻的国家主义传统的社会中，由于行业从业者缺乏自律和共同准则及对行业组织的认同，依靠商会、行业协会实现行业自治非常艰难，而行业组织对其内部的约束力和强制力均非常有限。这就带来了两方面的问题：一方面，行业自律程度低，不能积极回应社会需求，承担社会责任，自我规制和协

---

① 江必新："法治社会，从何'治'起"，载人民网，http://theory. people. com. cn/n/2014/0916/c40531 – 25667244. html，2015 年 5 月 19 日访问。

调能力低，导致公众的强烈不满。例如，保险业制定的标准、制度、程序，在保护行业利益的同时对投保人的利益明显兼顾不足。另一方面，公众、媒体和法律界对行业组织高度不信任，往往将其视为与公共利益对立的本行业利益的代表。在一些特定领域，行业组织的声音和力量都非常微弱，很难在规则形成、自律和利益协调中发挥作用。这种格局不利于市场的成熟和自我完善，而社会对国家监管、法律规制和司法救济的需求和依赖程度又很高，一旦政府监管缺失，往往会造成严重的后果，如食品安全、环境等问题。

（二）对社会共治具有基础性作用的风险交流工作开展明显不足

食品安全风险交流作为风险分析框架的重要组成部分，是实现社会共治目标的必然要求，因为共治的前提是共识，而风险交流是形成共识的重要手段。① 社会共治和风险交流之间相辅相成、相互依赖、相得益彰。两者的主体高度契合，皆涉及生产者、监管者、行业协会、公共媒体、消费者、消费者权益保护组织、专家学者、商业保险机构等主体。兵马未动，粮草先行。风险交流正是社会共治的粮草。只有风险交流工作做好了，社会共治的基础才能夯实，才有可能形成治理的合力和正能量。令人遗憾的是，我国实践中存在舆论误导与风险交流不足并存的局面，导致公众一方面高度关注食品安全问题到了"神经过敏"的地步，另一方面对相关食品安全的认知又极为有限。我国关于风险交流的状况还很不令人满意。对此，罗云波教授在 2015 年食品安全宣传周国家食品安全风险管理促进计划启动仪式上指出：风险交流既然是互动、双向，就要有交互的意思。但现在不管纸上谈兵，还是退而结网，都还主要是监管者和专家在大力倡导风险交流社会共治，消费者并没有觉得这一切和以前的食品安全知识科普、食品安全问题情况通报有什么不同。最多就是多了几个年轻写手，改换板起面

---

① 原国家食品药品监督管理局、国家食品安全风险评估中心：《食品安全风险交流理论探索》，中国质检出版社、中国标准出版社 2015 年版，第 4～5 页。

孔的严肃腔调，换用一些生动活泼的语言在介绍。因此，改变必须行之有效，才能使公众慢慢参与其中，逐渐实现社会共治。社会共治也只有在风险交流达成共识后才能彰显绝对强大的正能量。否则，很可能各行其道、彼此消耗，并不能把风险的消极影响降到最低，并不能最有效地积极防范风险。

四、实现食品安全社会共治的基本路径及重点工作

党的十八大提出，要围绕构建中国特色社会主义社会管理体系，加快形成党委领导、政府负责、社会协同、公众参与、法治保障的社会管理体制。具体到推进我国食品安全社会共治的基本思路，就是要发挥政府在食品安全监管中的主导作用，培育、规范、引导其他社会主体参与食品安全监管。

时任国务院副总理的汪洋在 2013 年全国食品安全宣传周主场活动中强调，要发挥社会主义的制度优势和市场机制的基础作用，多管齐下、内外并举、综合施策、标本兼治，构建企业自律、政府监管、社会协同、公众参与、法治保障的食品安全社会共治格局，凝聚起维护食品安全的强大合力。实行社会共治，关键是落实各方责任。企业要落实主体责任，自觉树立质量意识，健全管理制度，形成层层追溯、相互制约机制。政府要履行监管责任，创新监管方式，建立覆盖"从农田到餐桌"全过程的最严格的科学监管制度。社会要强化监督责任，形成人人监督食品安全的天网，让不安全食品没有市场，让生产经营者"一处失信、寸步难行"，让不法分子无处藏身。① 这为食品安全社会共治格局的形成指明了方向。

路径是达至目标的线路，达至目标的线路可以有多条，而基本路径则是实现目标的必经之路。结合我国的现实国情，对实现食品安全

---

① "汪洋强调，构建社会共治格局切实保障食品安全"，载新华网，http://news.xinhuanet.com/2013 – 06/17/c_116178447. htm，2015 年 6 月 8 日访问。

社会共治的基本路径，笔者作出如下概括：以坚持党的领导为根本保证，以政府主导与社会协同为基本方式，以增强全民共治理念为突破口，以注重发挥消费者组织、行业组织、新闻媒体、专家作用为抓手，以形成多元融贯的规则体系为支撑，以健全公民依法维权机制和多元纠纷化解机制为保障，以信息交流为基础，以形成完备的社会共治制度体系和高效的治理能力体系为标志，实现政府治理和社会自治的良性互动，形成科学、民主、严格的食品安全监管格局。

食品安全社会共治要从概念到实践，提升认识水平是先导，完善制度是基础，提升能力是根本。各级党委和政府应该高度重视食品安全社会共治建设，深刻领会"社会共治"的精神实质，转变监管观念，创新监管机制。必须从制度层面进一步培育社会监管主体，实现政府监管行为、方式的转变，规范行政委托行为、授权行为，规范引导消费者以及经营者参与到食品安全社会共治的体系，明确食品安全社会共治主体的各自法律责任。必须从机制层面，建立政府、社会与市场的协同治理机制，具体包括良好的食品经营诚信机制、生产经营者的自我控制机制、公众参与机制、社会监督机制、食品安全信息交流机制等，切实提升治理能力。

结合我国经济社会发展的状况和地方政府的实践，针对我国食品安全治理的现状，当前推进食品安全社会共治，必须注重加强公权力主体的主导作用，重点做好如下方面的工作。

（一）注重形成社会共治的良好氛围

食品安全社会共治彰显的是治理理念的重大转变，追求的是治理能力、治理水平的现代化，强调的是参与主体多元化。当前，在具体执法中对社会共治的意义认识还不到位，甚至较为欠缺，相关社会组织参与社会共治的意愿还不够强烈，相当多的公众缺乏参与共治的意识和热情。因此，加强对社会共治意义、内涵和要求等方面的宣贯工作，是一项紧迫的任务。要真正将社会共治理念植入人心，除了将其作为食品安全立法的重要指引外，还要使之成为对食品安全执法司法的指引，成为食品利益相关者守法用法的指引。为此，必须从现阶段国情出发，针对政府部门、食品生产经营者及行业组织、消费者组织、新闻媒体、研究机构等其他相关社会主体的不同特点，分别采取相应举措，发挥各类主体的独特作用：政府应该扮演好组织协调的角色，发挥主导作用；食品生产经营者要积极履行好社会责任，扮演好主体责任者角色；其他社会主体应该积极参与社会监督，成为化解"市场无限性和监管资源有限性"的重要力量。为此，当前要针对政府、企业、媒体及行业组织等开展社会共治能力培训。我国食品安全管理面临的重大挑战之一就是，缺乏独立、专业、训练充分的食药管理系统及团队，所以会出现管理中的"真空地带"和"沟壑"。改变这一局面，就要发挥政府主导作用，制订全国统一的食品安全培训计划，对食品安全的所有利益相关者，包括政府、科学家、食品生产经营者及其行业学会、媒体等进行培训，使之掌握食品安全的基本科学知识，客观理性认识和评价我国的食品安全现状。除了对不同主体进行有针对性的培训外，还要有意识地组织各类主体共同接受相关培训。

（二）健全完善社会共治的制度机制

2015 年《食品安全法》从社会共治的理念出发，确立了社会共治原则及相关法律制度。要将相关规定落到实处，还需要进一步完善相关配套法规，增强相关制度的可操作性。当前，尤其要注重解决好如下问题。

1. 健全风险交流制度机制

在制度层面应该将风险交流摆在更加突显的位置，细化配套规范，切实体现实行社会共治的诚意。《食品安全法》在修订中对此进行了不断弱化的处理，但修订后的该法明确规定依照本法和国务院规定的职责确定食品安全有关监管部门的职责，因此，要结合国务院有关部门"三定方案"职责的规定，在实施条例等法规中对风险交流予以明确规定，并加以细化。同时，县级以上人民政府食品药品监督管理部门和其他有关部门、食品安全风险评估专家委员会及其技术机构，以及食品生产经营者、食品检验机构、认证机构、食品行业协会、消费者协会以及新闻媒体等，都要积极开展风险交流工作，探索风险交流工作的有效机制。

2. 妥当把握媒体监督与信息发布的关系

新闻媒体作为"扒粪者"，通过对食品安全监管部门与食品生产经营企业进行舆论监督，可以让消费者了解更多的食品安全内幕，进而充分发挥市场的调节作用。尽管监管部门在实际工作中主动发现的问题数量并不少，但大多数重大食品安全事故常常由媒体率先"爆料"，这使得公众存在监管部门总是要慢媒体半拍的印象。近年来的许多食品安全报道极大地影响了国人对食品安全的判断力。同时，食品安全监管部门与部分专家学者并非完全赞同某些报道，甚至指责新闻媒体对食品安全负面报道过多，使消费者对我国的食品安全产生恐惧的同时降低了政府的公信力。《食品安全法》修订中明显存在管控新闻报道的倾向。但正式表决通过的三次审议稿一方面鼓励新闻舆论监督，另一方面对编造、散布虚假食品安全信息予以惩处，进行了平衡处理。当然，实践中如何把握好两者之间的关系，各方仍需付出艰巨努力。

3. 科学细致设计有奖举报制度

有奖举报制度应是激活消费者参与食品安全治理的有效举措。但从我国各地有奖举报制度的运行情况看，效果并不理想。主要原因在于，制度设计中过度满足执法者的单方需求，忽视举报者的需求：不仅要求实名举报，而且奖励力度太小。2015 年《食品安全法》规定了有奖举报制度，但主要是原则性规定为主，有赖于配套实施条例等予以细化。此外，在承认职业打假人不同于普通消费者的前提下，设计"职业打假"与有奖举报制度对接的良性机制，从而将职业打假化解为社会共治的有生力量，也是非常具有现实意义、值得加以深入探索的。

4. 进一步完善食品行业协会的功能定位

食品行业协会要摒弃以往为食品企业牟利的单一角色定位，塑造服务于食品产业、消费者与政府的三位一体式角色。首先，作为食品企业的守护者，食品行业协会要服务于食品企业，为食品企业的发展壮大扫清各种障碍，并提供信息、技术、政策等方面的支持；及时对食品安全信息进行披露，帮助企业规避食品产业的系统性风险。其次，食品行业协会应该与消费者建立亦师亦友的伙伴关系，积极地向消费者宣传和普及食品安全知识，引导消费者进行科学、理性的消费，做好与消费者进行风险沟通的工作。再次，食品行业协会应该成为政府相关部门的得力助手，及时地向政府反馈食品产业发展的状况，帮助政府相关部门制定促进产业发展的政策、法规；协助政府相关部门肃清食品市场上的违法犯罪行为，维护合法生产经营会员企业权益。[1]最后，政府可委托或授权行业协会行使一定的监管权，发挥食品行业协会的监管积极性。吸纳行业协会参与社会共治格局，政府可以将企业的资格审查、签发证照、食品认证等职能交由行业协会来行驶，从而减轻政府的执法压力。[2]

（三）建立评价信息反馈机制，充分发挥消费者的监督作用

有组织的消费者是保障食品安全的中坚力量。消费者作为重要的市场力量，有能力通过自身的选择行为影响市场，进而影响企业的生产行为。要总结各地经验、借鉴国际经验，积极构建食品安全立法、执法、司法的公众参与便捷机制，从实体、程序等方面全方位促进公众参与食品安全监管。为调动消费者参与食品安全社会监督的积极性，消费者对食品安全的溯源信息以及对食品质量安全的其他所有监督评价信息，应当及时反馈给监管部门并得到食品安全监管部门的有效运

---

[1] 刘亚新："论食品行业协会在食品安全监管中的角色重构"，载《赤峰学院学报（汉文哲学社会科学版）》2015 年第 4 期。

[2] 邓刚宏："构建食品安全社会共治模式的法治逻辑与路径"，载《南京社会科学》2015 年第 2 期。

用，以便于监管部门运用这些有用信息及时追查质量不合格食品，对潜在消费者进行预警。这个问题就涉及食品安全监督评价信息反馈机制的建立。食品安全监督评价信息反馈机制的建立，需要充分发挥食品安全管理部门、消费者组织和基层组织的协同作用，并建立起激励机制以充分调动消费者的积极性。这尤其需要基层组织责任意识的树立、职能的完善以及在实践中的组织推动作用，在基层辖区可考虑落实专门机构以及专人专职负责组织消费者食品安全监督评价及信息反馈工作的开展，借助于广播、电视、报纸、网络（如政府公众信息网）等媒体的宣传力量，定期组织消费者开展食品安全监督评价活动。目前，各地的基层消费维权机构依然侧重于消费者权益受到侵害以后的一种事后处置，基层消费维权组织对消费者权益的保护还缺乏常态机制的保障，更未涉及组织广大消费者参与对商家的社会监督这一层面。组织消费者参与食品安全的监督评价及信息反馈，需要发挥各地消委会分会、消费维权工作站、投诉站、联络站和基层便民服务中心等基层消费维权组织的作用，让基层消费维权组织真正成为动员和组织基层消费者参加食品安全监督评价活动、向食品安全管理部门传递反馈消费者的监督评价信息的桥梁和纽带。[①]

（四）高度重视新媒体的作用

近几年，传统媒体和新媒体均曝光了许多食品安全事件。在事件的传播与发展中，新媒体与传统媒体互相影响。传统媒体曝光事件之后，事件通过新媒体得到迅速传播，影响力不断扩大。事件影响面更广泛后又反过来促进传统媒体进一步跟踪事件的走向。传统媒体大都反映的是政府的意志，因此传统媒体曝光食品安全问题后，政府能够迅速采取改进行动，较快出台相应措施。同样，企业也会在政府行动之后马上改进。"瘦肉精"事件就很好地证明了这一点。新媒体作为

---

① 李珂："消费者参与食品安全社会监督的法律问题研究"，载《医学与法学》2014 年第 4 期。

第三方力量，不仅是政府、企业和消费者等多方参与主体之间的桥梁，也是社会共治中各个主体之间的桥梁。正因为新媒体的存在，各方信息得到及时有效的沟通，甚至新媒体常常能够起到催化剂的作用，促进各方形成治理合力，产生协同效应。在当今社会，虽然新媒体某些造谣信息会产生一些负面作用，但可以肯定的是，随着公众素质和辨别能力的提高，恶意造谣和虚假新闻会逐渐减少。① 因此，要树立"法治思维＋互联网思维"，秉持法律与技术并重的理念，构建网上网下的联动机制。

五、结语

食品安全社会共治理念意味着食品安全治理格局的重大转变。形成社会共治格局，是"法治国家、法治政府、法治社会一体建设"精神在食品安全领域的具体体现，是食品安全治理体系完备和治理能力提升的强大助力。社会共治既是食品安全治理的必由之路，也是食品安全治理的理想境界。当前，对社会共治，我们尽管已经充分点题，但仍处于初步破题状态，离真正解题还有相当长的距离。因此，深刻认识食品安全社会共治的必要性，进一步健全完善相关制度表达，针对社会共治的现实困境，提出有效形成社会共治格局的破解之道，意义重大。

---

① 郑策、夏慧、黎桂宏等："社会共治视角下新媒体与食品安全——作用与机制"，载《食品工业》2015 年第 36 卷第 1 期。

食品安全的预防为主原则

孙娟娟[*]

导读

通过构建风险监测和风险评估制度，2009 年《食品安全法》为食品安全监管奠定了科学基础，而这也为监管的转型，即从事后的问题应对向事前的风险预防提供了客观依据。在此基础上，2015 年《食品安全法》进一步突出了对安全隐患的治理，这不仅包括对监督管理工作提出预防为主、风险管理的原则性要求，同时也从风险的分级管理、针对安全隐患治理的责任约谈等新制度的安排为实现以风险预防为特点的食品安全治理提供了具体的实现路径。有鉴于此，本章的重点就在于从风险预防的角度探讨中国食品安全治理的转型及具体的制度安排。

预防，顾名思义是指事先防备。就预防在法律领域内的适用而言，其与风险社会的到来息息相关。由于科学技术发展所带来的风险具有传播广、危害不可逆、科学判断具有不确定性这些特点，因此预防成为了应对风险的最佳选择，尤其是在涉及生态安全、人类及动植物健康方面。就预防而言，科学为其提供了重要的依据。相应地，对于风险发生的概率和危害的程度，会有两种不同的情况。一种情况是危害

---

　*　孙娟娟，中国人民大学法学院博士后，法国南特大学博士。

可以被科学证实，另一种情况则是没有科学证据可以确切地证明风险是否会发生，但其发生的可能性不能被排除。① 正因为如此，当法律面对科学在上述证实环节中存在的不确定性，国家传统的危险保护义务就逐渐被提升至风险预防的层级。即作为一种先于危险发生的保护性思考，其目的在于防止危险的发生，因此，当传统秩序的维护需要国家以危险的出现为行动依据，预防性的原则②的确立使得国家在重大危险发生之可能性时，③ 就具有行动的权力，以便采取保护性的措施优先保障诸如环境、人类健康等公共利益。

正是基于上述的考量，作为一项前瞻式的保护性措施，瑞典的环境保护法早在 1969 年就纳入了"谨慎"（precaution）这一概念，规定企业负有举证责任，证明其危害环境的行为在安全许可的范围内。④ 随着环境保护和可持续发展日益受到重视，《里约环境和发展宣言》正式将"谨慎"确立为环境保护立法的一项原则（precautionary principle），⑤其规定：为了保护环境，各国应根据他们的能力广泛采取谨慎性措施。当有严重或不可挽回的损害时，不应以缺乏充分的科学确定性为理由，而推迟采取旨在预防环境恶化的经济有效的措施。⑥ 随着这一国际认知的确立，谨慎预防原则正式成为一项环境保护的原则。在这个方面，我国 1989 年制定的《环境保护法》就规定了"预防为主、防治结合"的基本原则。然而，预防为主作为法律原则，其并没有明确说明是否

---

① 孔繁化："论预防原则在食品安全法中的适用"，载《当代法学》2011 年第 4 期。

② 值得一提的是，尽管作者在这里采用了"预防原则"这一概念，但其对应的内容所反映的是以科学不确定性为前提的风险预防原则（precautionary principle）而不是以科学为前提的预防原则（preventive principle），关于这两者的区别，参见下文的分析。

③ 王传干："从'危害治理'到'风险预防'"，载《华中科技大学学报（社会科学版）》2012 年第 4 期。

④ Löfstedt, R., Fischkoff, B. and Fischhoff, I., Precautionary principle: General definitions and specific application to genetically modified organisms, *Journal of Policy Analysis and Management*, Vol. 21, No. 3, 2002, p. 382.

⑤ 在国内的诸多文献中，都将该原则翻译为预防原则。对此，该翻译既没有突出谨慎的应有之义，也混淆了预防原则和谨慎预防原则的区别。

⑥ 《里约环境和发展宣言》，1992 年，第 15 条原则。

在科学不确定性的情况下也可以采取预防风险的措施，即谨慎预防原则的相关内容。而且，相关单行法制的完善和具体实践的开展也往往是治理的内容多于预防，以至于即便具有风险预防性的法律规范也是以某种具体的措施表现出来，缺乏系统性和针对性。① 对此，2014 年《环境保护法》新增了"保护环境是国家的基本国策"并明确了环境保护坚持保护优先、预防为主、综合治理、公众参与、污染者担责的原则。然而，该预防为主的原则是否涵盖谨慎预防原则的要求依旧缺乏明确说明。作为谨慎预防原则运用的先驱，欧盟将这一原则从环境保护扩展至了其他风险规制的领域，尤其是食品安全的规制。就环境立法而言，欧盟在 1987 年的《单一欧洲法案》中规定：欧盟的环境立法原则应确保以预防的方式保护环境。② 通过这一规定，预防原则被引入欧盟的环境保护。而随着谨慎预防原则在国际层面的认同，在其 1992 年的《欧盟条约》中，为了确保较高的保护水平，谨慎预防原则也随之确立下来。③ 然而，条约中对于谨慎预防原则的运用并没有详细的规定。尽管环境立法的初衷是环境保护，但是环境危害不仅涉及多样性的消失、环境恶化等于环境息息相关的危害，也会损害人类的健康。而且，由于 20 世纪 90 年代食品安全事故的频发，公众健康的保护也日益受到欧盟的重视。为此，欧盟理事会督促欧盟委员会应尽快明确谨慎预防原则应用的详细规定，以便将其作为一项风险规制的原则，确保环境、人类、动植物的健康。为此，欧盟委员会在其相关的白皮书中④明确了谨慎预防原则运用的一些关键要素，包括何时运用和怎样运用。与此同时，欧盟的一些案例判决也明确了谨慎预防原则的运用不仅局限于环境保护领域，在涉及公共健康的药品、食

---

①　陈秀萍、卢庭庭："我国环境保护中的风险预防原则的缺失及完善"，载《行政与法》2014 年第 10 期。

②　European Single Act, 1986, Article 130 r.

③　Treaty on European Union, 1992, Article 130 r.

④　The Commission on the precautionary principle, COM（2000）1 final, 2000.

品领域内都可以运用这一原则，从而以这一前瞻式的保护性措施保护公众远离由环境、食品等导致的风险。例如，疯牛病危机时，欧盟委员会对于英国牛肉产品的临时禁运遭到了英国的反对并被其诉诸法院。然而，法院的判决①不仅确认了欧盟委员会这一临时措施的合法性，并且指明在危害人类健康的风险存在不确定性时，主管部门可以采取措施而不是等待这一风险的实际发生。最后，在 2002 年确立的欧盟《食品通用法》中，具体规定了谨慎预防原则在食品安全规制领域内的运用。②

就食品安全监管的领域来说，随着风险社会的到来，食品安全的界定早已超出了"有毒"与"无毒"的区别。③ 事实上，对于安全的认识需要考虑风险社会这一大环境。当风险是指不利结果发生的可能性时，安全则意味着在一定条件下，一些物质不会引起不利效果的肯定状态。然而，风险不确定性的存在使得安全确认的目标并不是风险本身是否存在，而是其所带来的不利结果。正因为如此，衡量安全的意义在于确定风险（不利结果）的可接受性，或者说，足够的安全。相应的，所谓食品安全的判断也就在于明确可接受的风险水平。对于这一判断，科学证据已经被视为客观的评判标准。但不可否认的是，当某一判断涉及未来时，由于当下无法观测到未来，因而不确定性总是难以避免的，而这包括了风险的不确定性和用以判断的科学的不确定性。因此，在针对食品安全监管的各决策判断中，最为困难的一点是如何处理不确定性。④

---

① Case C – 180/96 United Kingdom v. Commission [1998] ECR I – 2265.

② Regulation (EC) No 178/2002 of the European Parliament and of the Council of 28 January 2002 laying down the general principles and requirements of food law, establishing the European Food Safety Authority and laying down procedures in matters of food safety, Official Journal L 31, 01.02.2002. Article 7.

③ 王传干："从'危害治理'到'风险预防'"，载《华中科技大学学报（社会科学版）》2012 年第 4 期。

④ 孙娟娟："风险社会中的食品安全再认识"，载《财经法学》2015 年第 3 期。

在上述背景之下，在食品安全监管领域内落实预防原则意味着，一方面，需要以科学为基础的风险评估制度保障各类有关食品安全的决策以科学意见为前提，进而为行动提供客观的依据；另一方面，对于科学不确定性的情况，也需要决策者予以考虑，进而避免风险的实质化所带来的不可逆转的危害，而这也是以风险评估为主要内容的科学原则和以谨慎为规制理念的谨慎预防原则相继成为食品安全法律原则的原因所在。尽管国际层面和各国实践对于落实上述的原则依旧存有争议，但就目前情形来看，运用风险评估确保食品安全监管的科学性已经成为共识，而以谨慎方式应对不确定的风险也在各国实践中有所体现。基于中国自身食品安全监管的经验和实际情况，2015 年《食品安全法》也针对食品安全的风险防控确立了"预防为主"这一原则，对此，本文将进一步结合上文的理论分析和法条释义做以下两方面的论述，一是结合现有的法条论述我国以预防原则为导向，以科学为基础所确立的相关制度，其目的在于确保食品安全监督管理工作的科学性和客观性。二是以风险预防原则为导向，反观目前食品安全监管制度设计中可以进一步加以完善的空间，进而实现及时消除隐患、防患于未然的目的。

一、以科学评估为前提的风险预防

纵观食品安全立法的历史进程，如美国从 1906 年通过的《纯净食品法》到 2011 年通过的《食品安全现代化法案》，抑或欧盟从 20世纪 50 年代开始的以问题导向型的食品安全立法到 2002 年通过《通用食品法》实现的彻底改革，食品安全监管制度的一个重大变迁就是从"以问题为导向，事后应对"的食品安全控制体系到"以科学为基础，风险预防"的食品安全防控体系的转变，如美国要求食品从业者通过危害分析和基于风险的预防性控制确保危害最小化或者杜绝危害的出现，而欧盟则是将风险分析和风险预防原则确立为食品法的基本原则。在借鉴国际先进经验的基础上，我国 2009 年

《食品安全法》的一个亮点就是其在第二章中确立了风险监测制度和风险评估制度，可以说，这是实现科学监管、确保食品安全的基础性制度。举例来说，风险监测为开展风险评估提供了信息来源，而后者所得出的科学结论是制定食品安全标准的客观依据。需要指出的是，作为强制执行的标准，统一后的食品安全标准是主管部门实施食品安全监管的技术依据，有利于提高监管工作的科学性和统一性。① 此外，《食品安全法》第七章针对食品安全事故处置的规定也表明了"预防胜于治疗"的理念不仅体现在日常的监督管理中，同时非常态的危机管理中也需要通过食品安全事故应急预案突出防范食品安全事故的发生。

在实施五年后，《食品安全法》修改的一个总体思路就在于更加突出预防为主、风险防范的重要性。正因为如此，2015 年《食品安全法》第 3 条明确规定了预防为主是食品安全工作的一个基本原则，要求各项工作都要关口前移，不要等到发生问题再查处、追责，相应地，应通过加强日常的监督工作，消除隐患，防患于未然。② 对此，2015年《食品安全法》一方面加强了原本已经落实的一些基础性制度，如风险监测和风险评估以及责任体系；另一方面增加了一些能够落实该原则的新制度，如风险分级管理制度等。对此，下文将从三个方面予以总结。

（一）强化后的风险监测和风险评估制度

自《食品安全法》确立了风险监测和风险评估制度以来，作为主管部门的卫生部（现为卫生计划生育委员会，以下简称卫计委）发布了《食品安全风险监测管理规定（试行）》《食品安全风险评估管理规定（试行）》这两部部门规章，借以完善风险监测、风险评估的工作

---

① 《国务院办公厅关于认真贯彻实施食品安全法的通知》（国办发〔2009〕25号）。

② 袁杰、徐景和：《〈中华人民共和国食品安全法〉释义》，中国民主法制出版社2015 年版，第 34 页。

机制。相应地，成立于 2011 年的国家食品安全风险评估中心更是进一步为上述两项工作的展开提供了组织保障。尽管 2013 年以来的食品安全改革工作意在整合食品安全的监督管理职能，但是以科学性为特点的风险监测和风险评估以及食品安全标准制定工作依旧保留在了卫计委，这意味着以科学独立为特点的风险评估职能和以利益平衡为目的的风险管理职能实现了从职能到组织的分离，这无疑有利于提高科学工作的独立性。但考虑到标准制定与执行的分离不利于对标准落实的跟踪反馈以及相应的修订，因此 2015 年《食品安全法》（第 27 条）再次确认了由卫计委会同目前食品安全监督管理的主管部门——原食品药品监督管理总局一起制定食品安全标准。就风险监测和风险评估工作而言，此次修订的《食品安全法》强化了中央和地方各自的风险监测工作，并通过加强双方以及和其他相关部门之间的交流以便及时调整风险监测计划及方案。对于风险评估工作，值得一提的亮点是新修订的《食品安全法》（第 18 条）吸收了 2009 年《食品安全法实施条例》中细化的应当进行食品安全风险评估的情形，并加强了风险监测和风险评估之间的互动以及对安全隐患的评估要求（第 18 条第 1 款）。

（二）食品安全管理的责任制

尽管"食品安全人人有责"是毋庸置疑的，但是从法律义务的角度来说，保障食品安全的责任主要还在于食品生产经营者确保食品安全的首要责任和中央政府主管部门及地方政府基于市场失灵而保障公众健康的监督管理职责。2015 年《食品安全法》[①] 在强化食品生产经营者的首要责任的同时，突出了地方政府的属地责任，并通过责任约谈制度的设立，加强上述两类主体的责任意识。

---

① 对于下文引用的《食品安全法》相关规定，如无特殊说明，则为 2015 年《食品安全法》的相应规定。

1. 食品生产经营者的食品安全管理制度

与其他利益相关者相比，食品从业者位于食品生产经营环节的第一线，因此他们不仅更为了解自身从事行为的性状，也最有经验预防和管理可能存在的安全隐患。正因为如此，食品生产经营者/企业是确保食品安全的第一责任人已经成为食品安全工作的共识。相应地，我国的《食品安全法》在总则第 4 条也明确了食品生产经营者对其生产经营食品的安全负责，这包括了履行法律法规及食品安全标准所要求的法律义务，同时也包括通过诚信自律承担社会责任。比较而言，前者的约束力在于法律责任的追究，即食品生产经营者在没有履行相关义务的情况下会有相应的行政责任、刑事责任或民事责任，对此，《食品安全法》修订的一个亮点就是加大处罚力度，以回应李克强总理提出的"要让违法犯罪分子承受不起侵害食品安全的违法代价"。①

就食品生产经营者落实其保障食品安全的责任而言，诸如危害分析和关键控制点等管理体系的兴起就是为了以过程控制的方式替代原本针对终端产品的事后检查制度，从而将问题的发现和解决环节前置，并通过实时的检查和纠错，在过程中预防诸如微生物污染等有害食品安全的问题。对此，《食品安全法》第 46 条规定食品生产企业应当在食品生产过程中实施质量控制，如原料控制、生产关键环节控制、成品出厂检验控制。就生产过程的卫生条件，食品生产者应当符合《食品生产通用卫生规范》（GB 14881—2013）。相应地，食品经营者则应符合《食品经营过程卫生规范》（GB 31621—2014）。通过对原料、生产过程、卫生管理等生产经营过程的安全控制，这些生产经营规范的意义在于实现对生产过程的控制和风险防

---

① 肖楠："国务院：食品安全建最严处罚制度"，载新华网，http://news. xinhuanet. com/fortune/2014 – 05/15/c_126503242. htm，2015 年 6 月 30 日访问。

控。① 在此基础上，根据第 48 条的规定，食品生产经营企业通过认证的方式符合良好生产规范要求，实施危害分析与关键控制点体系的自愿性行为受到国家鼓励。此外，在出厂检验，保障不合格产品不得出厂以及控制仓储、运输和交付等环节以降低风险等要求外，2015 年《食品安全法》第 47 条进一步要求食品生产经营者建立食品安全自查制度，进而对所生产经营的食品安全状况进行检查和评价，当发现食品安全事故的潜在风险时，应立即停止生产经营活动并向所在地县级人民政府食品药品监督管理部门进行报告。值得一提的是，对于如何实现企业的自查，这既可以由企业自身相关的制度予以保障，也可以借由外部的第三方审计，以独立的外部监督解决"政府监督不足、自身监督太软"的问题，进而赢得消费者对于食品安全保障工作的信任。

2. 地方政府的"守土有责"

此次《食品安全法》修订的一个重点就是强化地方人民政府保障食品安全的属地责任。根据《食品安全法》第 6 条的规定，县级以上地方人民政府对本行政区域的食品安全监督管理工作负责，统一领导、组织、协调本行政区域的食品安全监督管理工作以及食品安全突发事件应对工作，建立健全食品安全全程监督管理工作机制和信息共享机制。作为重点监督管理的对象，该法第 109 条规定了包括食品药品监督管理部门在内的地方主管部门在制定食品安全年度监督管理计划时应关注食品安全风险监测结果表明可能存在食品安全隐患的事项。而对于防范食品安全隐患，《食品安全法》第 117 条进一步规定当地方人民政府未及时消除区域性重大食品安全隐患的，上级人民政府可以对其主要负责人进行责任约谈。被约谈的地方人民政府应当立即采取措施整改食品安全监督管理工作。鉴于第 7 条所规定的食品安全监督

---

① 袁杰、徐景和：《〈中华人民共和国食品安全法〉释义》，中国民主法制出版社2015 年版，第 90 页。

管理责任制，责任约谈情况和整改情况也会被纳入地方人民政府食品安全监督管理工作评议、考核记录。

（三）风险分级管理制度

诚然，官方针对食品安全工作的计划和执行方案有利于系统地开展食品安全的监督管理工作，但面对数量众多的食品生产经营企业，有限的财政和人事支持始终无法确保检查的面面俱到。而且，不同的食品生产经营由于食品品种和生产工艺的差异，其所具有的风险差别程度也各有不同。此外，食品生产经营者的守法意识和违法情况也会有所差别。相较而言，应集中有限的资源重点关注危害程度大、风险发生频率高的食品生产经营者和食品种类。正因为如此，为了提高有限行政资源的利用率，2015 年《食品安全法》引入了风险分级管理制度，通过对管理对象的分类分级确定各自的管理措施。根据《食品安全法》第 109 条的规定，作为主管部门的食品药品监督管理部门和相关的质量监督部门应当按照食品安全风险监测、食品安全风险评估结果和食品安全状况等内容确定监督管理的重点、方式和频次。事实上，基于风险分级管理在合理利用行政资源方面的重要意义，食品药品监督管理部门在法律出台前就进行了实践探索，包括餐饮服务监管领域内的监督量化分级管理和地方针对食品生产企业的风险分级分类监督管理。①

就风险分级的标准而言，具体应考虑以下因素：第一，应该考虑食品本身的风险情况。在这个方面，2014 年原食品药品监督管理总局印发的《关于加强重点食品监管和综合治理工作的指导意见》就指出应严格风险管理，加大对重点食品的风险监测力度，特别是对高风险、高敏感性的食品要实施重点监测、跟踪监测、持续监测。第二，应该考虑食品生产经营者的质量安全保障能力，将发生食品安全事故风险

---

① 袁杰、徐景和：《〈中华人民共和国食品安全法〉释义》，中国民主法制出版社 2015 年版，第 276 页。

较高的食品生产经营者作为重点监督管理对象。第三，应该一并考虑食品生产经营者的守法情况。对此，《食品安全法》规定了食品药品监督管理部门应当建立食品生产经营者的食品安全信用档案，档案中记录的违法行为查处情况应作为确立检查频次的确认标准，进而对有不良信用记录的食品生产经营者增加监督检查频次。正因为如此，食品安全的风险分级管理应和信用等级分类管理进行有效衔接，进而在合理利用行政资源同时将增加监督检查的频率作为惩戒失信乃至违法行为的惩戒，换而言之，降低监督检查频率也就成了奖励诚信企业的有效方式。

二、应对不确定性的风险预防

对于确认食品安全这一可以接受的风险水平，《食品安全法》通过风险监测和风险评估制度的安排确保了这一判断工作的科学性，如在食品安全标准中安全值的确认应以风险评估结果为科学依据，这涉及食品中污染物质的限量、食品添加剂的用量等。相较这些应对已知的食品安全问题及其危害，如某一致病性微生物的限量可以避免其对人体健康和生命造成损害，修订后的《食品安全法》也同样强调了对于食品安全隐患的防范，即对那些未有确凿证据证实存在食品安全问题的预防。

首先，《食品安全法》新增的第 16 条规定，当风险监测结果表明可能存在食品安全隐患时，即未有确凿证据证实存在食品安全问题时，负责监测工作的各级人民政府卫生行政部门应当通报同级的食品药品监督管理部门，后者有义务启动调查程序。根据《食品安全法》第 22 条规定的风险警示，如果原国家食品药品监督管理总局在调查中发现该安全隐患涉及可能具有较高程度安全风险的食品，其应当及时提出食品安全风险警示，并向社会公布。值得一提的是，"从予以公布风险预警"到"向社会公布风险预警"的术语改进，明确了公布的范围，即而向社会公众，这样有利于更好地保障公众对于食品风险的知情权。① 此外，食品药品监督管理部门的风险警示职能也并不仅在于处理食品安全隐患，其在履行对食品安全状况进行综合分析的职能时，也有在综合考虑食品安全风险评估结果和食品安全监督管理信息后进行食品安全风险警示以应对可能具有较高程度安全风险的食品的义务。但需要指出的是，根据《食品安全法》第118条的规定，涉及食品安全风险警示信息的发布应由原国家食品药品监督管理总局予以统一发布，即便影响仅仅局限于区域性的食品安全风险警示信息，也需要在授权后才能由有关省、自治区、直辖市的食品药品监督管理部门公布。

其次，除了上述通过"广而告之"的方式公布食品安全隐患信息之外，就食品安全隐患的处理而言，还涉及以下多个环节的防患及消除工作：（1）责任约谈。鉴于食品生产经营者和主管部门各自确保食品安全的责任，2015年《食品安全法》分别针对这两类责任主体在没有及时消除食品安全隐患时规定了责任约谈制度。其中，第114条规定了当食品生产经营过程中存在食品安全按隐患却未及时采取措施消除隐患的，由县级以上人民政府食品药品监督管理部门对食品生产经营者的法定代表人或者主要负责人进行责任约谈。对此，食品生产经营者应当立即采取措施，进行整改以消除隐患。针对安全隐患，责任约谈作为监督检查的前置补充，有利于尽早采取针对性的方式预防安全隐患演变成安全问题，确保食品生产经营者及时履行保障食品安全的义务。鉴于约谈的情况和整改情况会被纳入食品生产经营者的食品安全信用档案，而档案的诚信情况又与官方检查的频次相关，因此也能确保食品生产经营者重视这一新增设的食品安全责任约谈制度。相对于针对食品生产经营者的责任约谈，第117条则对监督管理部门的责任约谈作了规定。根据该条款，未及时消除监督管理区域内的食品

---

① 袁杰、徐景和：《〈中华人民共和国食品安全法〉释义》，中国民主法制出版社2015年版，第81页。

安全隐患的主管部门，如食品药品监督管理部门，可由本级人民政府对其主要负责人进行责任约谈。如果涉及重大食品安全隐患，则可以由上级人民政府对其主要责任人进行约谈。同样地，被约谈的部门应及时采取措施进行整改，而约谈情况和整改情况都会纳入地方人民政府和有关部门的工作评议和考核记录。（2）监督检查。就食品药品监督管理部门的行政职权而言，《食品安全法》第110条的规定赋予了该部门在存在安全隐患的情况下采取行政强制，但前提是必须有证据证明这一安全隐患才能对涉及的食品进行查封、扣押。（3）食品安全标准的制定或修订。风险评估结果是制定食品安全标准的科学依据，然而业已制定的食品安全标准并不是稳定不变的，而是需要根据新的风险评估结果和执行情况予以调整，这其中就包括在应对食品安全隐患时对食品安全标准的及时制定和修订。根据《食品安全法》第111条的规定，当食品安全风险评估结果证明食品存在安全隐患，一旦需要制定或者修订食品安全标准，国务院卫生行政部门应当及时会同国务院有关部门规定食品中有害物质的临时限量值和临时检验方法，以作为生产经营和监督管理的依据。

再次，食品安全隐患的应对方式应当以防患为主，意在其实质化前予以消除，为此，无论是食品生产经营者还是负责监督管理的主管部门都有消除食品安全隐患的责任。对于生产经营者而言，《食品安全法》第63条针对问题食品召回的规定要求相关责任人不仅应在发现食品不符合食品安全标准时启动停止生产经营、召回问题食品的程序，同时针对有证据证明可能危害人体健康的食品时，也要启动上述预防危害泛化的程序。而第102条针对食品安全事故应急预案的规定也要求食品生产经营企业应当制定食品安全事故处置方案，定期检查本企业各项食品安全防范措施的落实情况，及时消除事故隐患。相应的主管部门也应当制定本地的食品安全事故应急预案，并根据第109条的规定，将食品安全风险监测结果表明可能存在食品安全隐患的事项列入食品安全年度监督管理计划。在确立风险分级管理制度后，食品安全隐患的防范工作是各级主管部门开展食品安全监督管理工作的重点。此外，考虑到集体就餐的高风险性，第 57 条也突出了学校、托幼机构、养老机构、建筑工地等集中用餐单位的主管部门的风险防范义务，即应当加强对集中用餐单位的食品安全教育和日常管理，降低食品安全风险，及时消除食品安全隐患。

最后，当《食品安全法》第 18 条细化了应当进行风险评估的情形时，其中两类情形与确认食品安全隐患相关，包括发现新的可能危害食品安全因素的评估和判断某一因素是否构成食品安全隐患的评估。根据这一条，当风险监测显示存在食品安全隐患时，被告知该信息的食品药品监督管理部门应当进行调查，该调查可以由风险评估机构根据有关信息对涉及的食品安全隐患进行科学评估。对此，《食品安全法》第 21 条更是进一步明确当食品安全风险评估的结论确认涉及食品为不安全时，即食品安全隐患确认为食品安全问题时，负责食品安全保障工作的食品药品监督管理部门应当向社会公告。然而，值得一提的是，隐患这样一种未有确凿证据证实存在食品安全问题，且无法通过后续的调查和评估予以确认时，主管部门应该如何回应依旧缺乏明确的定位，因为现有的《食品安全法》还是强调监督管理工作的科学性，即坚持将食品安全风险评估结果作为食品安全监督管理的科学依据。[①] 但不得不承认的一点是，科学评估中也存在着不确定性，如没有足够的信息支持结论性的判断或者意见相左的科学争议。正是因为这些科学不确定性的存在，风险预防原则才被引入了食品安全监管领域。

诚然，通过上述的风险可以看出，我国预防原则体现在以科学的方式应对食品安全隐患这样一种风险，但应对未有确凿证据证实存在食品安全问题这一防患于未然的理念也与风险预防原则有着相似性。

---

① 袁杰、徐景和：《〈中华人民共和国食品安全法〉释义》，中国民主法制出版社 2015 年版，第 79 页。

对此，进一步探讨我国《食品安全法》中预防原则与风险预防原则的关联有利于理清以下两个方面：一是在应对风险中，预防原则和风险预防原则的区别，尤其是科学、预防和谨慎三者之间的关联和区别；二是有助于我国在食品安全监管领域中把握风险预防原则并通过利用该原则的规定应对科学的不确定性，优先保障公众的身体健康和生命安全。

三、风险预防原则的理论与实践

风险预防原则最早应用于环境保护领域，其目的在于应对环境恶化结果发生的滞后性和不可逆转性。① 相似地，食品安全问题导致的健康危害也有滞后性和不可逆转性。有鉴于此，风险预防原则在食品安全规制方面的应用也越来越受到关注。然而，有关该原则的争议一直不断，一方面，相较于食品安全规制中的以风险评估为主要内容的科学原则，风险预防原则增加了监管的不可预见性，因此容易被用作贸易保护的借口；另一方面，以"谨慎"为指南的风险预防行动是否能够作为一项原则也因为其在运用过程中的不一致性而遭到质疑，但是有关食品规制应该谨慎应对的做法却普遍得到认同。

相较于国际法对于科学原则的认同，谨慎措施的法律地位目前只是一个健康保护的例外。根据《实施动植物卫生检疫措施的协议》，科学原则是各国落实卫生检疫措施的依据，而在有关科学依据不充分的情况下，成员国可根据现有的有关信息，包括来自有关国际组织以及其他成员方实施的动植物卫生检疫措施的信息，临时采取某种动植物卫生检疫措施。在这种情况下，各成员应寻求获取必要的补充信息，以便更加客观地评估风险，并相应地在合理的期限内评价动植物卫生检疫措施。② 这一规定的意义在于：首先，目前为止，谨慎应对科学

---

① 胡斌："试论国际环境法中的风险预防原则"，载《法制与管理》2002 年第 6 期。
② 世界贸易组织：《实施动植物卫生检疫措施的协议》第 5 条第 7 款。

不确定性作为一项原则并没有得到国际层面的认可。而也正因为如此，在欧美有关激素的贸易争端中，欧盟试图根据这一原则的辩护并没有得到支持。① 其次，尽管如此，上述的例外安排依旧为谨慎原则的发展提供了可能的空间。事实上，成员国可以在科学依据不充足的情况下，自行应对的过程就是一个落实谨慎措施的过程，只是从措施到原则的发展还需要一定的时间。作为将该原则从环保领域拓展到食品安全监管领域的先锋，欧盟在 2002 年确立的《食品通用法》中规定了风险预防原则在食品安全规制领域内的运用，结合欧盟对于这一原则的规定和运用，科学、预防和谨慎这三者之间有如下的关系。

第一，风险规制的起步是科学评估。对风险的管理自古有之，然后风险性质的转变使得传统的管理方式需要与时俱进。在这个方面，科学技术的发展为我们提供了风险管理的手段，即通过对现有的认知和信息的分析，提供可行的手段将风险的发生控制在可以接受的范围内。值得一提的是，就社会发展而言并没有"零风险"的存在，为此风险规制的目的就是通过科学手段确立一个"相对安全的阈值"，包括化学物质的使用剂量和适用范围、微生物存在的容忍度等。

第二，预防原则在于应对科学确定性。预防意味着通过科学的研究可以对风险进行量化处理，从而可以根据这一科学的评估结果，制定相应的预防措施。而一旦风险是未知的，且不能进行定量分析，那么就需要谨慎决策。② 而关键的一点是不能对疑似的风险置之不理或者等待观望，也就是说即便缺乏科学依据，也需要作出行动决策，优先保障公众的健康。

第三，谨慎预防原则在于应对科学不确定性。引用的前提决定了

---

① 高晓路："从 WTO 争端解决时间看风险预防原则的适用"，载《中州学刊》2008 年第 5 期。

② Miguel A. Recuerda, Dangerous interpretations of the precautionary principle and the foundational values of European Union food law: risk versus risk, *Journal of Food Law and Policy*, Vol. 4, No. 1, 2008, pp. 3 – 4.

风险预防原则和预防原则的区别。而作为一个动态的过程，风险预防原则与科学原则以及预防原则互为补充。一如风险评估的意义在于落实科学原则，但考虑到不确定性的存在，其本身就把谨慎作为一个内在要素。另外，风险预防原则的启动也必须以现有科学依据为前提且应在持续的行动中，随着信息的收集和进一步的科学评估，及时修正行动。也就是说，根据风险预防原则作出的决定并非最终决策，只是为了优先保障公众健康的安全。当有科学依据确认安全隐患时时，即尚未确认又不能排除可能性的潜在食品安全问题，谨慎性措施则会被预防性措施取代，也就是说，预防原则取代了风险预防原则。相反，如果有科学证据证实该安全隐患已经消除，则应立即停止所采取的谨慎性措施。

四、结语

在现代风险社会中，食品风险一旦实质化后将对健康乃至生命造成不可逆转的损害，因此，其基本的规制理念在于"预防胜于治疗"。就预防风险而言，科学为风险的界定提供了方法，例如，通过评估已有的信息确认某一风险发生的可能性和损害程度等。当原本盖然性未知的损害在科学证实下成为必然发生的损害时，风险转化为危险。对于法律秩序不容许其存在的危险，政府有干预的义务，其目的是通过防卫危险保障健康。① 对此，政府可以根据预防原则通过采取保护措施预防、控制或消除这一确认的危险。值得一提的是，预防原则与风险预防原则不同，其应对的是科学确定性，而这意味着通过科学的研究可以对风险进行量化处理，进而根据这一科学的评估结果制定相应的预防性保护措施。具体到保证食品安全的政府干预，科学原则已成为规制食品风险的重要原则，其制度化的一个表现就是风险评估职能

---

① 赵鹏："风险、不确定性与风险预防原则"，见沈岿主编：《风险规制与行政法新发展》，法律出版社 2013 年版，第 243 页。

的发展，通过危害识别、危害定性、暴露评估和风险定性四个步骤通过认定风险相关的事实从而为风险管理者提供科学意见。对此，传统行政法所欲规范的行政决策并不会遇到难以决定的困境，因为科学意见为其提供了确定性。[1]

然而，对于风险，不确定性不仅是风险本身所固有的特点，也是科学在客观评估风险方面所存在的局限性，即科学不确定性。而对于这一科学不确定性，需要通过上述的谨慎预防原则加以防控，确保以行动的方式在风险及其危害实质化之前优先保护公众健康。鉴于风险和科学的不确定性，在风险规制方面必须有不同的应对方式，即根据从确定到不确定的程度，采取相应的规制原则，包括[2]：

（1）造成损害的风险——赔偿原则；

（2）科学证实的风险——预防原则；

（3）疑似的风险——谨慎原则；

（4）未知的风险——免责原则。

第一种和第四种情况主要反映了现代风险对于民事责任认定上的影响。在人与人的交往中，承担一般性的风险是必要的，而这意味着损害时常会发生，但损害并不必然引起责任。而侵权法的设置在于以过错（故意和过失）为归责依据，在当事人之间进行损害分配，以便为社会交往划定彼此自由、合法追求个人利益的空间。随着风险社会的到来，各种风险相伴的活动成了最主要的潜在加害来源，以至于原本一元的过错归责转向了以过错责任和风险责任为中心的二元归责。[3]当企业活动所生产的风险（通过科学技术开发新产品）替代自然人的不法行为成为社会共同生活中危险的主要来源时，发展风险抗辩被引

---

[1] 沈岿：《风险规制与行政法新发展》，法律出版社2013年版，第3页。

[2] François Collart Dutilleul, Rapport sur le principe de précaution (avis n° 30) (éditions du Conseil National de l'Alimentation (Ministère de l'agriculture), 2001), http://agriculture. gouv.fr/IMG/pdf/Avis_n30.pdf, p. 14.

[3] 朱岩："风险社会与现代侵权责任法体系"，载《法学研究》2009年第5期。

入产品责任。对此，欧盟关于产品责任的指令规定：当生产者将产品投入流通时，如果当时的科学技术知识水平无法使其发现产品的缺陷则无须承担责任。① 在此基础上，亚洲大多数国家都对这一发展风险抗辩作出了规定，例如，我国《产品质量法》也将其作为不承担赔偿责任的一种情形。尽管各国的法律用语或表述会不同，这一发展风险抗辩的意义在于免除生产者对于无法控制的产品致损的风险赔偿责任。②

相较之下，第二种和第三种情况中的风险规制原则却缺乏明确的界定和比较。

结合上文的分析，在对食品风险的管理过程中，风险评估这一科学工作的作用在于确认科学确定性，以便采取相应的风险预防措施。然而，预防安全隐患的必要性也说明了当风险评估中存在不确定性时，也不能无视潜在的风险，即食品安全隐患这一未有确凿证据证实存在食品安全问题。对此，如果说 2009 年《食品安全法》在于确认以科学为基础的食品安全风险预防，那么 2015 年《食品安全法》的修订则更突出了应对不确定性的风险预防，即谨慎应对食品安全隐患这一未有确凿证据证实存在的食品安全问题。正因为如此，"预防为主"这一原则的内容已然涵盖了以科学证据为前提的预防原则和应对科学不确定性为目的的风险预防原则。但考虑到风险预防原则在理论和实践中尚存的争议性，我国在食品安全工作的实践中有必要进一步加强对其的研究，进而确认什么时候适用风险预防原则、如何落实该原则以保障各监管目标之间的平衡性以及采用手段和实现目标之间的适宜性等问题。

---

① Council Directive 85/347/EEC of 25 July 1985 on the approximation of the laws, regulations and administrative provisions of the Member States concerning liability for defective products, Article 7（e）.

② 李蔚："论产品的发展风险责任及其抗辩"，载《法学评论》1998 年第 6 期。

食品安全的风险管理原则

姚国艳[*]

导读

风险管理是国际通行的食品安全治理的成功经验，此次《食品安全法》修订引入了"风险管理"概念，并将其作为食品安全工作的一项原则。食品安全风险管理就是为了保证食品安全，保障公众身体健康和生命安全，将各种与食品相关的不确定风险控制在可接受范围内的过程。食品安全风险管理有广义和狭义之分。2009 年《食品安全法》中虽然没有明确提出"风险管理"这一概念，但立法中已经比较集中地体现了"风险管理"的理念，实践中也实际坚持了这一原则，并对促进食品安全治理发挥了积极作用，但是仍然存在监测数据难以共享、监测评估保障机制不健全、评估机构缺乏独立性、评估结果不公开、缺乏食品安全风险交流制度等明显不足。2015 年修订的《食品安全法》在理顺食品安全监管体制的基础上，通过完善食品安全风险监测制度、规范食品安全风险评估、加强食品安全风险交流、实施食品风险分级管理、强化风险管理责任等措施，健全和完善了食品安全风险管理。为了使风险管理原则和制度更具操作性，还需要在食品安全制度设计和治理实践中不断探索和完善相关制度，例如，要健全风险监测和风险评估制度；要强化风险交流，使食品安全风险交流成为多向度的互动过程；要规范信息发布机制，充分发挥媒体在风险交流方面的积极作用。

---

[*] 姚国艳，中国法学会食品安全法治研究中心专职研究员，副教授。

风险管理是国际通行的食品安全治理的成功经验，此次《食品安全法》修订引入了"风险管理"概念，并将其作为食品安全工作的一项原则。风险管理与预防为主、全程控制、社会共治共同构成了我国食品安全工作的原则，并与另外三项原则相辅相成，构成有机整体，以实现从源头保障舌尖上的安全。这也是此次《食品安全法》修订的一大亮点。

一、食品安全风险管理的基本内涵

安全是人类生存的第一需要，安全就是要有效防范和规避风险。

（一）风险

根据 MBA 智库百科的解释，风险是指在某一特定环境下，在某一特定时段内，某种损失发生的可能性。[①] 20 世纪以来，随着经济社会的快速发展，社会生活越来越复杂，人类在不断创造新成就的同时，也在不断制造新的风险。例如，经济的快速发展与金融风险相伴；自然资源的广泛开发利用带来环境风险；交通工具的发展在使人类的脚步走得更远的同时，也带来了交通事故的风险；医疗技术进步一方面给人来带来健康，另一方面也带来医疗风险。20 世纪后半期产生了"风险社会"的概念。[②] 为了避免或者降低风险可能带来的不利后果或者损失，就需要对风险进行必要的控制和干预，也就是风险管理。因此，风险管理成为社会治理的重要手段和内容。

关于风险社会中的风险来源，理论界和实务界有不同的观点。有学者认为，风险是一种客观存在，不以人的意志为转移，因此风险是可预测的。也有学者认为，风险具有主观性，取决于人们的认知和判断，因为人们在进行风险管理时势必加入自身的价值观与偏好。还有

[①] http://wiki.mbalib.com/wiki/% E9% A3% 8E% E9% 99% A9，2016 年 2 月 21 日访问。

[②] 洪福艳："欧美社会风险管理制度的借鉴与思考"，载《哈尔滨工业大学学报（社会科学版）》2014 年第 1 期。

学者并不强调风险的客观性和主观性，而强调人类行为是风险事故发生的原因。①

（二）风险管理

所谓风险管理，就是指对影响组织目标实现的各种不确定性事件进行识别和评估，并采取应对措施，将其影响控制在可接受范围内的过程。风险管理一般通过风险识别、风险评估、风险预测、风险监控等一系列活动来实现。风险最重要的特点是不确定性和不利性，风险事件不一定发生，但一旦发生，其负面的结果或影响大于正面。② 风险管理的目的正是避免或者最大限度地减少不确定的不利后果转化为确定性的不利后果。简而言之，风险管理的目的就是避免或降低风险。以开展风险管理活动、采取风险管理措施的时间为标准，可以将风险管理分为事前管理、事中管理和事后管理。

事前风险管理也可以称为风险预防，是在可能引起不利后果的因素出现之前就采取防范和干预措施。事前风险管理往往能够比较好地避免不利后果的实际发生，管理的效果往往比较理想。事中风险管理，通常是指在可能引起不利后果的因素已经出现，甚至已经出现一定程度的危害的时候，采取控制措施，以降低危害的程度或者缩小危害的范围。事后风险管理，通常是在不利后果或者危害已经出现的时候，采取措施，避免危害的进一步扩大。相较于事前管理，事后风险管理的效果往往较差，而事中风险管理的效果居中。实践中，事前、事中、事后管理往往贯穿于风险管理活动的全过程。

（三）食品安全风险管理

风险管理是解决食品安全的重要途径，也是涉及监管部门、消费者、生产经营者、行业组织、研究机构等众多利益相关者，并贯穿于

---

① 钟开斌："风险管理：从被动反应到主动保障"，载《中国行政管理》2007 年第 11 期。

② 李素梅："风险认知和风险沟通研究进展"，载《中国公共卫生管理》2010 年第 3 期。

食品供应链管理全过程的庞大管理系统。其主要目标是通过选择和采取适当的政策措施，确保各种食品的安全，尽可能有效地控制或减少食源性危害，降低消费者遭受食源性危害的风险，从而减少食源性疾病的发生，保护公众健康。

食品安全风险管理，顾名思义，就是为了保证食品安全，保障公众身体健康和生命安全，将各种与食品相关的不确定风险控制在可接受范围内的过程。食品安全风险管理有广义和狭义之分。广义的食品安全风险管理是将贯穿"从农田到餐桌"整个食品供应链各环节的物理性、化学性、生物性食源性危害均列入风险管理的范围，权衡风险与管理措施的成本效益，不断评估管理措施的效果，及时利用发现的各种信息进行交流，对管理措施作出相应调整。狭义风险管理与风险监测、风险评估并列，是指根据风险评估的结果，对备选政策进行权衡，并且在需要时选择和实施适当管理措施，尽可能有效地控制风险的过程。[①] 2015 年 4 月 24 日通过的新修订的《食品安全法》采用的是广义"风险管理"的概念。[②]

食品安全治理实践中面临的风险主要有两种。一种是客观性风险，即由于食品有毒、有害或者不符合营养要求而带来的对公众身体健康和生命安全造成的急性、亚急性或慢性危害，如"三聚氰胺"事件、"染色馒头""瘦肉精"事件等都属于这类风险。这种风险必须有效防范，或者及时采取补救措施。另一种是主观性风险，即食品本身无毒、无害，也符合营养要求，不会对公众身体健康和生命安全造成任何不利影响，但是由于公众缺乏食品安全知识，或者对某些问题有误解，而产生群体性的食品安全恐慌，并对社会治理造成不利影响。这种风险虽然不是食品本身带来的，但却与食品有关，是公众不正确的风险

---

① 信春鹰主编：《中华人民共和国食品安全法解读》，中国法制出版社 2009 年版，第 31 ~ 32 页。

② 信春鹰主编：《中华人民共和国食品安全法解读》，中国法制出版社 2015 年版，第 9 页。

认知引发的，是食品安全治理中时常面临的风险。如果这种风险得不到有效化解，虽然不会对公众的身体健康和生命安全构成现实危害，但是会成为社会治理中的不安定因素，也会对食品生产经营企业乃至整个食品产业造成不利影响。2015 年 1 月发生的"金箔入酒"风波就属于此类风险。

1997 年，罗马召开的国际食品安全专家磋商会上，FAO/WHO 提出了食品安全风险管理的八项基本原则，即风险管理应当遵循方法的总体框架，风险管理以保护人体健康作为基本出发点，风险管理措施的决策过程应当公开透明，风险评估政策应作为风险管理的一项特设制度，应当明确风险管理与风险评估的职责与分工，风险管理决策应考虑风险评估的不确定性，风险管理过程应与有关方面建立良好的沟通，重视风险管理措施的效果分析与评价过程中形成的各种资料。[①]根据这些基本原则，我国 2015 年修订的《食品安全法》将风险管理原则具体化为食品安全风险监测、风险评估、风险交流、风险分级等具体制度。

二、我国食品安全风险管理制度的形成及其实施情况

2009 年《食品安全法》中虽然没有明确提出"风险管理"这一概念，但立法中已经比较集中地体现了"风险管理"的理念。实践中，基于食品安全工作的基本规律和国际经验，食品安全治理工作也实际坚持了这一原则。

（一）风险管理在原法中的体现

有关食品安全风险管理，原法主要规定了食品安全风险监测、风险评估和风险警示制度，在原法第二章"食品安全风险监测和评估"中做了比较集中的规定和规范。2009 年 7 月 20 日施行的《食品安全法实施条例》也做了配套规定。根据当时的国务院各部门的职能划

---

① 金培刚："食品安全风险管理方法及应用"，载《浙江预防医学》2006 年第 5 期。

分，原国家卫生部制定公布了《食品安全风险评估管理规定（试行）》《食品安全风险监测结果报告工作规范》《食品安全风险监测质量控制规范》，并会同其他部门发布了《食品安全风险监测管理规定》和《国家食品安全风险监测计划》等一系列相关文件，各地卫生行政和食品安全监管的其他部门也制定了本地区的食品安全风险监测和评估的地方性规范。原法修订前，我国已经形成了以《食品安全法》为主体，以行政法规、部门规章和地方性法规为配套的食品安全风险监测和评估法律体系。

1. 建立食品安全风险监测制度

我国引入食品安全风险监测工作始于 20 世纪末和 21 世纪初，"2000 年卫生部开始在全国试点建设食品污染物监测网，并参加全球环境监测规划／食品污染监测与评估计划（GEMS／FOOD），在 17 个省（区、市）设立食品污染物监测点，在 22 个省（区、市）建立食源性疾病致病因素监测点，对消费量较大的 60 余种食品、常见的 79 种化学污染物和致病菌进行常规监测。同时，组织开展了 4 次全国膳食与营养调查和 4 次总膳食调查"。[①] 但是，在法律规范中明确建立并依法规范食品安全风险监测制度，始于 2009 年《食品安全法》。该法第 11 条明确规定，食品安全风险监测的内容是食源性疾病、食品污染以及食品中的有害因素，国家食品安全风险监测计划由国务院卫生行政部门牵头制定和实施，省级卫生行政部门制定和实施本行政区域的风险监测方案。[②] 由于食品安全工作涉及面广、形势复杂，因此风险监测工作中需要特别强调各部门的配合。为了既保证风险监测工作的科学

---

① 苏志："认真贯彻《食品安全法》切实加强食品安全风险管理"，载《中国食品卫生杂志》2011 年第 1 期。

② 2009 年《食品安全法》第 11 条规定："国家建立食品安全风险监测制度，对食源性疾病、食品污染以及食品中的有害因素进行监测。国务院卫生行政部门会同国务院有关部门制定、实施国家食品安全风险监测计划。省、自治区、直辖市人民政府卫生行政部门根据国家食品安全风险监测计划，结合本行政区域的具体情况，组织制定、实施本行政区域的食品安全风险监测方案。"

性、严肃性和权威性，又体现风险监测服务于食品治理形势需要的灵活性，2009 年《食品安全法》第 12 条规定，国务院卫生行政部门有责任根据食品治理形势的需要，及时调整食品安全风险监测计划。[①]但是，该法并没有对"食品安全风险监测"的内涵作出准确的法律界定，直到 2010 年 1 月 25 日，原国家卫生部印发了《食品安全风险监测管理规定（试行）》，从规范层面上界定和规范了"食品安全风险监测"工作。根据与 2009 年《食品安全法》配套的《食品安全法实施条例》的规定，采集食品安全风险监测样品，应当按照市场价格支付费用。

2. 建立食品安全风险评估制度

食品安全风险评估是以科学为基础的工作，评估结果是制定、修订食品安全标准和对食品安全实施监督管理的科学依据。根据 2009 年《食品安全法》第 13 条、第 14 条的规定，国务院卫生行政部门负责组织食品安全风险评估工作，成立由医学、农业、食品、营养等方面的专家组成的食品安全风险评估专家委员会进行食品安全风险评估。食品安全风险评估应当运用科学方法，评估内容是"食品、食品添加剂、食品相关产品中生物性、化学性和物理性危害因素"。风险评估工作原则上由食品安全风险评估专家委员会根据风险监测信息主动启动，也可能因为国务院卫生行政部门接到举报，发现食品可能存在安全隐患而启动。

3. 建立风险警示制度

2009 年《食品安全法》第 17 条规定，风险评估结果以及其他食品安全监管信息表明，某种食品可能具有较高程度食品安全风险的，"国务院卫生行政部门应当及时提出食品安全风险警示，并予以公

---

① 2009 年《食品安全法》第 12 条规定："国务院、农业行政、质量监督、工商行政管理和国家食品药品监督管理等有关部门获知有关食品安全风险信息后，应当立即向国务院卫生行政部门通报。国务院卫生行政部门会同有关部门对信息核实后，应当及时调整食品安全风险监测计划。"

布"；如果风险评估结果得出不安全结论的，则要根据该法第 16 条，由国务院质量监督、工商行政管理和国家食品药品监督管理部门依据各自职责立即采取相应措施，"并告知消费者停止食用"。

（二）食品安全风险管理的成效

2009 年《食品安全法》实施后，原卫生部依法会同国务院有关部门制定发布了 2010 年国家食品安全监测计划，监测的范围覆盖食品生产、流通和消费各个环节。截至 2014 年年底，全国共设置食品安全风险监测点 2489 个，食源性疾病哨点医院 1956 家，实现了监测点覆盖 80% 县级区域的年度目标。河北、黑龙江、辽宁等地实现了监测点、哨点医院的县级区域全覆盖。2014 年，全国共监测样品 29.2 万件，是年度计划的 1.7 倍；共接到食源性疾病暴发事件 1480 起，监测食源性疾病患者 16 万人次，报告事件数和监测病例数较 2013 年分别增长 47.9% 和 103%。[①] 各省的风险监测工作也依法有序、有力地开展。以辽宁省为例，全省食源性疾病监测哨点医院从 2010 年的 10 所，逐年加速发展到 2014 年的 111 所，实现食源性疾病监测哨点医院全省县级行政区 100% 覆盖。其中，承担食源性疾病病原学检测的哨点医院 15 所，覆盖 100% 市级行政区。2014 年，共采集食源性疾病病例信息 11 177 份，检测生物样本 1899 份。[②] 食品安全风险监测工作为政府监管决策、制定食品安全标准、有效防控食源性疾病发生提供了重要基础，为有效监管和保障食品安全提供了重要的技术支撑。

2009 年《食品安全法》实施后，国务院卫生行政部门围绕新食品原料、食品添加剂新品种、白酒产品中的塑化剂、居民膳食中铝的摄

---

① 国家卫生和计划生育委员会："国家卫生计生委办公厅关于 2014 年食品安全风险监测督查工作情况的通报"，http://www.nhfpc.gov.cn/sps/s7892/201504/0b5b49026a9f44d794699d84df81a5cc.shtml，2015 年 8 月 7 日访问。

② 国家卫生和计划生育委员会："辽宁省扎实做好食源性疾病监测工作"，http://www.nhfpc.gov.cn/sps/s5854/201504/19a5bb179b724a818987dce061ce84eb.shtml，2015 年 8 月 7 日访问。

入等做了大量风险评估工作。我国还于 2011 年 10 月 13 日成立了国家食品安全风险评估中心。国家食品安全风险评估中心是负责食品安全风险评估的国家级技术机构，承担着"从农田到餐桌"全过程食品安全风险管理的技术支撑任务，既服务于政府的风险管理，又服务于公众的科普宣教，还服务于行业的创新发展。国家食品安全风险评估中心成立后，在食品安全风险监测培训、风险评估培训及评估方案实施方面开展了一系列卓有成效的工作。

特别值得一提的是，虽然 2009 年《食品安全法》尚未建立食品安全风险交流制度，但是在食品安全工作实践中，仍然实质性地开展了风险交流工作。2003 年 SARS 危机后期，在国际交流与合作中，风险交流理念及其重要性在卫生行政系统逐渐得到认识。在 2007 年原卫生部与美国疾病预防控制中心开展的合作项目中还围绕风险交流编写了教材，并进行全国巡回培训。国家食品安全风险评估中心成立后，在风险交流方面开展了更为积极的探索，围绕"炊具锰迁移对健康的影响""反式脂肪酸的功过是非""金箔入酒"等公众关心的食品安全热点问题开展了一系列风险交流活动，和食品安全知识进社区、进校园活动，对于消除公众的食品安全恐慌、增加公众的食品安全知识、帮助公众树立正确的食品安全理念，发挥了非常积极的作用，也在很大程度上提升了食品安全治理效果。

（三）食品安全风险管理存在的问题

2009 年《食品安全法》中有关食品安全风险监测和风险评估的规定，对于促进食品安全治理发挥了积极作用，但是仍然存在非常明显的不足。

1. 分段监管，监测数据难以共享

原法确立的分段监管制度带来食品安全风险监测和评估工作交叉重叠，导致各职能部门因监测和评估职责不清晰而互相推诿扯皮，无法全程覆盖种植、生产、流通、消费各环节的监测评估活动，无法适应现代食品业态的整体性监控要求。此外，分段监管模式下，食品安全的不同监管部门都在各自职权范围对食品安全进行管理，各自开展监测和评估工作，各部门的监测数据只为自己所用，并不共享。由此造成了实践中两方面的问题：一是造成部门间信息公布的交叉和矛盾现象，造成国家行政资源的巨大浪费；二是由于各个监管部门的监测方法手段不同，评估结果可能会有差异，由此导致相关部门信息权威下降。

2. 监测评估保障机制不健全

地方监测评估机构大都面临设备短缺、人员缺乏、经费不足、技术落后等瓶颈制约，不少监测评估单位甚至没有足够的经费购买足够数量和种类的样本。即便是承担全国范围主要的食品安全监测和全部的食品安全风险评估工作的国家食品安全风险评估中心，也只有区区200人的编制。执法资源的稀缺，严重制约监测数据的全面性和评估结果的科学性。此外，由于法律只设定了风险监测机构的职责，而未赋予风险监测人员相应的权力，导致实践中风险监测采样工作常常遭到拒绝或受到阻挠。

3. 评估机构缺乏独立性

2009年《食品安全法》第13条规定由国务院卫生行政部门负责组织食品安全风险评估工作，成立食品安全风险评估专家委员会进行食品安全风险评估。但是，风险评估专家委员会并不是一个常设机构，大量日常性的风险评估工作都由具有鲜明官方色彩的国家食品安全风险评估中心完成。实践中造成食品安全风险评估机构缺乏独立性，科学分析与行政治理界限模糊，风险管理和风险评估混为一谈，导致风险评估机构以政府行为和科学权威行使话语霸权，同时又可以便利地以"专家判断"为由规避评估责任的承担，造成权力义务不匹配，影响监测评估结果的社会信任度。

4. 评估结果不公开

2009年《食品安全法》第16条只规定食品安全风险评估得出不安全结论的，应告知消费者停止食用；但对于得出安全结论的评估结果，并未要求公开。该条款涵盖性不够，实践中造成以下两方面问题：其一，风险监测和评估结果是修订食品安全标准的重要科学依据，但食品安全标准的制定和修订有较长的周期，大量日常风险监测和评估结果仅仅被保留在数据库中，未能有效利用；其二，评估中心只公布不安全结论，不公布安全结论，造成公众认知偏差，似乎接触到的都是不安全食品，容易引发不必要的食品安全信任危机和群体性恐慌。

5. 缺乏食品安全风险交流制度

国际经验表明，完整有效的食品安全风险管理需要监管者在风险识别、风险评估、风险预测、风险监控等一系列活动中，与食品安全利益相关者保持积极良性的互动交流，即所谓的食品安全风险交流。2009 年《食品安全法》中虽然已经体现了食品安全风险管理理念，但尚未建立食品安全风险交流制度。其规定的风险警示制度仅仅是职能部门基于管理职责而单向度的信息告知或发布活动，而没有与其他相关者之间进行风险信息及意见交换的过程，"针对特定商品的食品安全风险警示行为一旦发布，可能出现两种截然不同的后果：一是商品确实存在问题，人们的消费安全得到保障；二是商品事后被证明没有问题，生产经营者的营业自由受到侵害"。[1] 在 2009 年《食品安全法》实施和食品安全监管过程中，监管者越来越意识到风险交流的重要意义。因此，虽然该法尚未建立食品安全风险交流制度，但是国家食品安全风险评估中心成立后，借鉴国外在食品安全治理方面的有益经验，积极进行风险交流方面的探索。不过，由于法律中对食品安全风险评估没有明确规定，导致风险评估活动具有较大的随意性，风险交流的启动、主体、程序等都缺乏规范性。因此，食品安全风险交流的功能发挥严重不足，对政府的公信力和食品产业、食品贸易的健康发展都造成了一定负面影响。

---

[1] 徐信贵："食品安全风险警示的司法监督及其改进"，载《广州大学学报（社会科学版）》2014 年第 9 期。

三、2015 年《食品安全法》对风险管理的完善

对于食品安全治理中出现的种种问题，理论界和实务界有不少人将原因归结于食品安全监管体制的"九龙治水"、多头管理。为理顺监管体制，在本轮国务院机构改革中，明确由原国家食品药品监管总局承担食品安全综合协调工作。对于食品安全制度设计本身的不成熟、不完善，则需要通过修法活动予以充实和完善。修法过程中，立法机关多次调研，多次向社会公众征求意见，并在法律文本中对食品安全不同利益相关者的诉求给予了积极回应。2015 年《食品安全法》既考虑到法律在实施过程中反映出的问题，又充分借鉴国外食品安全治理的成功经验和基本规律，将风险管理确定为食品安全工作的原则之一，就是法律回应公众和社会诉求的具体体现。该法第 3 条规定："食品安全工作实行预防为主、风险管理、全程控制、社会共治，建立科学、严格的监督管理制度。"其在补充和完善 2009 年《食品安全法》第二章"食品安全风险监测和风险评估"的基础上，围绕风险管理原则建立了比较健全的制度体系。

（一）完善食品安全风险监测制度

食品安全风险监测是监管部门实施食品安全监督管理的重要手段，风险监测的结果是开展食品安全风险评估、制定食品安全标准和评价食品安全总体状况的科学依据。在食品安全治理中，风险监测承担着为监管部门提供技术决策、技术服务和技术咨询的重要职能，具体包括四个方面的功能：一是全面了解食品污染状况和趋势；二是发现食品安全隐患，协助确定需要重点监管的食品和环节，为监管工作提供科学依据；三是为风险评估、标准制定和修订提供基础数据；四是了解食源性疾病发生情况，以便早期识别和控制食源性疾病。[①] 食品安

---

① 袁杰、徐景和主编：《〈中华人民共和国食品安全法〉释义》，中国民主法制出版社 2015 年版，第 63 页。

全风险监测计划和监测方案是否科学可行，对于有效开展食品安全监督管理工作，无疑具有非常重要的基础性作用。为了保障食品安全风险监测工作的科学性，充分发挥其对于食品安全监督管理工作的基础性、支撑性、保障性功能，2015 年《食品安全法》将 2009 年《食品安全法》第 11 条和第 12 条整合为一条，并补充和明确以下内容。

1. 明确国家食品安全风险监测计划的制定和实施主体

作出决策、制定方案的过程越科学、越能最大程度地体现共识，方案的可行性也就越大，实施效果也就越好。食品安全风险监测是科学性、技术性非常强的工作，同时也是食品安全监督管理工作的基础，是食品安全治理工作的一个有机组成部分。根据国务院机构改革后的食品安全监管职能划分，2015 年《食品安全法》明确规定国务院卫生行政部门在制定和实施国家食品安全风险监测计划时，应当会同的"国务院有关部门"是指食品药品监督管理、质量监督等部门。这一明确规定，提高了食品安全监测计划制定和实施的科学性，也避免了"会同"流于形式。

2. 完善有关风险监测计划调整的规定

为了既保证国家食品安全风险监测计划的权威性稳定性，又保证风险监测工作切实服务于复杂多变的食品安全治理形势，2015 年《食品安全法》要求国务院食品药品监督等部门应当对获知的食品安全信息"立即核实"之后，再向卫生行政部门通报。但是，食品药品监督等部门的"核实""通报"，并不意味着国家食品安全风险监测计划必然调整。鉴于监测计划的全局性、稳定性，国务院卫生行政部门会同有关部门对风险信息和疾病信息进行分析后，"认为必要的"，才会调整国家食品安全风险监测计划。

3. 赋予省级卫生行政部门食品安全风险监测职权

2015 年《食品安全法》规定，省、自治区、直辖市人民政府卫生行政部门会同同级食品药品监督管理、质量监督等部门，根据国家食品安全风险监测计划，结合本行政区域的具体情况，有权制定、调整和实施本行政区域的食品安全风险监测方案，并应当报国务院卫生行政部门备案。这一规定将 2009 年《食品安全法实施条例》中有关风险监测的相关内容上升为法律，既赋予省、自治区、直辖市卫生行政部门相应的监测权限，保证风险监测工作的顺利开展，又明确各省、自治区、直辖市的食品安全风险监测应在国务院卫生行政部门的统一领导下进行，确保省级食品安全风险监测方案的科学性。

4. 赋权给风险监测机构和人员

针对 2009 年《食品安全法》没有规定食品安全风险监测人员的权力，以至于实践中出现的风险监测人员进入种植养殖场所被阻挠、采集样品被拒等问题，2015 年《食品安全法》第 15 条明确规定，承担食品安全风险监测工作的技术机构在承担"保证监测数据真实、准确，并按照食品安全风险监测计划和监测方案的要求报送监测数据和分析结果"职责的同时，也有"进入相关食用农产品种植养殖、食品生产经营场所采集样品、收集相关数据"的权力，当然，"采集样品应当按照市场价格支付费用"。这就为食品安全风险监测技术机构及其技术人员依法开展食品安全风险监测机构提供了明确的法律依据，保障了风险监测工作的依法顺利开展。

5. 规定监测信息通报机制

风险监测是食品安全监督管理的基础性工作，为了发挥卫生行政部门与食药监督部门在风险监测和监督管理方面的相互协调作用，2015 年《食品安全法》增加第 16 条规定，即"食品安全风险监测结果表明可能存在食品安全隐患的，县级以上人民政府卫生行政部门应当及时将相关信息通报同级食品药品监督管理等部门，并报告本级人民政府和上级人民政府卫生行政部门。食品药品监督管理等部门应当组织开展进一步调查"。为解决 2009 年《食品安全法》实施过程中暴露出的食品安全风险监测、农产品质量监测等监测标准不统一、监测数据不共享的问题，2015 年《食品安全法》第 20 条第 1 款进一步规定："省级以上人民政府卫生行政、农业行政部门应当及时相互通报食品、食用农产品安全风险监测信息。"这样，既提高了依法开展食品安全风险监测工作的效能，也有利于从源头保障食品安全，与新法规定的"预防为主"原则相呼应。

（二）规范食品安全风险评估

食品安全风险评估是指对食品、食品添加剂、食品相关产品中生物性、化学性和物理性危害因素对人体健康可能造成的不良影响所进行的科学评估，包括危害识别、危害特征描述、暴露评估、风险特征描述四个阶段。食品安全风险评估是一个科学、客观的过程，必须遵行客观规律，运用科学方法，根据食品安全风险监测信息、科学数据以及其他有关信息进行。开展食品安全风险评估是国际通行的做法，也是应对日益严峻的食品安全形势的重要经验；是食品安全监管部门作出管理决策的科学基础和依据，对于制定修改食品安全标准、提高有关部门的监督管理效率、提高公众的食品安全信心，都具有非常重要的作用。

为了切实发挥食品安全风险评估在食品安全风险监测和食品安全监督管理中的纽带作用，充分尊重食品安全风险评估作为一项科学工作的科学性和规律性，2015年《食品安全法》以列举的方法规定了依法开展食品安全风险评估的法定情形。[①] 由于食品安全治理工作涉及面广、涉及部门较多，该法第19条还规定，"国务院食品药品监督管理、质量监督、农业行政等部门在监督管理工作中发现需要进行食品安全风险评估的，应当向国务院卫生行政部门提出食品安全风险评估的建议，并提供风险来源、相关检验数据和结论等信息、资料"，这

---

① 2015年《食品安全法》第18条规定："有下列情形之一的，应当进行食品安全风险评估：

（一）通过食品安全风险监测或者接到举报发现食品、食品添加剂、食品相关产品可能存在安全隐患的；

（二）为制定或者修订食品安全国家标准提供科学依据需要进行风险评估的；

（三）为确定监督管理的重点领域、重点品种需要进行风险评估的；

（四）发现新的可能危害食品安全因素的；

（五）需要判断某一因素是否构成食品安全隐患的；

（六）国务院卫生行政部门认为需要进行风险评估的其他情形。"

就发挥了食品药品监督、质量监督、农业行政等部门在食品安全风险评估中对卫生行政部门的配合和协调作用，为卫生行政部门快速准确判断是否需要开展风险评估以及及时开展风险评估提供了基础。为了更好地体现我国食品安全治理工作多部门合作的特点，更好地实现部门协作，2015 年《食品安全法》第 20 条第 2 款还规定了风险评估信息通报机制，即"国务院卫生行政、农业行政部门应当及时相互通报食品、食用农产品安全风险评估结果等信息"。

（三）加强食品安全风险交流

2009 年《食品安全法》没有关于开展食品安全风险交流工作的规定，但是随着该法实施过程中一系列食品安全事件的发生，监管部门越来越意识到风险交流在食品安全治理中发挥着非常重要的作用，对其的重视程度也不断加强，实践中也开展了一系列的风险交流活动。修法过程中，食品安全技术部门和研究人员一直强烈呼吁要将"食品安全风险交流"写入 2015 年《食品安全法》。

立法机关对食品安全监管实践和修法过程中的意见、建议，给予了积极的回应。2015 年《食品安全法》第 23 条规定："县级以上人民政府食品药品监督管理部门和其他有关部门、食品安全风险评估专家委员会及其技术机构，应当按照科学、客观、及时、公开的原则，组织食品生产经营者、食品检验机构、认证机构、食品行业协会、消费者协会以及新闻媒体等，就食品安全风险评估信息和食品安全监督管理信息进行交流沟通。"这一条是新增的内容，虽然在法条中没有出现"国家建立食品安全风险交流制度"之类的表述，但其内容却非常明白地表达了立法机关建立食品安全风险交流制度的立法意图，清晰规定了食品安全风险交流的主体和内容。根据 2015 年《食品安全法》第 23 条的规定，我国食品安全风险交流的主体包括县级以上人民政府食品药品监督管理部门和其他有关部门、食品安全风险评估专家委员会及其技术机构、食品生产经营者、食品检验机构、认证机构、食品行业协会、消费者协会以及新闻媒体等。其中，食品药品监督管理部门、卫生行政、农业行政、质量监督等有关部门、食品安全风险评估专家委员会及其技术机构承担着组织食品安全风险交流的重要职责。食品安全风险交流的内容包括"食品安全风险评估信息和食品安全监督管理信息"。其中，食品安全风险评估信息包括食品安全风险评估程序和管理体系，评估项目的立项背景、依据和必要性，项目的进展和食品安全风险管理建议等，风险评估结果的解释和答疑，食品安全与食源性疾病的科学知识，针对性的消费建议等。食品安全监督管理信息包括食品安全领域出现的新情况、新问题，企业遵纪守法情况，重大案件的查处结果等。

此外，2015 年《食品安全法》还规范了食品安全信息统一发布制度。该法第 118 条规定，"国家食品安全总体情况、食品安全风险警示信息、重大食品安全事故及其调查处理信息和国务院确定需要统一公布的其他信息由国务院食品药品监督管理部门统一公布。食品安全风险警示信息和重大食品安全事故及其调查处理信息的影响限于特定区域的，也可以由有关省、自治区、直辖市人民政府食品药品监督管理部门公布""公布食品安全信息，应当做到准确、及时，并进行必要的解释说明，避免误导消费者和社会舆论"。这种由监管部门统一发布食品安全信息的制度，是食品安全风险交流的形式之一，能够保证信息的权威性。

（四）实施食品风险分级管理

分级管理是根据管理要求，将管理对象分为不同的级别并采取相应的管理措施。分级管理有助于合理确定管理重点、有效分配管理资源。风险分级能够将有限的资源集中于高风险的对象进行重点监管。因此，针对不同的产品特性、生产特点和企业管理水平等因素，通过食品风险分析，将食品及其生产经营者纳入不同的风险管理模式，并结合动态管理的原则，能够使食品安全监管更加科学有效。在我国食品安全监管实践中，"曾经一度特别注重食品生产经营者外在形式的监管，没有与相关行业的风险特点结合起来，没有对食品生产经营过程中的风险点进行监管，这使得有限的监管力量、监管资源显得更加不足，也没有解决实践中存在的突出问题"。① 2015 年《食品安全法》总结食品安全监管实践中的有益经验，在第八章"监督管理"部分第109 条第 1 款中规定："县级以上人民政府食品药品监督管理、质量监督部门根据食品安全风险监测、风险评估结果和食品安全状况等，确定监督管理的重点、方式和频次，实施风险分级管理。"该条第 2 款还规定，县级以上人民政府向社会公布食品安全监督管理年度计划，接受社会监督。这就使得"分级管理"不会成为地方政府以及食药监管部门"自娱自乐""自说自话"的"游戏"或者"政绩工程"，而会实实在在地落到监管实处，接受社会监督。

（五）强化风险管理责任

风险管理是 2015 年《食品安全法》规定的食品安全工作基本原则之一，风险监测、风险评估、风险交流、风险分级管理则是落实风险管理原则的具体制度。根据"有权必有责"的基本法律原则，该法在规定风险管理原则及其具体制度的同时，还强化了风险管理相关主体的法律责任。其中，第 117 条规定了县级以上人民政府对食品安全监管部门主要责任人和下级人民政府主要责任人的约谈制度。② 约谈虽然不是对县级以上人民政府食品药品监督管理等部门和地方人民政府主要负责人的行政处分，但却是一种行政层级监督措施，对食品药品监督管理等部门和地方人民政府主要负责人具有警示作用，是落实食品安全监管部门和地方政府食品安全责任的重要举措。此外，第

---

① 袁杰、徐景和主编：《〈中华人民共和国食品安全法〉释义》，中国民主法制出版社 2015 年版，第 275 页。

② 2015 年《食品安全法》第 117 条规定："县级以上人民政府食品药品监督管理等部门未及时发现食品安全系统性风险，未及时消除监督管理区域内的食品安全隐患的，本级人民政府可以对其主要负责人进行责任约谈。地方人民政府未履行食品安全职责，未及时消除区域性重大食品安全隐患的，上级人民政府可以对其主要负责人进行责任约谈。被约谈的食品药品监督管理等部门、地方人民政府应当立即采取措施，对食品安全监督管理工作进行整改。责任约谈情况和整改情况应当纳入地方人民政府和有关部门食品安全监督管理工作评议、考核记录。"

133 条规定了拒绝、阻挠、干涉开展风险监测和风险评估等工作的法律责任，包括罚款、吊销许可证等。[①] 第 137 条规定了承担食品安全风险监测、风险评估工作的技术机构、技术人员提供虚假食品安全风险监测、评估信息的法律责任，包括对直接负责的主管人员和技术人员撤职、开除、吊销执业证书。[②] 2015 年《食品安全法》通过对食品安全风险管理相关部门、机构和人员的全方位、立体的法律责任设计，为依法开展食品安全风险管理工作提供了有力的法律保障。

四、结语

与 2009 年《食品安全法》相比，2015 年《食品安全法》从基本原则和具体制度层面对风险管理进行了比较完善的规范。但是《食品安全法》毕竟是食品治理的基本法，很难在这部法中对风险管理的相关制度做非常细致的规定。为了使风险管理原则和制度更具操作性，能够真正从"纸面上的法"变为"行动中的法"，还需要通过制定部门规章等形式，进一步规范食品安全风险管理，增强制度设计的规范性和可操作性，也需要在食品安全治理实践中不断探索，以丰富和完善相关制度。

（一）进一步健全风险监测和风险评估制度

鉴于食品安全风险监测和风险评估工作由国务院卫生行政部门牵头或负责，建议国家卫生计生委应依据 2015 年《食品安全法》，尽快修订《食品安全风险监测管理办法（试行）》和《食品安全风险评估

---

① 2015 年《食品安全法》第 133 条规定："违反本法规定，拒绝、阻挠、干涉有关部门、机构及其工作人员依法开展食品安全监督检查、事故调查处理、风险监测和风险评估的，由有关主管部门按照各自职责分工责令停产停业，并处二千元以上五万元以下罚款；情节严重的，吊销许可证；构成违反治安管理行为的，由公安机关依法给予治安管理处罚。"

② 2015 年《食品安全法》第 137 条规定："违反本法规定，承担食品安全风险监测、风险评估工作的技术机构、技术人员提供虚假监测、评估信息的，依法对技术机构直接负责的主管人员和技术人员给予撤职、开除处分；有执业资格的，由授予其资格的主管部门吊销执业证书。"

管理办法（试行）》两个规范性文件，具体规定各级卫生行政部门和食品安全技术机构的风险监测职责、风险监测计划的制定程序和涵盖内容、风险监测数据的收集和使用、风险监测的实施步骤和监督等内容，对风险评估法主体和职责定位、风险评估的程序、风险评估信息的发布和使用等做明确规定，并应当依法建立食品安全风险监测和风险评估的保障机制，加强卫生行政部门风险监测和风险评估能力建设。

（二）强化风险交流，使食品安全风险交流成为多向度的互动过程

2015 年《食品安全法》有关食品安全风险交流的规定主要体现于第 23 条和有关食品安全信息发布的内容。食品安全风险交流是食品安全各利益相关者之间的双向甚至多向的沟通和交流。但是，从现有规定看，食品安全风险交流主要指食品药品监督管理部门和其他有关部门的单向度的信息发布，这显然不是真正意义、完整意义上的食品安全风险交流。为使风险交流制度切实发挥积极作用，有的学者主张制定具有强制性的硬法，从立法层面为食品安全风险交流划定框架，"规定食品安全风险交流的具体制度，包括组织原则、机制和程序，以及交流范围、参与方式、交流结果管理等"；[①] 有的学者主张制定仅具有指导性的软法，因为风险交流具备的"主体互动性、信息不确定性、感知差异性、内容传播性、目标多样性、策略因应性等综合属性，都会使硬法在推进制度化方面显得力不从心"。[②] 虽然观点有异，但是设计更加具体、更有操作性、更能指导实践的风险交流规范，却是共识。目前，中央层面可以检索到的、唯一现行有效的系统指导食品安全风险交流的规范性文件是国家卫生和计划生育委员会（以下简称国家卫生计生委）办公厅于 2014 年 1 月 28 日发布的《食品安全风险交流工作技术指南》。原食品药品监管总局也正在起草食品安全风险交流的规范性文件，并已在个别地区试点。可以预期，随着食品安全治

---

① 孙颖："风险交流——食品安全风险管理的新视野"，载《中国工商管理研究》2015 年第 8 期。

② 沈岿："风险交流的软法构建"，载《清华法学》2015 年第 6 期。

理法治化水平的不断提高，食品安全风险交流的规范性文件体系将会越来越完备，食品安全风险交流互动也会越来越规范和有成效。无论是食品安全风险交流规范性文件的制定，还是食品安全风险交流活动实践，都需要注意以下几个重要问题。

1. 扩大风险交流主体，引入第三方机构和专家学者参与食品安全风险交流

当然，食品药品监督管理部门和其他有关部门、食品安全风险评估专家委员会及其技术机构应当对高校、科研机构、有资质的技术机构等第三方组织和有专家学者开展的风险交流活动进行必要的指导，确保交流内容的科学性和交流目的的正当性。

2. 注重风险交流的及时性，突出交流方法的针对性

风险交流工作固然应当遵循一定的方法和策略，但是由于交流对象不同、交流时机不同，交流方法也必然会有差异，因此风险交流有方法，但并无定法。所以，在相关规范性文件中，对风险交流的方法应当仅作指导性、原则性规范，鼓励不同主体开展多种形式的风险交流活动。同时，应当加强对食品安全风险交流人员的培训，鼓励专业的风险交流人员在具体交流活动中发挥积极性和主观能动性，运用和探索针对不同风险环境、不同群体的多种风险交流形式。

3. 强调风险交流的互动性

监管部门、生产者、经营者等在沟通的时候，不仅要向公众传递正确的知识和信息，还要关注公众的想法、意见和感受，并准确分析公众产生一定想法、意见和感受的原因，并据此采取恰当的沟通方式，正如科维洛（Vincent Covello）和桑德曼（Peter Sandman）曾指出的，"如果你为应对一个风险情形而提出一个实质性行动的时候，而且你想人们来听一听，你首先得听听他们"。[①] 在目前互联网快速发展的背景

---

① 转引自华智亚："风险沟通与风险型环境群体性事件的应对"，载《人文杂志》2014 年第 5 期。

下，有必要构建统一开放的食品安全风险交流平台，增强风险交流的互动性。这种交流平台一方面具有舆情监测的功能，有利于及时发现食品安全热点问题、舆情动态，并及时采取适当的交流形式。另一方面在这个交流平台中，食品安全的不同利益相关方可以进行多角度的平等的交流。

（三）规范信息发布机制，充分发挥媒体在风险交流方面的积极作用

在信息技术快速发展、人人都是信息源、人人都是"发声筒"的今天，媒体在食品安全治理中的影响力越来越大。近年来发生的众多食品安全事件中，媒体在披露食品安全违法信息方面发挥了"冲锋队"的作用，但也在传播虚假失实的食品安全信息、造成不必要的食品安全恐慌方面，产生了不可估量的消极作用。根据2015年《食品安全法》的规定，媒体是食品安全风险交流的主体之一，发挥媒体在食品安全治理中积极的监督作用，也是落实食品安全社会共治原则的重要路径之一。关于媒体在食品安全治理中的功能定位，2015年《食品安全法》第10条第2款规定"新闻媒体应当开展食品安全法律、法规以及食品安全标准和知识的公益宣传，并对食品安全违法行为进行舆论监督。有关食品安全的宣传报道应当真实、公正"。同时，该法第118条第1款规定，国家实行食品安全信息统一公布制度，"未经授权不得发布"食品安全信息。这就是说，新闻媒体有报道食品安全信息、监督食品安全治理的权力，但是这种报道和监督不仅应当真实、公正，而且必须得到授权。

客观、真实是新闻报道的生命，所有负责任的媒体都应当遵循客观、真实原则。如果说"客观""真实"是事实判断的话，"公正"则包含一定的价值判断的色彩，换言之，媒体报道是否"公正"，可能会见仁见智。所以，"公正"是对媒体进行食品安全报道的比较高的要求。当然，如果我们把"公正"理解为"客观"的同义语，即"客观"报道也就是"公正"报道的话，应该是媒体可接受的范畴。

然而，媒体报道食品安全信息必须得到监管部门的授权，"未经授权不得发布"，这似乎是对媒体舆论监督权的一种限制。如果立法机关或者监管部门基于食品安全信息的广泛影响性，有必要对媒体报道的行为进行必要的限制的话，建议负责统一发布食品安全信息的国务院食品药品监督管理部门尽快制定规范性文件，对《食品安全法》第118 条第 1 款规定做限制性解释，以列举法规定新闻媒体报道哪些食品安全信息必须经过授权，未列举的则无须授权。而且，对于应当经过授权才能发布的食品安全信息，应该明确规定媒体应当通过什么程序向监管部门的哪个机构核实信息或申请报道相关信息；具体机构应该在多长期限内回复媒体是否可以报道；对于不同意媒体报道的，还应当书面说明理由；如果监管部门在法定期限内不予回复，则推定其同意媒体报道。这样做，既能使《食品安全法》第 118 条第 1 款的规定具有可操作性，又能保障媒体舆论监督和新闻传播功能的发挥，同时也维护了食品安全信息统一发布制度。当然，媒体也应当加强从事食品安全报道的新闻从业人员的食品安全知识培训，提高食品安全报道的专业性，并对报道内容的真实性、客观性负责。如果媒体和媒体从业人员故意传播不实的食品安全信息、夸大食品安全风险，则应当承担相应的法律责任。

在食品安全工作的四项原则中，风险管理与另外三项原则，即预防为主、全程控制、社会共治之间，是相互交织、互为一体的关系，风险监测、风险评估就体现了预防为主、全程控制的原则，风险交流则较为集中地体现了社会共治原则。

食品安全的全程控制原则

肖平辉　　侯　宁*

导读

2015 年《食品安全法》进一步认识到食品安全监管链条长、环节多的特点，强化了食品安全全程理念，将全程控制上升为原则。该法的全程控制包含了公权力（政府）全程监管和私权利（食品生产经营者）全程溯源两个含义。全程控制是政府和食品生产经营者两个主体的共同要求，也体现了社会共治的内生要求。本章将系统阐释这个原则在实际运用中的具体内涵。文章提出《食品安全法》的全程控制原则包含全程监管和追溯两重含义，认为全球化及互联网新业态等的推进为食品安全监管带来挑战，比如中国食品跨境电商带来环节监管可能的失控及产品源头可溯的困难。

一、全程控制的时代背景

2015 年《食品安全法》首次将全程控制纳入四大原则。从立法者的解读来看，全程控制的主体既包括食品安全监管者，即公权力机构，也包括私权利机构，即食品生产经营者。前者有全程监管义务并承担

* 肖平辉，执教于广州大学，原国家食品药品监督管理总局高级研修学院博士后，南澳大利亚大学法学博士。侯宁，中国电子商会智慧三农产业专业委员会副秘书长，在农产品质量安全追溯、农业物联网、农业领域二维码技术应用等领域深耕多年。

相应的责任。后者作为食品生产经营首负责任的承担者，需要索证索票，全过程协作追溯。① 全程控制首先意味着对食品安全全过程监管，食品安全关键点有相关部门负责，又称为无缝监管。② 全程控制另一个关键在于建立可追溯体系，"食品安全可追溯体系，是助力保障食品全产业链安全的有效工具"。③ 全程控制的对象是整个食品供应链（food supply chain），食品供应链包括产品及生产经营这些产品的生产经营者，而这些也是监管的主要目标。④ 而全程监管的手段之一就是全程溯源。⑤

食品供应链是一个与人类社会共生共存的一个概念，其范围及复杂度随着人类社会的发展和精细化程度的加强而呈现巨大变化。在远古时代，食品安全问题往往由狩猎者或采集者来保证，那个时候的食品供应链极其简化。后来有了城镇，人类出现分工，食品供应链开始慢慢变得复杂化，以致于到了今天地区、国家间融合，全球化背景下，食品供应链变得越来越长、越来越复杂。⑥ 食品供应链还代表了巨大的经济权重和社会影响力。比如欧盟的农业、食品加工及食品杂货提

---

① 信春鹰主编：《中华人民共和国食品安全法解读》，中国法制出版社 2015 年版，第 10 页。

② 吴巧丽："试论食品安全无缝监管体系建设"，复旦大学 2008 年硕士学位论文。

③ 陆悦："全程控制关键在于建立可追溯体系"，载《中国医药报》2015 年 5 月 14 日。

④ Adriaan Dierx Lina Bukeviciute, Fabienne Ilzkovit, The functioning of the food supply chain and its effect on food prices in the European Union, Brussels：European Commission, 2009, p. 4.

⑤ Daniel R. Levinson, Traceability in the Supply Chain, Washington. DC：Department of Health and Human Services, 2009, p. i.

⑥ L G M Gorris, Food Safety Objective：An Integral Part of Food Chain Management, *Food control*, 2005, Vol. 16, No. 9, p. 801. 当然，在食品供应链长而复杂的今天，西方国家出现一股食品供应链再造运动，主张供应链极简化，食物供应本地化。今天的食品同质化严重，过去农耕时代的乡土风味不再。对复杂食品食品供应链的简化运动，实际上是对食品供应的过度工业化、商业化的一种反思。See Terry Marsden, Jo Banks and Gillian Bristow, Food supply chain approaches：exploring their role in rural development, *Sociologia Ruralis*, 2000, Vol. 40, No. 4, p. 424。

供了7%的劳动岗位，欧洲家庭食物支出占16%。所以食品供应链健康发展是整个社会健康发展的基石。[①]

食品供应链的复杂化及重要性也给全程控制带来巨大挑战。全程监管和全程溯源两者相辅相成，密不可分，是食品供应链达到全程控制的重要途径。全程监管通过公权力的强有力介入为全程溯源提供执行保障，而全程溯源为全程监管提供重要的信息手段。从发达国家的经验来看，监管主要是公权力的行使，而溯源则主要依靠作为食品生产经营的第一责任人的企业，他们采集最基础的信息，这些信息为保证食品召回、风险控制等提供重要的基础。[②] 因此，本文认为：全程控制包含了公权力（政府）全程监管和私权利（食品生产经营者）全程溯源两大最基础内容。但理想的全程控制体系中，公权力和私权利需要保持一种良性互动。也就是说，全程监管的主体是政府，但食品生产经营者作为相对人并不是一个消极意义的被监管者，相反他们可以通过在生产经营过程中做好记录，通过现代信息技术等手段形成完备的追溯体系来主动对接监管。而食品生产经营者作为追溯的主体，有时并不能自动自发形成，此时需要监管者以公权力的身份强制介入，通过立法、执法监督，敦促生产经营者建立追溯体系。对一些重大民生食品安全风险，政府也可能作为公权力机构建立起基本数据作为食品安全供应链的追溯体系的内容之一。

二、中国食品安全全程控制的历史演进

（一）计划经济时代：行业与卫生双重管理与食品追溯萌芽

这一时期，是中国食品安全治理以卫生法规为开创期的时代。全程控制还主要体现在政府行业主管部门及卫生部门双重管理制度上。同时，中国对罐头、饮料、酒类、蛋粉、奶制品、代乳粉、调味品等

---

① European Commission, A better functioning food supply chain in Europe, COM(2009) 591 final.

② Daniel R. Levinson, Traceability in the Supply Chain, Washington. DC: Department of Health and Human Services, 2009.

工业生产预包装食品加以规定，要求必须有检验合格证明，并在包装上注明品名、厂名、生产日期、批号，必要时还应当注明保存期限和食用方法，这也便于对问题食品进行溯源，相当于中华人民共和国食品追溯制度的萌芽阶段。①

卫生部颁布了中华人民共和国成立后第一部食品卫生部门规章，即《清凉饮食物管理暂行办法》。1953～1959 年，卫生部颁布一系列对肉品、酱油、水产、蛋制品、饮料酒等食品的卫生管理规定，共计24 部规章。1960 年 1 月 18 日，国务院转发国家科委、卫生部、轻工业部拟定的《食用合成染料管理暂行办法》，这也是中国第一部食品添加剂管理办法。② 因此，这一阶段食品卫生法规以各单项单品类碎片化立法管理为主，全程控制的概念还处于相对初级阶段。

1965 年，国务院颁布了《食品卫生管理试行条例》（以下简称《条例》）。这是中国第一部由国务院制定并颁布的食品卫生相关条例。《条例》明确了立法目的是"为加强食品卫生管理，提高食品质量，防止食物中有害因素引起食物中毒、肠道传染病等疾病"，也就是防止食源性疾病等由食品引起的急症事件是食品卫生管理的首要目的。③ 该《条例》也首次以国务院条例形式肯定了食品安全全程控制的理念，提出食品卫生的管理涵盖了食品生产和经营，而食品生产经营则包括了生产、加工、采购、贮存、运输、销售等一系列相关环节。④ 但《条例》也具有十分鲜明的计划经济体系的法律特点。在具体监管上，全程控制的概念，以一个个的单位为划分，单位之间的人为割裂，每一个生产经营单位及其主管部门"指定适当的机构或者人员负责管理本系统、本单位的食品卫生工作"。⑤ 而卫生部门进行监督和技术指

---

① 《食品卫生管理试行条例》第 10 条。
② 时福礼、赵辰、陈建敏等："阐述我国食品卫生法制的发展"，载《中国卫生监督杂志》2012 年第 2 期。
③ 《食品卫生管理试行条例》第 1 条。
④ 《食品卫生管理试行条例》第 2 条。
⑤ 同上。

导。因为计划经济时代的食品生产经营都是政府计划行为，相当于公权力的行使，所以那个时候的食品卫生管理是以生产经营单位及其主管部门为主，卫生部门技术指导为辅。[①] 具体来说，卫生部门在食品监管上，还是一个较为弱势的部门，卫生部门根据需要可以制定各种主要的食品、食品原料、食品附加剂、食品包装材料（包括容器）的卫生标准（包括检验方法），但应当事先与有关主管部门协商一致。而食品生产、经营主管部门也可以制订食品产品标准，但必须有卫生指标，在技术上，卫生指标应当取得同级卫生部门的同意。[②] 食品生产、经营主管部门负责组织本系统所属单位的食品卫生检验工作。卫生部门可无偿抽取样品进行抽查检验。[③]

因此，总结来说，本阶段的全程控制还处于非常初级阶段，带有很强的计划经济色彩。企业既是市场生产、经营主体又是行使监管公权力的主体，还没有追溯的概念。

（二）改革开放期：食品卫生监督体制形成及出口食品溯源

1979 年，国务院颁布了《中华人民共和国食品卫生管理条例》（以下简称《管理条例》）打破了这个局面，首次将农贸市场及进口食品两个环节正式纳入卫生监管范围。1982 年，全国人大常委会颁布《食品卫生法（试行）》取代了 1979 年的管理条例。该法首次确立了食品卫生监督体制，也极大地丰富了全程控制的含义，适用范围从食品、食品添加剂扩展到食品相关产品如容器、包装材料和食品用工具、设备等，并将食品的生产经营场所、设施和有关环境纳入监管范围。该法保留了 1979 年《管理条例》中农贸市场及进口食品的卫生监管。所以《食品卫生法（试行）》从品类、及环节上极大地丰富了中国食

---

① 但是，在某些食品技术领域，卫生部门也有较强的话语权。特别是涉及采用新的食品原料、食品附加剂、食品包装材料，必须符合卫生要求；并且应当由有关单位或其主管部门提出科学实验结果、质量标准或必要的资料，送经当地卫生部门审查同意。参见《食品卫生管理试行条例》第 7 条。

② 《食品卫生管理试行条例》第 6 条。

③ 同上。

品安全的全程控制实践。1995 年《食品卫生法》颁布，取代了《食品卫生法（试行）》，正式确立了中国的食品卫生监督体制。随着中国改革开放程度进一步扩大，食品出口开始引入新的理念，食品溯源体系开始从食品出口领域逐步推广发展。

随着放开搞活经济的思路的兴起，私有制经济的发展，使得食品管理相对人不再是单一的国有企业，国有企业既当球员又做裁判有失公允，卫生部门的角色更加重要起来。[1] 但是，食品行业主管部门包括农业、林业、畜牧、水产、粮食、商业、供销、轻工、外贸、铁道、交通等多个部门，都有相应的行业管理职能。[2] 而行业管理又与卫生监督管理有不同程度的交叉。这个时代的食品卫生监督承接了计划经济时代"遗产"，卫生监督部门与行业管理部门依然并行共同对食品安全全程控制负责。但与 1965 年的《条例》相比，《管理条例》的食品卫生监督管理的链条向两端延伸：城市农村个体经营及进出国门食品（食品进出口）。为使得该条例具有操作性，一些配套规章也相继出台，如《农村集市贸易食品卫生管理试行办法》《进口食品卫生管理试行办法》。同时，也因为个体经济及中国对外开放的纵深发展，工商部门及商检部门也逐步进入食品安全的监管，与卫生部门一起共同进行食品卫生监管。食品卫生监督链条从原来的内贸生产流通拓展到进出口食品以及农村集贸市场，进一步丰富了食品全程控制的产业链和空间链。[3]

中国改革开放后，对在农村集市经营的饮食业、食品加工业和各类熟食品、饮料摊贩已经建立起由工商部门与卫生部门共同管理的机制，开业前应向工商行政管理部门提出申请，经卫生部门审查合格，发给卫生合格证，工商行政管理部门发给营业许可证，方可营业。这可以看作中华人民共和国最早进行农村食品分类全程监管的试点机制。[4]

---

① 赵辰："阐述我国食品卫生法制的发展"，载《中国卫生监督杂志》2012 年第 2 期。
② 《食品卫生管理条例》第 7、8、9 条。
③ 《食品卫生管理条例》第 26、27 条。
④ 《农村集市贸易食品卫生管理试行办法》第 4 条。

对于食品进口，中国也于 1980 年制定了《进口食品卫生管理试行办法》，规定外贸部门向外商定货时，必须按照我国规定的食品卫生标准和卫生要求签定合同。进口食品到达国境口岸前，须向口岸食品卫生检验所报验。海关凭食品卫生检验所的采样证明放行。食品经营部门接到该批食品卫生检验合格的报告后，方得出售和供作食用。①这也成为后来中国建立的口岸商品检验制度的前身。

1982 年的《食品卫生法（试行）》首次将食品定义为：各种供人食用或者饮用的成品和原料以及按照传统既是食品又是药品的物品，但是不包括以治疗为目的的物品。这个定义进一步明确了药食同源的食品应纳入本法监管。对食品生产经营也进行了界定：指一切食品的生产（不包括种植业和养殖业）、采集、收购、加工、储存、运输、陈列、供应、销售等活动。②

2002 年，中国开始对食品溯源体系进行系统研究并在某些出口食品运用。逐步制定了一些相关的标准和指南，如为了应对欧盟在 2005 年开始实施的水产品贸易溯源要求，原质检总局出台了《出境水产品溯源规程（试行）》，要求出口水产品及其原料需按照《出境水产品溯源规程（试行）》的规定标识。中国物品编码中心会同有关专家在借鉴了欧盟国家经验的基础上，编制了《牛肉制品溯源指南》。陕西标准化研究院编制了《牛肉质量跟踪与溯源系统实用方案》，这两项指南为牛肉制品生产企业提供质量溯源的方案。③ 相比食品卫生监督体制的立法确认，食品溯源体系还处于相关部委及地方零星探索阶段，还没有纳入上位法立法。

总而言之，本阶段全程控制的探索有较大的突破。改革开放、国门打开、经济搞活使得中国食品供应链拉长了，直接表现就是食品向

---

① 《进口食品卫生管理试行办法》第 3、4、5 条。

② 《食品卫生法（试行）》第 43 条。

③ 刘俊华、金海水："农产品质量快速溯源系统的现状、问题及对策"，载《商业时代》2009 年第 25 期。

两端空间延伸：城乡集贸市场和食品进出口纳入监管，所以全程监管内容更丰富。同时，中国出口食品到发达国家的机会更多，也使得发达国家的追溯理念开始影响到中国的食品进出口，食品出口的全程溯源体系开始萌芽发展，但对于内销食品的溯源开始进行索证索票的探索，卫生部门对生产经营者采购食品及原料索取检验合格化验单（《食品卫生法》第 25 条），索取必要的资料（《食品卫生法》第 35 条）。

（三）后三鹿奶粉时代：食品安全全程监管及倡导建立追溯制度

三鹿奶粉事件后，中国于 2009 年颁布了《食品安全法》，用"食品安全"取代了"食品卫生"的概念。食品监管的要求从过去的"应当无毒、无害，符合应当有的营养要求，具有相应的色、香、味等感官性状"提升到"食品无毒、无害，符合应当有的营养要求，对人体健康不造成任何急性、亚急性或者慢性危害"。所以，不仅仅只是过去提到的食源性疾病等急症的防止，还包括慢性的累积性的危害。这个也对全程控制提出更高要求。同时，因为城市化、工业化的进程的推进，一些民众关注度高、成为消费热点的食品品类也以强调突显状态进入本法的调整范围，如婴幼儿奶粉、保健食品等。

同时，三鹿奶粉事件也使得强化可追溯体系进一步提到议事日程。明确食品供应者的义务，即应记录食品经营的详细信息。2011 年发改委和工信部出台《食品工业"十二五"发展规划》，明确在"十二五"阶段全面促进食品安全可追溯体系的建立建设，规定多个食品行业将首先推进电子追溯。国务院办公厅出台的《2013 年食品安全重点工作安排》中提出尽快构建奶粉和肉类等食品的电子追溯系统。2014年《国务院关于加强食品安全工作的决定》提出要加快食品安全全程追溯建设，以及进一步完善农产品质量安全追溯体系，进而促进食品安全电子追溯系统建设，以期建立统一的追溯手段和技术平台。2015 年《食品安全法》中第 42 条明确规定要建立食品安全全程追溯制度。截至目前，国家立法层面上的食品安全追溯法律制度已初步建成。食品安全立法体系也逐渐完善，包括《中华人民共和国标准化法》《中华人民共和国食品安全法》《中华人民共和国农产品质量安全法》等。

在食品追溯系统及标准规范制定层面，我国食品安全追溯系统研究始于 2002 年出台的《动物免疫标识管理办法》，规定对家畜需施行免疫耳标及免疫档案。2003 年，中国物品编码中心自发布果蔬及肉类跟踪与追溯指南等规范。2004 年，原国家质检总局为加强食品溯源管理以完善危害应急预案，发布了《食品安全管理体系要求》，农业部启动的"城市农产品质量安全监管系统试点工作"，要求加快构建农产品质量安全追溯系统。2005 年，原国家质检总局发布了《出境水产品溯源规程》参照欧盟实行的水产贸易可追溯制度。2007 年，国家编码中心启动 EAN·UCC 编码体系在蔬菜安全溯源系统中的应用并在在山东省示范实施。2008 年，北京奥运会期间采用 RFID 和 GPS 技术建立首都奥运食品安全溯源系统，实施贯穿全供应链的食品跟踪。2009 年，发布的《食品可追溯性通用规范》为构建各类食品可追溯系统，明确了追溯原则及要求、追溯流程和追溯管理规则，同时为了完善食品追溯体系，统一食品追溯的信息编码、数据结构和载体标识，出台了《食品追溯信息编码与标识规范》。2013 年，工信部下发《食品质量安全信息追溯体系建设试点工作实施方案》，着手建立奶粉和酒类商品的食品追溯试点。2014 年，原国家质检总局修订发布《商品条码128 条码》（GB/T 15425—2014）。

总而言之，本阶段的全程控制有了全面的内涵，全程监管已经拓展到农业生产、生产加工、销售、餐饮和进出口。全程溯源则将全面强化索证索票作为基础性的溯源制度，并将此作为强制性要求，互联网时代的到来，中国开始鼓励通过信息化溯源。但互联网带来食品新业态，也对全程控制带来挑战。

三、中国食品安全全程控制现状

从以上历史的梳理可以总结出中国食品安全全程控制，是一个历史的、动态的、相对的概念，随着时代的发展，其概念的内含不断丰富，具有包容性。2015 年《食品安全法》首次提出全程控制为四大原则之一，并在法条中体现了全程控制原则的两个维度：政府的全程监管和企业全程溯源。

（一）全程监管

全程监管在 2009 年《食品安全法》就已经提到，提出要"建立健全食品安全全程监督管理的工作机制"，但 2015 年《食品安全法》对政府的全程监管有两大亮点，是在继承 2009 年《食品安全法》基础上的质的创新。

首先，提出全程监管工作机制的内在要求是"信息共享机制"。在信息化时代，全程监管的背后是一个信息流动，信息共享是内在要求。横向监管部门及上下级政府之间，在信息时空维度上要打破信息孤岛。

其次，2015 年《食品安全法》相比 2009 年《食品安全法》而言，全程监管和信息共享不但是监管部门的职责，还需要承担未履行职责所需承担的法律责任和不利后果。2015 年《食品安全法》第 143 条规定，未确定有关部门的食品安全监督管理职责，未建立食品安全全程监督管理工作机制和信息共享机制，未落实食品安全监督管理责任制，县级以上地方人民政府，对直接负责的主管人员和其他直接责任人员给予警告、记过或者记大过处分；造成严重后果的，给予降级或者撤职处分。从以上分析来看，2015 年《食品安全法》对落实全程监管有明确的对应的法律责任条款，是有"牙齿"的。

1. 监管环节的覆盖性

严格意义上说，中国在 2009 年之前的食品监管立法中并没有清晰的食品安全环节概念。直到 2009 年中国实施首部《食品安全法》后，食品安全日常监管体系按食品安全链划分为五段，除了原质检总局统领两段，其他每一段均有一个部门来管理。① 其对应关系大体可以用图 1 - 4 - 1 来表示。

――――――――――

① 2009 年《食品安全法》第 4 条、62 条。

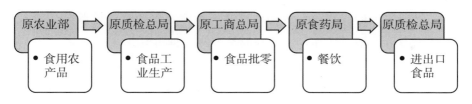

图 1 - 4 - 1 **2009 年《食品安全法》下的食品安全日常监管体系**

2013 年，中国在《食品安全法》出台四年后再次对食品安全监管体系做了重大调整。此次调整只对其日常监管体系，即三驾马车中的第一驾做了大的调整。改革后，工商部门退出监管，食品药品监督管理局改为原食品药品监督管理总局，并升格为正部级，正式脱离卫生部门，而卫生部改组为原卫生及计划生育委员会。原有的食品安全技术管制架构不变。2015 年《食品安全法》修订后，新的监管体制正式在法律上得到认可，食用农产品市场销售整体划归给了食药部门，食品工业、零售、餐饮业三段合而归一为原食品药品监督管理总局（以下简称原食药监总局）监管。现有的日常监管体系架构可用图 1 - 4 - 2 表示。

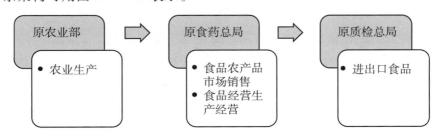

图 1 - 4 - 2 **2013 年改革后的食品安全日常监管体系**

2015 年《食品安全法》将 2009 年《食品安全法》的"食品流通"概念用"食品销售"取代，并加入"贮存"和"运输"，在食品监管环节上，"贮存"和"运输"将是一个日渐加严的监管环节。这突显了互联网时代及中国工业化进程中大型食品仓储、物流对监管的新要求。所以将贮存、运输在 2015 年《食品安全法》中凸显出来，但并未要求食品贮存、运输纳入许可管理。当然，随着生鲜电商的兴起，冷链物流的成熟，不需要许可并不意味着不监管，监管部门有权检查监督并处罚，比如物流、仓储企业、农批市场。

2. 全程监管的具体落实

2015 年《食品安全法》将食用农产品的流通纳入食药部门监管，但食用农产品的农业端种植初级生产由农业部门（如农业投入品）监管。可是食用农产品的初级加工、流通还存在一些法律的模糊地带。这个问题的复杂性还与中国进口食用农产品一起进一步增加了问题的复杂度，所以原质检总局也牵涉其中。因此，在具体的监管过程中，还存在立法如何进一步细化实施的问题，将直接影响这些产品能不能被有效的监管。如果被忽视，就极容易变成两个部门因为分界不清，而进一步造成都管或者都不管的局面，全程控制也就无法落实。

比如食用农产品的初级加工和食品生产的边界问题。在浙江沿海有很多水产品会进行简单的加工，如进行简单的去鱼鳞的加工后简单的包装。还有速冻产品，原质检总局直接将其归类为农产品，但是现在很多有一定规模的厂家直接领了生产许可证，也进行包装。这个是按初级农产品还是加工生产食品划分还没有定性清楚。又比如，进口的牛肉进行切割分割成小包装，这个按初级农产品还是生产加工食品划分，认定的分类不同，所适用的法律就不一样，相关的规定要求相差很大。生产加工食品应该是有相应的工艺规范，相应的标准、包装等规定。这个在顶层设计上要规范好，原农业部和原食品药品监管总局要协调好，特别是下一步《农产品质量安全法》的修订。①

---

① 再比如进行虾皮晒制，以及相关食品从农场进行急冻。进口的冻肉进行切割是否需要许可证还是说它只是流通仓储行为。中国的蜜饯生产怎么管也是一个问题，比如农家采摘后，放在家里的池子里头尝试腌制，然后蜜饯生产企业需要的话，直接上门收购。还有比如像榨菜等，在田间地头收割好了，直接在地里挖一个坑，铺上塑料就地进行腌制，等着企业来收购。这些如果按小作坊生产加工来管，还是很难，或应该在立法中明确它们属于农产品初级加工。

3. 美国全程监管新理念对中国的启示

美国食品进口体量巨大，并且呈现逐年递增趋势。2011 年美国 FDA 在口岸实际人工开箱检查的食品大概占到 1.9%，剩下都是靠机器自动查验。[①]

美国是中国最大的食品贸易伙伴，对美出口在中国对外食品贸易中占有重要地位。2015 年中国对美国出口食品农产品 83.9 亿美元，占中国食品农产品出口总额的 13%。[②] 因此，中国的食品安全对美国的食品供应链有重要的影响。全球化的今天，美国政府逐渐认识到全球市场一体化，食品供应链在时空上都比过去拉升延长，过去强调边境检查的方式已经不合时宜。与贸易伙伴合作，进口产品监管关口前移到进口国生产端环节成为新的共识。因此，美国成立了由卫生部、原食品药品监督管理局、农业部、疾控中心等多个政府部门组成的食品安全协调委员会，该机构主要依托美国 FDA，加强对所有进口食品的安全检查。在全程监管理念上，具体策略就是推行 FDA 监管的全球化。2008 年 11 月，美国 FDA 分别在北京、广州、上海设立办事处，成为美国食品安全监管全球化的第一个抓手。[③]

美国 FDA 选择中国作为其海外办事处拓展的第一站，一方面在全球彰显大国国力；另一方面也通过监管环节拓展，使美国本土的食品药品供应链安全监管的关口前移。2015 年原食品药品监管总局做了一个器械审评培训班，目的就是向输入中国的器械生产国派出检查人员。这预示了一个方向、一个时代的到来。中国的软实力和硬实力都还没有达到美国的水平，但两个大国在食品药品安全监管很多战略上趋于

---

① Food and Drug Administration, 2013 Annual Report on Food Facilities, Food Imports, and FDA Foreign Offices Food and Drug Administration, http://www. fda. gov/Food/GuidanceRegulation/FSMA/ucm376478. htm.

② 逢丽："原质检总局邀请美方讲解《美国 FDA 食品安全现代化法》"，载《中国国门时报》，http://cngm. cqn. com. cn/html/2016 - 04/19/content_62496. htm? div = - 1.

③ 于维军、李正高："加强食品安全国际合作 应对全球化的挑战——美国 FDA 在中国设立办事处带给我们的启示"，载《中国禽业导刊》2009 年第 2 期。

一致。当然中国面临比美国更大的挑战，中国依旧寻求快速发展，互联网等引领的新的商业模式出现使得食品供应链更加的复杂化。现在轰轰烈烈的跨境电商带来口岸检验检疫巨量飙升，美国面对海量的口岸食品数量，运用关口前移的理念，这才有了海外办事处的横空出世，这相当于 FDA 在海外对境外生产企业进行监管。而中国在食品安全领域采取关口前移进行海外监管的实践还相对空白。①

（二）全程追溯

由于我国各地域经济和发展水平及消费者对可追溯性产品的支持程度差异明显，因此在推行食品安全追溯体系进程中不能同步推进。同时，各参与食品质量安全追溯体系建设的部门都已建立了各自具有代表性的食品追溯体系，不同地区政府也已建立有地域特色的食品追溯平台，需要进一步整合与完善。

1. 国家层面食品安全可追溯体系建设现状

在食品安全可追溯体系的构建和实施进程中，国家和各大部委相继出台了食品安全立法体系，同时制定相关标准，建立面向不同行业的溯源系统并在各地试点实施。中国物品编码中心在全国建立涵盖果蔬、肉类、水产等多个领域的追溯应用示范基地以推进"中国条码推进工程"，如在山东试点的"蔬菜质量安全可溯源系统"，陕西试点的"牛肉质量与跟踪系统"，上海试点的"上海超市农产品查询系统"。农业部自 2004 年实施"城市农产品质量安全监管系统试点工作"以来，实施了大量的农产品质量安全追溯体系试点，重点构建种植业、农垦、动物标识及疫病、水产四个专业追溯体系。原农业部自 2006 年起建立了"农业部种植业产品质量追溯系统""农垦系统质量安全可追溯系统""动物标识及疫病可追溯体系"和"水产品质量安全追溯网"。商务部、财政部自 2010 年以来至 2014 年年底，在 58 个城市开展肉菜流通追溯体系建设试点开展蔬菜和肉类食品流通追溯体系建设，

---

① 关于跨境食品电商的挑战，请参见本文的第四部分。

将来会逐步扩大到中药材、酒类、奶制品、水果以及水产品等品种。如图 1－4－3 所示，商务部推行的肉菜流通追溯系统是在国家层面推动肉菜等农产品流通发展的一项重要举措，有助于增强国家相关部门对食品市场的监管，同时落实食品安全地方政府的责任制。其特点是覆盖节点广泛，重点是大型批发市场和定点屠宰场；通过实现统一的采集指标、编码规则、传输格式、接口规范和追溯规程，实现跨区域的信息交互和共享；全国多地试点，重点构建省级试点城市追溯体系，并与中央监管平台对接。以苏州肉菜流通追溯体系为例，作为肉菜追溯体系建设的试点城市，苏州市构建市县两级的追溯信息管理平台，如屠宰环节追溯子系统、批发环节追溯子系统、零售环节子系统和消费环节追溯子系统等流通节点追溯子系统，以及政府监管和远程监控的子系统，同时上传追溯数据至中央平台。该模式依托国家层面的服务支撑体系，结合统一的追溯标准，为商务流通领域的产品建立完善的信息数据库，为企业和行业信息化应用提供服务支持，保障追溯的完整性和可靠性。

图 1－4－3　肉菜追溯系统架构

2. 地方政府层面食品安全可追溯体系建设现状

2002 年，北京市政府实施农产品信息追溯制度，规定必须建立农产品档案记录其产地、日期和批次以及购进和销售环节信息。2004年，北京市农业局推行"进京蔬菜产品质量追溯制度试点项目"，规定向北京批发市场供货的蔬菜试点基地需使用统一的包装和产品标签信息码，并于次年推广至自产蔬菜产品质量追溯试点。2005年，北京顺义区实施蔬菜分级包装盒质量可溯源制，山东发布了不合格食品退市制度、食品市场准入制度和食品安全事故可追溯制度，福建启用了肉品质量查询系统，天津实行了无公害蔬菜可溯源制。

以北京奥运食品追溯系统为例，该系统采用 RFID 技术记录食品在生产、加工、流通、消费各环节的详细信息，实现多信息融合、查询与全程监管。该系统构建了一个面向食品完整供应链的食品安全管控体系，为食品在各个环节直至消费者提供全过程的安全保障与源头追溯，同时实现食品安全预警机制，以保证向北京地区提供优质的放心食品。其特点有：使用高效便捷的 RFID 标签作为追溯载体；面向从生产到销售全供应链提供透明的管控与追溯；对食品生产源头监管诸如污染及添加剂等安全隐患；数据依托网络技术提供实时准确的报送与分析预警以辅助政府决策。奥运食品追溯系统的构成如图 1-4-4 所示。全程追溯子系统作为奥运食品追溯系统的核心模块，可以从食品生产、运输等各个环节发起追溯，可以根据载体条件进行追溯。风险预警子系统包括温度超标预警、非认证产品预警等功能模块。调度指挥子系统包括现场监督监测、即时视频监控等功能模块。统计分析子系统包括综合统计分析、备案信息统计。系统管理子系统可进行用户管理和相应的系统参数设置管理。客户端系统用于追溯信息采集和追溯信息查询。

"奥运食品安全追溯系统"实现了从食品生产、加工、运输直至到达消费者的全供应链追溯与监控，会后还被应用于北京市的食品安全追溯。

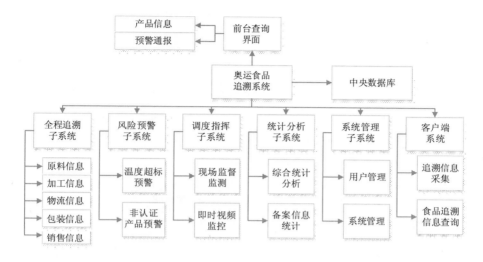

图 1 – 4 – 4　奥运食品追溯系统结构

3. 企业层面食品安全可追溯体系建设现状

目前，诸多的食品企业和第三方追溯平台选择成为食品安全追溯试点的一员，企业多采用纸质条码和二维码标识技术，以"一企一号，一物一码"的产品数字化技术为核心，辅助政府和食品监管部门建立针对各企业的内外部追溯监管平台，帮助政府有效监管所属企业产品在全生命周期的详细信息，方便进行质量管控、产品召回、过程追溯、责任核定等监管需求。企业平台与第三方平台，如奶粉行业的合生元产品追溯系统、飞鹤乳业婴儿配方奶粉全产业链追溯系统、多美滋透明追溯系统。以及第三方追溯平台，如农产品质量安全社会化追溯平台、追溯通、苏州华美龙追溯平台。以农产品质量安全社会化追溯平台为例，该平台以果蔬等农产品追溯为对象，紧密结合实际，通过建设信息化的农产品质量追溯系统，以完成对行业及企业内外部农产品全程的规范及监管。平台面向政府、企业/组织和消费者农产品质量安全社会化追溯的共性通用软件平台需求，综合利用编码标识技术、二维码及 RFID、云服务及移动计算等技术，构建面向农产品质量安全追溯的公共服务台，为监管农产品、企业/组织内部产品链管理和外部产品追溯、消费者农产品质量安全在线溯源，以及软件开发者及电商企业调用农产品追溯功能组件、获取追溯信息提供支撑。该平台架构如图 1 - 4 - 5 所示。该平台建设目的在于通过对农产品供应链和生产链信息流的控制与关联，建立以农产品生产流程为线索的企业内部追溯体系，以及以农产品供应链为线索的外部追溯体系，并实现内外两大追溯体系信息流的无缝融合与透明追溯，达到农产品源头可追溯、流向可跟踪、信息可查询、产品可召回的目标。

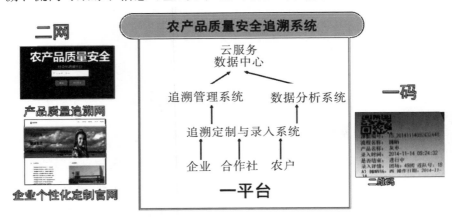

图 1 - 4 - 5　农产品质量安全社会化追溯平台架构

4. 欧盟食品安全追溯对中国的启示

根据全球食品可追溯中心（Global Food Traceability Center）2014年发布的一份报告显示，通过对经合组织 21 个国家的食品追溯体系进行评分，欧盟成员国在实现食品可追溯方面得分最高，都达到优秀级。报告从以下几方面对各国的食品追溯进行评分：是否存在国家层面的追溯的强制性规定；追溯的监管要求是否涵盖了进口食品；是否有实现追溯的数据库以及数据库的公众可及性；标签要求及立法是否有助于消费者及时准确的溯源。①

---

① Sylvain Charlebois et al, Comparison of global food traceability regulations and requirements, *Comprehensive Reviews in Food Science and Food Safety*, 2014, Vol. 13, No. 5, p. 1104.

欧盟的追溯体系由两部分法律组成，一部分是一般法，另一部分是特别法。欧盟2002年的《通用食品法》强制要求食品生产经营者对食品及饲料做到可追溯。对特殊大类食品如果蔬、牛肉、海产品、蜂蜜、橄榄油等还有针对专门类别食品的追溯要求。对转基因食品，制定了特殊的追溯规定。欧盟的追溯体系具体实施可以分公权力机构和食品生产经营者两个维度，两个维度分工明确，具有可操作性。欧盟及成员国层面制定追溯相应的法律和指南，并检查企业实施情况，欧盟委员会会定期检查以保证食品及饲料商严格遵循可追溯，成员国还有相应的法律惩罚机制来保证企业达到追溯要求。食品生产经营者是食品可追溯的具体执行者，要做到其上家下家都可以找到，准确记录产品生产经营的相关信息。①

　　基于十余年的食品安全追溯体系建设经验，中国食品质量安全可追溯体系建设在制度、标准和试点示范方面取得了一定的成果，但同时也显现出诸多困境，成为制约我国食品安全可追溯体系继续健全发展的瓶颈。中国食品安全溯源困境主要体现在现有食品溯源系统标准不统一、不明确，且立法支持缺少强制实施，不同参与主体间追溯体系兼容性差，追溯技术尚待完善，溯源信息内容不规范且完整性不足等，造成溯源信息不能资源共享和交换等问题。具体来讲有如下几个问题。

　　（1）现有食品溯源标准不统一。中国不同层面的食品溯源系统参与主体出台了不同的标准，但是部门之间不同层级之间缺乏有效的信息交换渠道与协调机制，导致不同的标准之间存在重合及不统一等，且各地方政府出台的标准大多带有地域特色同时标准质量千差万别。

　　（2）不同追溯体系不兼容。在企业层面，目前食品安全溯源系统

---

① Directorate-General for Health and Consumer Protection, Food Traceability: Tracing food through the production and distribution chain to identify and address risks and protect public health, Brussels: European Communities, 2007, pp. 1 – 4.

多是基于单个企业实际需求开发的内部溯源系统，尚可满足本企业溯源需求，但较难与其他部门共享溯源信息。在国家及地方政府层面，我国目前参与食品质量可追溯体系建设工作的主体众多。这导致在推行食品安全溯源体系时，由于多个部门通过不同渠道在不同区域推行不同系统，导致追溯信息得不到有效共享，形成追溯区域壁垒，容易形成信息孤岛。目前，大多数企业、地方自建的食品溯源平台，并未和相关监管部门打通。

（3）溯源信息内容不规范且完整性不足。目前，现有的系统溯源信息内容不统一，没有相关录入采集规范。且由于溯源链条普遍较短，没有有效实现上下游企业或部门之间的溯源信息的传递。因此，凭借市场主体自觉自律的可追溯数据采集、跟踪，其质量和完整性难以保证。

欧盟的食品安全追溯中政府和企业各司其职，政府做好强制性法律要求的顶层设计，但这并不是说政府本身去建立追溯。追溯的主体依旧是企业，但政府发挥底层规则提供者的角色，相当于追溯体系的守门员。做到政府不越位，企业重操守。中国需要在战略上重新定位好政府和企业的角色。

四、新形势下中国食品安全全程控制的困局

互联网给中国带来巨大机会，但新业态、新的商业模式对中国食品安全全程控制带来挑战，尤其是在所谓的跨境电商领域。跨境食品电商如何在食品安全全程控制原则中得到有效监管，以及跨境食品电商如何有效保障中文标签这一重要溯源手段成为棘手且亟待解决的问题。

2014年中国的电商交易总额为12.3万亿元，同比增长21.3%，相当于同年中国GDP的1/5。而说到食品电商，有统计数据显示中国有4500万人经常性地在通过电商购买食品。2018年中国的食品电商

市场预计将达 1200 多亿元。① 而与此同时，中国的跨境电子商务发展迅猛，对传统外贸经营管理模式与理念产生颠覆性的影响。目前主要有两种模式：一是集货模式（或称"直邮进口"模式、B2C 模式），是指中国境内的消费者通过跨境贸易试点单位电子商务平台购买的进口食品、化妆品，自境外通过空运快件、邮件、海运包裹等方式直接送达境内消费者。主要的法律依据是《出入境快件检验检疫管理办法》（原质检总局 2001 年第 3 号令），原质检总局依据此办法实施检验检疫监管。二是保税备货模式（或称"网购保税进口"形式、B2B2C 模式）。这个模式下，境内消费者通过跨境贸易试点单位电子商务平台购买的进口食品化妆品，入境后暂存于特殊监管区域内，最后以个人自用物品申报进口，以包裹形式通过"跨境贸易电子商务物流中心"，送达境内消费者。后一种以其交易速度快、物流配送时间短的优势，成为跨境电商主流模式。至 2015 年，杭州、郑州、上海、宁波、重庆、广州 6 个国家级跨境贸易电子商务服务试点城市相继设立。食品、化妆品、母婴产品、洗化用品和部分服装箱包，大都采用保税备货模式，其中婴幼儿食品、保健食品和化妆品已成为跨境电子商务的绝对主流，占 85% 左右的份额。②

这一新型贸易方式的兴起，也对进口食品安全的全程监管可追溯带来巨大挑战。

按 2015 年《食品安全法》的规定，进口食品分两类情形：

（1）进口尚无食品安全国家标准的食品；

（2）进口"三新"产品。包括利用新的食品原料生产的食品（如芦荟），食品添加剂新品种，食品相关产品新品种。

对于第一类食品，需由境外出口商、境外生产企业或者其委托的

---

① 肖平辉："互联网大佬抢滩跨境食品电商，监管准备好了吗？"，载澎湃新闻，http://www.thepaper.cn/newsDetail_forward_1347291。

② 王继蓬："跨境电商保税备货进口商品监管的困境与对策"，载《中国国门时报》，http://www.cqn.com.cn/news/zggmsb/disan/1036794.html。

进口商向国务院卫生行政部门提交所执行的相关国家（地区）标准或者国际标准。卫计委对相关标准进行审查，认为合格，决定暂予适用，并及时制定相应的食品安全国家标准。2009 年《食品安全法》要求卫生部门启动许可程序，2015 年《食品安全法》更科学，相当于启动个案性标准互认。对于第二类产品，则需要获得卫计委的许可（按 2015 年《食品安全法》第 37 条规定程序，进行风险评估），方可进口。但无论是集货还是保税模式的跨境电商与传统一般贸易相比，都规避了现行法规赋予的食药、卫计委、检验检疫等监管部门对于进口食品、化妆品的各项前置审查审批、检验检疫和监管要求。也就是说，从全程监管的角度，因为业态本身的特点和现行法律的因素，使得跨境食品电商实际上是失于控制的一环。某种意义上说，中国对进口尚无食品安全国家标准的食品及进口"三新"产品实施的前置审核审批程序是从从严进行食品安全治理的角度，但互联网创新的业态也给这些基于全程风险控制制度性设计带来挑战。

对监管部门而言，监管盲区存在两个风险：一是产品的质量安全风险；二是产品的溯源风险。对于第一个风险，特别是集货模式，由于货物在境外直接通过快递邮件发货，中国的监管者无法监控商品质量安全问题，消费者如果在食用产品过程中发生问题，溯源及消费者需求保护也相对弱势。对于第二个风险，集货模式做到"源头可溯、去向可查"也有挑战。由于源头在境外，源头的食品又没有经过传统进口食品的前置审查审批程序，源头的记录、信息本身的真实性无法有保证。加之跨境电商经营主体（包括电商经营企业、电商平台企业、跨境电商商品物流仓储企业）又比较杂，所以全程溯源是一大挑战。生产者作为溯源环节上非常重要的一环，但目前在追溯体系中特别在跨境食品电商中缺失。食品安全追溯体系要保证食品安全质量，则必须要追溯到"生产者"。但目前的困境是，因为这些通过跨境电商模式进入中国的食品原本是为进口国本国消费者生产的产品，因为不是通过传统贸易的方式进入中国，所以传统贸易的一些信息及监管手段无法实施。中国的职能政府较少掌握产品的信息。要想实现贯穿食品生命周期的全程监管和溯源则必须确保生产者积极的参与，并且需要中国的政府职能部门能够将监管的触角向美国 FDA 靠拢，监管关口前移到国外的生产经营过程，而这对中国监管部门的软实力是一个较大的考验。

另外，2015 年《食品安全法》对食品生产经营的章节的设计也体现了全程控制理念。整章分为四节，分别为一般规定，生产经营过程控制，标签、说明书和广告，特殊食品，这四节实际上组成了一个食品全程生命周期的闭环。一般规定主要对食品业态的事前准入许可进行规定，相对于食品生产的事前监管。生产经营过程控制是食品生产经营动态过程的控制，可以理解为食品生产经营事中监管。而标签、说明书和广告则是食品生产经营结果的一种静态直观呈现，产品的消费者投诉、监管者的监管最直观的证据就是食品的标签说明书，所以这个也可以理解为食品生产经营时监管的手段和工具。特殊食品则是因为品类的特殊性而专设的监管控制措施。但是新的业态对于生产经营的这些严密一体的全程控制制度是一大挑战。比如进口食品中文标签问题。2015 年《食品安全法》第 97 条规定：进口的预包装食品、食品添加剂应当有中文标签；依法应当有说明书的，还应当有中文说明书。标签、说明书应当符合本法以及我国其他有关法律、行政法规的规定和食品安全国家标准的要求，并载明食品的原产地以及境内代理商的名称、地址、联系方式。预包装食品没有中文标签、中文说明书或者标签、说明书不符合本条规定的，不得进口。

五、结语

2015 年《食品安全法》提出国家要建立食品全程监管和全程可追溯制度。两者都是食品安全全程控制的重要组成部分。全程监管是政府食品生产经营者要建立食品安全追溯体系，保证食品可追溯。两者实际上相辅相成，相互渗透。

首先，政府的职责重心是整个食品供应链的全程监管。其次，追溯体系企业发挥主体作用，政府进行法律指南顶层设计。政府企业间基于监管合规的关系建立起打通各个环节、全行业，连通各个企业间的基本数据库，用于监测风险。这些数据库可以推动可追溯信息与消费者和利益相关方的有效交流，实现与终端检验信息相结合的食品安全风险预警与交流，为风险管理提供更为丰富的技术支撑手段，从这个意义上说，政府全程监管也会形成一个信息流动，也可以理解为一个大的溯源平台。而企业对食品生产链的信息可追溯，包括生产链环节中以个体识别为信息载体的食品安全可追溯系统，这个也为政府打通企业间的数据孤岛，形成全行业、各企业间的风险信息库提供了数据资源。①

目前，在信息化基础上建立统一完善的追溯体系较为困难，但2015 年《食品安全法》对食品生产经营的章节进行了大规模的改造，在信息记录上强调食品经营者的主体责任。特别强调了生产经营者不同业态的查验记录制度，包括食品生产者进货查验记录、食品出厂检验记录、食品经营者进货产业记录、食品添加剂经营者进货查验记录、食用农产品销售者进货查验记录以及食品、食品添加剂进口和销售记录。目的是使得产品可以做到追溯和产品出现问题时可召回。这在一定程度上也弥补了中国食品追溯体系的不足。

由于现有的全程控制制度建构在传统业态的基础上，立法对全球化互联网等新形势下带来的新问题缺乏措施，使得全程监管及溯源在跨境食品电商上存在盲点，这也是中国现在需要迫切解决的问题。

---

① 王薇："我国食品安全追溯体系向更深更宽拓展"，载《中国食品安全报》2015年 5 月 7 日。

第二部分
监管合规编

食品安全黑名单制度研究[*]

曾祥华[**]

导读

我国食品安全黑名单制度已经具备一定的基础和经验，但是也存在规范层次较低、技术粗糙、上位法依据不足等缺陷。平衡并处理好权利冲突是黑名单制度制定者的重要任务，公民的生命权、健康权、知情权或食物权需要保障，而企业的营业权、商誉权同样需要尊重，我国食品安全黑名单制度在适用情形、内容、程序等方面有可取之处，但是急需完善。

一、背景

近年来，食品安全事件频繁发生，食品安全形势不容乐观，社会公众对食品安全的满意度不高。2009年《食品安全法》颁布之后，食品安全状况有所改进，但是，与人民群众的期望仍然存在较大差距。因此，2015年，全国人大常委会在《食品安全法》颁布仅6年之后对其进行了修订。这说明食品安全监管仍然需要加强，也说明国家对食品安全的重视。食品安全治理需要方方面面的努力，是一个系统工程。

---

[*] 本文原载于《科学·经济·社会》2015年第1期，文章有改动。
[**] 曾祥华，江南大学法学院教授、院长。

食品安全需要全社会的共同参与，需要法律与道德的协同，而食品安全监管机关在食品安全治理中仍然发挥主导作用，需要采取有力的措施，然而，在强调依法治国和保障人权的背景之下，任何行政措施都应于法有据，遵守职权法定、法律优先和法律保留原则，尊重和保障人权。

中国目前处于计划经济向市场经济、人治向法治的转型时期，社会伦理道德也需要重建，传统的伦理道德遭到冲击，新的伦理道德又没有建成，而其中最主要的表现即社会诚信的缺失。因此，社会信用体系建设被纳入政府和企业的工作目标，诚信诚为社会之需，然而恢复社会诚信却是一个复杂的过程，如何重建社会诚信是一个需要认真、深入研究的问题。信用体系建设需要激励与处罚相结合，教育与处罚相结合，言传与身教相结合。同时，信用体系的建设与公民、法人的隐私权、名誉权，违法者甚至犯罪者的改过自新机会发生冲突，"一次失信，终身难行"这种矫枉过正式的口号是否适当，是一个需要讨论的问题。

食品是每个人维持生存的必需品，食品安全关系到每个人的生命健康，关系到儿童的发育成长，甚至关系到一个民族的"传宗接代"、子孙繁衍。因此，在食品领域，监管措施可以严于其他消费品或者产品。食品安全信用体系建设因此也具有特殊性。长期以来，原国家食品药品监督管理总局推行食品安全信用体系建设，各地纷纷出台食品安全信用体系建设实施办法或者指导意见。在食品安全信用体系建设的措施中，白名单或者黑名单起着激励和处罚的作用。对于奖励或者激励，意见不多，但是，对于处罚，因其关系到食品生产经营企业的效益利润，甚至身家性命、生死存亡，所以食品安全黑名单制度的制定、实施都必须慎重，更加需要认真的研究探讨。

二、食品安全黑名单定义

《现代汉语词典》对"黑名单"的解释是："指有关部门对不合格

产品或违反规约的企业、个人等开列的名单，通过一定的渠道对社会公布。"①对于"黑名单"，百度百科做如此介绍："黑名单一词来源于世界著名的英国的牛津和剑桥等大学。在中世纪初这些学校规定对于犯有不端行为的学生，将其姓名、行为列案记录在黑皮书上，谁的名字上了黑皮书，即使不是终生臭名昭著，也会使人在相当时间内名誉扫地。学生们对学校的这一规定十分害怕，常常小心谨慎，严防越轨行为的发生。""这个方法被当时一位英国商人借用以惩戒那些时常赊欠不还、不守合同、不讲信用的顾客。""英国商人把这类顾客的名字开列在黑皮书上，后来又将一些破产者和即将破产的人的名字也排在黑皮单上。事情传开后，在社会上引起了轰动，先是商人们争相仿效，继而，各行各业都兴起了黑皮书，不少工厂老板把参加工会的人的名字列在'不予雇佣'栏下。于是，黑名单便在工厂主和商店老板之间秘密地传来传去。"② 当然，无论"百度"还是《现代汉语词典》都还有别的解释，因与本文无关，略去不提。

　　至于"食品安全黑名单"，各地近年来发布的规范性文件纷纷作出规定，内容大同小异。《承德市食品安全黑名单管理办法（试行）》（以下简称《承德市管理办法》）第 3 条规定："本办法所指的食品安全'黑名单'管理，是指各食品安全监管部门运用监管手段，根据食品生产经营及餐饮服务企业（单位）不良行为记录，将其列入'黑名单'，通过新闻媒体或者网络向社会予以公布，并实施重点监督检查。"《温州市食品安全黑名单管理办法》（以下简称《温州市管理办法》）第 2 条规定："食品安全'黑名单'管理办法是各级食品安全监管部门将有不良行为记录的食品生产经营者列入'黑名单'，报请同级食品安全委员会办公室向社会公布，并实施重点监督管理的制度。"

---

① 中国社会科学院语言研究所词典编辑室编：《现代汉语词典》（第 5 版），商务印书馆 2005 年版，第 557 页。

② "百度百科·黑名单"，http://baike.baidu.com/view/90099.htm，2012 年 11 月 18 日访问。

上述规范性文件的规定强调了食品安全黑名单的以下特征：一是食品安全黑名单是一种"制度"，也是一种行政监管措施，从这些文件的其他具体规定看，实际上包含行政处罚和行政强制措施。二是食品安全黑名单的发布主体是食品安全行政监管机关。三是食品安全黑名单的对象是食品生产者或经营者。四是食品安全黑名单的发布途径是媒体或网络。五是食品安全黑名单的相伴或者后续措施有加强监管或者禁止、限制与食品相关的生产经营活动。

上述规范性文件的规定有许多值得商榷之处：一是"黑名单"一词不应当加引号。首先，此处如果加引号则意味着特指，因为已经对其下定义，没有必要再强调属于特指，因为其含义已经明了；其次，法律语言不应当使用引号，因为法律具有普遍约束力，应当易于为大众所理解，特指往往指代特殊情况，不一定为公众所知悉，既为公众知悉，就无须使用引号。各国法律尤其是宪法一般不使用引号。"三个代表"本来是一个特指，"代表"的含义特殊，但是在我国宪法修正案中并没有使用引号。二是食品安全黑名单是一个具有普遍性的制度，近年来在我国许多地方推行，如前所述，其中相关规范性文件的制定主体不完全相同，主要是质量技术监督部门或者工商管理部门，但是，不能排除其他监管部门制定相关规范性文件和发布食品安全黑名单的可能。作为一个具有普遍性的陈述，其制定相关规范性文件的部门或者发布主体无权排除别的监管部门发布黑名单的权力，如果谁制定文件就规定谁是发布黑名单的主体，未免太狭隘，并且因越权而无效。鉴于2015年《食品安全法》对食品安全监管机关作出更加明确的规定，今后食品安全黑名单制度应当由原食品药品监督管理总局制定为好。三是食品安全黑名单的内容包括诸多措施缺乏上位法的依据和授权，暂时从略，后文详述。

另外，前述承德和温州的规范性文件对食品安全黑名单的对象规定比较狭窄，不包括产品尤其是特定生产者生产的食品，并且与现实生活不符。根据目前各地各机构发布的食品安全黑名单的情况来看，黑名单的内容主要有四类：第一类是产品名称，即将某一类产品纳入黑名单，不管何人生产。如根据卫生部《关于〈食品添加剂使用标准〉（GB 2760—2011）有关问题的复函》，原国家质检总局决定各省质量技术监督局不再受理 33 种产品的食品添加剂生产许可申请，其中包括对羟基苯甲酸丙酯等食品防腐剂、二氧化氢等食品消毒剂。已批准的生产许可证书，由监管部门撤回并注销。第二类是把某些食品相关行为纳入黑名单，如 2011 年 12 月 24 日国家食品药品监管局发布《餐饮服务单位食品安全监管信用信息管理办法》（以下简称《食品安全监管办法》），明确餐饮服务食品安全监管信用信息的十项主要内容，以及十种被纳入餐饮服务食品安全不良信用记录的行为，包括骗领《餐饮服务许可证》，转让、涂改、出借、倒卖、出租《餐饮服务许可证》，超出餐饮服务许可范围经营等；《食品安全监管办法》强调，对纳入餐饮服务食品安全不良信用记录名单的餐馆，监管部门在依法处理的同时，还将采取增加监督检查频次、量化分级等级降级、向社会曝光等重点监管措施。第三类是特定生产者经营者的特定产品，如北京市食品安全办、北京市工商局将 41 种小食品予以全市下架。其中牛肉干、牛肉粒、鱼松等肉脯食品就占到 33 种。青岛海亨达商贸有限公司成为此次下架大户，其散装的五香牛肉丁、烤鱼片等国有 7 个品种批次下架。市民熟悉的上海百味林实业有限公司的"百味林"沙嗲牛肉干、五香牛肉干也在下架之列。① 第四类是食品生产者经营者，大部分关于食品安全黑名单的规范性文件都有所规定。《承德市管理办法》第 5 条规定："食品生产经营及餐饮服务企业（单位）有下列情形之一且未被吊销证照的，列入'黑名单'……"《温州市管理办法》第 6 条规定："各食品安全监管部门在日常工作中，发现食品生产经营者有下列违法违规情形之一的，应当将其列入'黑名单'管

---

① "北京市公布牛肉干黑名单"，载《商品与质量》2005 年第 38 期。

理……"上述两个城市出台的文件都规定，被列入黑名单者都是食品生产经营者或餐饮服务企业。

基于上述分析，笔者以为，食品安全黑名单管理，是指食品安全监管机关将危害人的生命健康的食品以及违反食品安全管理规定、情节严重的食品生产者、经营者的相关信息依法向社会公开，对其进行重点监管，并在规定的期限内禁止其从事与食品相关的经营活动的管理措施。

三、食品安全黑名单是否具有合法性

食品安全黑名单制度尽管已经普遍实施，但是，对其必要性和合法性并非没有争议，因其涉及企业或者个人的命运和重要权利，也有必要对其合法性进行审慎的思考。

（一）食品安全黑名单制度的形式合法性探讨

食品安全黑名单制度的形式合法性主要是指其内容是否有法律依据，其制定者是否具有制定权限。

我国《产品质量法》第 17 条规定："依照本法规定进行监督抽查的产品质量不合格的，由实施监督抽查的产品质量监督部门责令其生产者、销售者限期改正。逾期不改正的，由省级以上人民政府产品质量监督部门予以公告。"第 24 条规定："国务院和省、自治区、直辖市人民政府的产品质量监督部门应当定期发布其监督抽查的产品的质量状况公告。"

2015 年《食品安全法》第 118 条规定："国家建立统一的食品安全信息平台，实行食品安全信息统一公布制度。国家食品安全总体情况、食品安全风险警示信息、重大食品安全事故及其调查处理信息和国务院确定需要统一公布的其他信息由国务院食品药品监督管理部门统一公布。食品安全风险警示信息和重大食品安全事故及其调查处理信息的影响限于特定区域的，也可以由有关省、自治区、直辖市人民政府食品药品监督管理部门公布。未经授权不得发布上述信息。县级以上人民政府食品药品监督管理、质量监督、农业行政部门依据各自

职责公布食品安全日常监督管理信息。"其中"重大食品安全事故及其查处信息"近似于黑名单，其重点在于事故而不在于企业或者产品，"需要统一公布的其他信息"可以将黑名单制度包含在内。但是，该法并没有直接地、明确地规定对外公布的食品安全黑名单制度。原食品药品监管总局从近一两年开始在官网公布抽检结果，公布食品安全检测的名单。其中不仅包括"黑名单"，也包括"白名单"。

2015 年《食品安全法》第 21 条规定："食品安全风险评估结果是制定、修订食品安全标准和实施食品安全监督管理的科学依据。经食品安全风险评估，得出食品、食品添加剂、食品相关产品不安全结论的，国务院食品药品监督管理、质量监督等部门应当依据各自职责立即向社会公告，告知消费者停止食用或者使用，并采取相应措施，确保该食品、食品添加剂、食品相关产品停止生产经营；需要制定、修订相关食品安全国家标准的，国务院卫生行政部门应当会同国务院食品药品监督管理部门立即制定、修订。"第 96 条第 1 款规定："向我国境内出口食品的境外出口商或者代理商、进口食品的进口商应当向国家出入境检验检疫部门备案。向我国境内出口食品的境外食品生产企业应当经国家出入境检验检疫部门注册。已经注册的境外食品生产企业提供虚假材料，或者因其自身的原因致使进口食品发生重大食品安全事故的，国家出入境检验检疫部门应当撤销注册并公告。"这里实际上是更加明确地确定了食品安全黑名单制度，需要注意的是，发布相关信息也就是发布食品或者企业黑名单限于国务院相关直属机构，即国家局一级的机构，并未授予其他机构发布食品安全黑名单的权力。

国务院《食品安全法实施条例》作了更加细致的规定。第 4 条规定："食品安全监督管理部门应当依照食品安全法和本条例的规定公布食品安全信息，为公众咨询、投诉、举报提供方便；任何组织和个人有权向有关部门了解食品安全信息。"第 49 条规定："国务院卫生行政部门应当根据疾病信息和监督管理信息等，对发现的添加或者可能添加到食品中的非食品用化学物质和其他可能危害人体健康的物质的名录及检测方法予以公布；国务院质量监督、工商行政管理和国家食品药品监督管理部门应当采取相应的监督管理措施。"第51条规定："食品安全法第八十二条第二款规定的食品安全日常监督管理信息包括：（一）依照食品安全法实施行政许可的情况；（二）责令停止生产经营的食品、食品添加剂、食品相关产品的名录；（三）查处食品生产经营违法行为的情况；（四）专项检查整治工作情况；（五）法律、行政法规规定的其他食品安全日常监督管理信息。前款规定的信息涉及两个以上食品安全监督管理部门职责的，由相关部门联合公布。"第52条规定："食品安全监督管理部门依照食品安全法第八十二条规定公布信息，应当同时对有关食品可能产生的危害进行解释、说明。"此外，《政府信息公开条例》也有相应规定。

从上述法律法规的规定看，食品安全监管部门都有权在其职责权限内发布日常监督管理信息，包括责令停止生产经营的食品、食品添加剂、食品相关产品的目录和查出食品生产经营违法行为的情况。

然而，这并非意味着，食品安全黑名单制度完全没有问题。对于食品生产经营这来说，上了黑名单就等于被判刑甚至是死刑，因为信誉是企业的生命，黑名单制度关系到食品生产经营者的重要权益。《云南省工商行政管理总局流通环节食品安全黑名单管理办法（试行）》（以下简称《云南省管理办法》）就有"在规定的期限内禁止其从事与食品相关的经营活动"的内容。《甘肃省食品安全黑名单管理办法（试行）》（以下简称《甘肃省管理办法》）有如下内容：第9条规定"列入食品安全'黑名单'的生产经营单位再次被列入'黑名单'或者在'黑名单'期间整改不力的，各食品安全监管部门依法予以从重处理。情节严重的依法吊销食品生产经营许可证；对不具备安全生产经营条件的，依法予以关闭"；第10条规定"各食品安全监管部门要加强从事食品生产经营管理工作人员信息库建设，对恶意生产销售不安全食品的企业责任人坚决逐出食品市场，列入'黑名单'，终身禁止从事食品行业。对聘用在库人员从事食品生产经营管理工作的食品生产经营企业，各级监管部门不得发给其食品生产经营许可证；已经取得许可证的，由原发证部门吊销许可证"。这些内容或者涉及行政处罚，或者涉及行政强制或者涉及行政许可，即使没有明确其性质，但有些措施实质上相当于行政处罚、行政强制或者行政许可，其后果甚至可能超过这些行政行为所带来的影响。而我国的《行政处罚法》《行政许可法》《行政强制法》都对行政机关的（处罚、许可、强制）设定权进行了严格的限制，并且越来越严格。其中行政规章有一定的行政处罚设定权，省级规章才有临时许可设定权，所有规章都没有行政强制设定权。法律从来就没有授予规章以下的规范性文件行政处罚、行政许可、行政强制的设定权。而目前我国关于食品安全黑名单制度大部分是由规章以下的规范性文件规定的，因此其合法性确实存在疑问。连规章都无法授权的行政措施，由其他规范性文件加以规定无疑是违法的。目前亟须出台一部全国统一的关于食品安全黑名单制度的行政法规。只有这样才能解决地方机构发布黑名单的权限问题。

如前所述，目前关于食品安全黑名单制度的规范性文件主要是各个食品安全监管机构制定的，包括质量技术监督部门和工商管理部门，也有地方食品安全委员会，各地的规定不同是必然，不过相互之间发生冲突的可能性还不大，但是，如果同一个地方的平级机关同时制定了食品安全黑名单的规范性文件，那么产生冲突的可能性就增大了。即使只有一个机关制定相应的文件，也会出现前面已经提及的问题，即制定者站在自己的立场，从自己一个机构的角度出发，间接地限制甚至剥夺别的机关的同类权力。如何解决这些文件的矛盾冲突就成为问题。

（二）食品安全黑名单制度的实质正当性探究

近年来食品安全事件频繁发生，食品安全问题引起越来越多的关注。"民以食为天，食以安为先。"食品安全关系到每个公民的生命健康。但根据 WHO 统计，发达国家每年约有 1/2 的人感染食源性疾病，在发展中国家更为严重。我国目前食品安全形势相当严峻，食品中毒事件呈上升趋势，有关媒体公布的 2011 年知名企业十大质量事件中，食品安全事件占四起（40%）。[①]

从人权的角度，食品安全主要涉及公民的生命权、健康权和知情权。生命权是基本人权，随着近年来食品安全事件频繁发生，人们对食品质量产生极大的关注，强烈要求政府加强"从农田到餐桌"的全程监管，以保障人民的生命健康。有毒的食品会直接损害人的健康，劣质的食品也会因为不能提供足够的营养而严重损害人类健康，如劣质奶粉造成婴儿身体、智力发育不全，"大头娃娃"现象就是明显的例子。食品生产和加工过程中比较普遍地使用农药、化肥、激素等人工合成化学物质，也严重威胁着人类健康。污染食品、掺假食品同样存在严重的安全隐患，最易危害消费者的日常健康。而食品安全中的知情权则具有两种意义，一种是公法意义上的知情权，即公民、法人和其他组织，向公权力机关或组织请求并获取、知悉有关食品信息的权利；另一种是私法上的知情权，其义务主体是食品生产者和销售者。从公法意义上说，知情权的义务主体主要是有关国家安全食品监管机关，如原食品药品监督管理局、工商管理局、质量技术监督局、农业管理局、卫生局等。其内容则包括食品检测、监测的结果，风险评估、预警等食品安全方面的信息和宣传教育信息，食品安全监管机构应当主动发布相关真实信息或者应行政相对人的请求公开有关信息。[②] 目前国际上已经广泛承认一个直接、明确的综合概念：食物权。在联合国粮农组织的官方网站上，一篇关于庆祝"世界粮食日"（World Food Day）的文章对"食物权"（the right to food）有一个全面的定义："食物权是每个人有正常获取为活跃的、健康的生活（所需）的充分的、营养上适当的和文化上可接受的食物的权利。它是有尊严地养活自己而非被别人喂养的权利。在超过 8.5 亿人仍然缺乏足够的食物的

---

① 黎勇、田旭："盘点 2011 年中国知名企业的十大质量门事件"，http://www.zlqw.com.cn/zlzt/nzpd/2011/1230/25358.html，2012 年 11 月 6 日访问。

② 曾祥华："食品安全中的人权初探"，载《科学·经济·社会》2009 年第 1 期。

情况下，食物权不仅是经济上、道德上和政治上势在必行的，而且它也是一项法律义务。"①

　　尊重与保障公民的上述权利是行政机关的义务和责任，也成为食品安全黑名单制度实质合法性（正当性）的基础。然而，这些权利以及为保障这些权利而衍生的行政机关公布食品安全黑名单的权力与作为食品生产者、经营者的企业、个人的营业权、商誉权之间却容易发生冲突，实质上也是法的价值上的冲突。2009 年海口市工商局对农夫山泉和统一企业的果蔬和饮料的消费警示和下架、召回处理就是典型案例。②

　　营业权是主体基于平等市场主体资格自由地、独立地从事以营利为目的的营业活动的权利。2004 年宪法修正案有关于"国家保护个体经济、私营经济等非公有制经济的合法权利和利益""公民的合法私有财产不受侵犯"等规定，对个体经济、私营经济投资者的营业活动和营业成果的保护可以说比较充分，但这仅仅是对个体经济、私营经济或公民个人之既得的财产与权利的维护，对产生和获取这些财产与权利的原权利与基础性权利——"营业权"或"营业自由"则没予以足够的重视。③ 在西方各国，均把营业权或营业自由作为公民之基本权利确立在宪法之中。可以毫不夸张地说，西方近代

---

　　① FAO of the UN. On 16 October 2007, *FAO will celebrate World Food Day with the theme The Right to Food*[EB/OL]. http://www.fao.org/righttofood/news4_en.htm, 2007 - 7 - 22.

　　② 2009 年 10 月，海口市工商局对超市、商场、农贸市场等流通领域的饮料进行专项抽查，随后委托海南省出入境检验检疫局检验检测技术中心检测。11 月 23 日的检验报告结果显示：农夫山泉广东万绿湖有限公司生产的 30% 混合果蔬、农夫山泉广东万绿湖有限公司生产的水溶 C100 西柚汁饮料和统一企业（中国）投资有限公司生产的蜜桃多汁等 3 种饮料总砷含量超标。11 月 24 日，海口市工商局向消费者发出消费警示，并通知经销商对涉嫌超标产品下架、召回并退货。随后，农夫山泉和统一企业对海口市工商局的抽检过程和结果的合法性和真实性提出强烈质疑。11 月 27 日，海口市工商局将涉嫌总砷含量超标的 3 种抽检产品备份送往中国检验检疫科学研究院综合检测中心复检，并于 12 月 1 日发布复检结果称抽检产品全部合格。参见"工商总局责成海南工商局查清农夫山泉事件"，http://finance.qq.com/a/20091204/005581.htm。

　　③ 肖海军："论营业权入宪"，载《法律科学》2005 年第 2 期。

文明就是在以工商阶层为主导的力量推动下产生并发展的。营业权与我国法律所保护的经营权不同，经营权与西方公司法的"所有权与控制权"分离理论中的"控制权"是同一概念。营业权并不是绝对权——排除一切他人对行使权利的干涉的排他性和对世性，换句话说，营业权所规定的利益范围尚不具有权利的归属密度。正当竞争行为尽管客观上对商人的营业权造成损害，也不能被视为非法；商人的营业权要和公众知情权加以平衡，商人必须要将自己的经营行为置于公众监督批评之下，即使批评会给经营造成损失，原则上也是允许的。①营业权既是一项宪法权利，也是一项商事权利，传统民法不能有效地保护营业权。就食品安全黑名单来说，尽管是出于保障公民的生命权、健康权、知情权或者食物权的目标，但是，这里并非是消费者与生产者、经营者之间直接的冲突，不是纯粹私法意义上的权利冲突，而是公权力的介入，是公权力行为与私人营业权的冲突。由于公权力具有权威性和强制性，其对于营业权的损害的力量远远大于一般的消费者甚至媒体舆论，它可以决定一个企业的生死存亡。因此，食品安全黑名单措施必须慎用。

商誉是一种无形财产权，从生产经营者利用商誉利益维护名声不受侵害的角度讲，商誉权包括使用权和维护与禁止权两个方面。使用权即是商誉权主体对其商誉利益的利用与支配的权利。而维护与禁止权即是商誉权主体维护其商誉利益、排除他人非法侵害的权利。商誉一般是指企业在生产经营、销售和服务等过程中，经过企业付出相应的劳动和逐步积累所形成的企业品质，它包含了社会各方面对企业名誉、声誉和信誉等方面的综合评价。它反映着企业的获利能力和收益水平。损害他人的商誉一般会造成经营者社会信誉及公信力的降低，其后果是经营活动受损而导致应得的利润减少或者亏损，甚至是歇业

---

① 樊涛："我国营业权制度的评析与重构"，载《甘肃社会科学》2008 年第 4 期。

和破产。① 1986 年《民法通则》规定了法人的名誉权和荣誉权，但是对商誉权未作专门的规定，我国法律对商誉的直接规定就是《反不正当竞争法》第 14 条中"经营者不准捏造、散布虚假事实，损害竞争对手的商业信誉、商品声誉"的规定，最高人民法院于 1993 年和 1998 年分别发布的《关于审理名誉权若干问题的解答》和《关于审理名誉权若干问题的解释》两项司法解释更为具体地规定了对商誉的保护办法。"当一个企业的名誉被一般人（即非竞争对手）侵害时，其所侵害的是名誉权；当一个企业被其竞争对手以反不正当竞争法所规范的手段侵害时，其所侵害的是商誉权。"竞争法中都强调对商誉权进行保护的前提是侵权人与被侵害人之间须存在竞争关系，对竞争关系的要求极大限制了竞争法对商誉权的保护，因为损害竞争对手商誉的违法行为人不仅局限于"经营者"，一般民事主体都可以成为损害商誉的违法行为人，如商品生产者、广告主、广告发布者、自然人等，甚至有人假借消费者之口或者唆使他人在公众中捏造、散布虚假事实侵害经营者商誉，这些超出竞争关系框架的商誉利益在遭受侵害时，无法适用竞争法予以救济，而要使竞争法突破对商誉权保护的这一前提条件，目前也是比较困难的，所以同样是商誉权受到侵害，因为侵权人不同而出现不同的法律后果。另外，竞争法模式保护商誉权，将侵害商誉权行为认定为不正当竞争行为，反不正当竞争权主要是一种禁止权，就是排除他人不正当损害竞争对手商誉的一种权利，而从法律属性分析，商誉权应是具有财产权性质的民事权利，因此应给予类似物权的保护。② 笔者以为，食品安全黑名单行为客观上会损害食品生产者、经营者的名誉权、商誉权，尤其是损害商誉权会给企业带来重大的精神和财产损失。在消费者的生命权、健康权等权利受到假冒伪劣、有害、有毒食品实际存在或

---

① 荀红："法人的名誉权侵权与商誉权侵权如何界定"，载《中国食品新闻月刊》2008 年第 11 期。

② 陈慧娟："论企业商誉权保护模式的选择"，载《特区经济》2008 年第 12 期。

者潜在的危害时，食品安全监管部门公布食品安全黑名单对企业的这种损害自然是合法正当的，但是，如果有关部门没有经过认真调查取证，或者对法律法规有重大误解、对食品安全标准理解有误，或者出于挟私报复、被企业的竞争者所蒙蔽，从而导致企业商誉权损害的，应该被认定为违法无效。

（三）食品安全黑名单制度与人的尊严

在一次讨论会上，一位学者指出，消费品安全黑名单制度侵犯企业的人格尊严。他一再强调，企业也有人格权，企业也该享有人的尊严。那么，企业本身到底是否应该享有人的尊严？

根据康德的理论，生物人只有是伦理人的情况下才成为法律人，而有学者指出，"法人"则是经过形式化和物化而剥离伦理人之后，才形成的。"对人的概念的形式化，使法律制度可以将人的概念适用于一些形成物。他们虽然不是伦理学意义上的人，但法律制度赋予它们'权利能力'。这些形成物就是'法人'。法人同自然人一样，本身就可以享有权利，承担义务，同他人发生法律关系。"①

不可否认，法人的存在具有其独立的价值，但是，法人是设立它的自然人实现一定目的的手段，其中企业法人设立的目的是盈利，亦即获得超出资本的利润。法人本身不是目的，法人是设立者的手段。

在公民的人格尊严、乃至生命权、健康权面前，法人的人格权必须让路，道理很简单，不能因为法人的人格权而牺牲公民的尊严、生命权、健康权，在价值位阶上，孰轻孰重、孰高孰低，毋庸多言，任何理性的人都会的得出一致的答案：公民的尊严、生命权、健康权高于法人的人格权。这也是法人是实现公民的目标的手段这一性质所决定的。公民不能作为手段，但是法人却始终如此。

当然，笔者并非主张对企业法人无情打击，置之死地而后快。笔

---

① ［德］拉伦茨：《德国民法通论（上册）》，王晓晔、邵建东等译，法律出版社2003年版，第57页。

者非常赞赏《产品质量法》责令限期改正、过期不改再行公告的做法。人都会犯错误，法人也一样，犯了错误改了就好。当然，严重的罪行除外，比如反人类、贩毒、草菅人命，因此不能一概而论，要区别对待。但是，对拒不改正的，决不能手软，不然就是对消费者不负责任。

四、食品安全黑名单的情形、内容和程序

（一）适用食品安全黑名单的情形

各地的食品安全黑名单管理办法都规定了适用黑名单的情形，从笔者掌握的情况看，少则 7 种，多则 13 种。无锡市的管理办法规定了 7 种情形，除了最后一项兜底条款以外实际上只有 6 种，西安市的管理办法规定了 9 种，承德市的管理办法规定了 11 种，云南省的管理办法规定的情形最多，达 13 种。

总体上看，笔者比较赞成《云南省管理办法》的相关规定，不仅因为其规定得比较细致全面、更加具有操作性，除此之外还有两个特点。

第一，《云南省管理办法》比较慎重，对"度"的把握比较好，几乎每一项都有"情节严重，被吊销流通营业执照"的限制条件。如前所述，食品安全黑名单关系一个企业或者个人事业的生死存亡，影响其营业权、名誉权和商誉权，应当在达到一定程度的情形下才加以使用，不能"一棒子打死"。当然，其他地方的相关办法也有规定相关情形发生"两次以上（包含两次）"或者"三次以上（包含三次）"的限制条件的，也有加上"重大"等限制词语的，但是，同样有许多规定未加任何限制条件。

第二，许多地方的管理规定都包含对"拒不接受监督管理、抗拒执法的"情形的处置。这项规定当然有利于树立执法机关的权威，有利于提高执法效率，但是，如此规定却显示了制定机关的专断和恣意。尽管行政相对人有遵纪守法、接受行政机关依法采取的行政管理、行

政协助等义务，但是，行政相对人同时也具有抵制违法行政行为权（有国民抵抗权衍生而来），对于明显违法和重大违法的行政管理和行政执法有合法的抵制权。即使对于合法的行政管理或行政执法，如果企业有合理合法的理由，也可以提出异议。是否接受，由行政机关依据法律和客观情形裁处。尽管有些食品生产者、经营者抗拒执法时可能是出于隐匿证据的动机，但是不能一概而论，将"抗拒执法"等同于"生产经营危害人的生命健康以及违反食品安全管理规定的食品"。《云南省管理办法》中没有包含前述情形，应当说是一种正确的做法。

（二）食品安全黑名单的内容、频率、期限

大部分地方食品安全黑名单的规范性文件没有规定食品安全黑名单的内容，笔者发现《云南省管理办法》第 5 条有如此规定："流通环节食品安全黑名单公开的内容包括食品经营者的名称或姓名、住址或经营地址、经营范围、违法事实和所受的行政处罚等。"如前所述，黑名单有多种类型，其中包括只有产品名称而不含生产者经营者的情况，云南省的这个规定并没有考虑此类情形。不过这种类型的黑名单具有普遍影响力，主要由中央部门公布，地方文件中没有加以规定也有合理的成分。对黑名单所公布的内容作出统一规定是必要的，可以避免地方各行其是。

关于黑名单公布的频率，即黑名单多长时间公布一次，各地的规定也有差异。《云南省管理办法》规定"原则上每半年公开一次""必要时，可以采取新闻发布会的方式公开"。《甘肃省管理办法》规定"原则上每年公布两次"，《无锡市管理办法》规定"每年定期公布一次，并可视情况不定期公布"。笔者以为，采用定期与不定期相结合的方式比较好，定期可以达到规范化、规律性、可预期的目标，不定期可以灵活处置，遇到重大食品安全事件可以紧急处理。

关于食品安全黑名单的期限，大部分地方的办法规定为一年，《西安市管理办法》规定"原则上为 6 个月"，《云南省管理办法》未作规定。

（三）食品安全黑名单的程序

1. 告知、听取陈述和申辩

告知当事人行政处理的理由，并且听取对方当事人的意见是正当行政程序的要求。尽管我国《行政诉讼法》等法律只要求行政机关遵守法定程序，未要求行政机关必须遵守正当法律程序，我国宪法也没有正当法律程序的规定，但是，司法机关在审判行政案件的时候有时会借助对"超越职权"的扩充解释，也就是通过"程序越权"来进行正当程序审查。不过这种做法并不普遍，因为毕竟缺乏法律的明确规定。2011 年国务院制定的《国有土地上的房屋征收与补偿条例》开了历史先河，首次在法规层面上明确了对征收机关遵守正当程序的要求，该条例第 3 条规定："房屋征收与补偿应当遵循决策民主、程序正当、结果公开的原则。"尽管该条例仅适用于征收与补偿领域，但是其示范作用不容否定，它不仅是中国正当法律程序的先声，也许预示着中国"正当法律程序"时代必将到来。

《无锡市管理办法》第 7 条第 2 项规定："信息告知。对拟列入'黑名单'的单位，各直属局、分局应当告知当事人，并听取其陈述和申辩意见，当事人提出的事实、理由和证据成立的，应当采纳。"其他地方除西安的办法之外也有类似规定。《云南省管理办法》中，"陈述"和"申辩"两个词各出现 8 次，对相对人的权利相当重视。这些规定一方面是对《行政处罚法》《行政许可法》《行政强制法》的贯彻和落实，另一方面也说明正当程序概念对行政机关的影响已经相当普遍深入。

遗憾的是，各地的办法都没有规定听证，对于影响最大、情形复杂有疑难的案件应当举行听证，一方面更加有利于保护行政相对人的权利，另一方面也有利于落实前述三部行政法律的精神。

值得提倡的是《云南省管理办法》规定了食品安全黑名单审核咨询委员会制度，该办法第 13 条规定："省工商局成立流通环节食品安全黑名单审核咨询委员会（以下简称委员会），对列入流通环节食品安全黑名单的建议名单进行审核咨询。省工商局聘请消费者代表、食品行业代表、新闻单位代表、人大代表和政协委员、律师以及纪检监察部门代表担任委员，每次审核咨询前随机抽取委员组成该次审核咨询委员会，委员会名单向社会公布。"这条规定有利于食品安全监管的公众参与。

2. 时限

除黑名单公布的频率和期限以外，无锡、甘肃的办法都没有对其他程序规定时间限制。《承德管理办法》第 7 条第 2 款规定："各食品安全监管部门对拟列入'黑名单'的食品生产经营及餐饮服务企业（单位），应于报上级主管部门 15 日前告知当事人。"《云南省管理办法》最详细，规定许多程序完成的时限，例如，县级监管机构向上级申报审核的期限、州市工商局承办机构向本机关监管工作机构转送的期限、州市工商局审核的期限都规定为 5 日。该办法第 11 条还规定："州、市工商局应当将列入流通环节食品安全黑名单建议名单的相关事实和理由书面告知当事人，并在二十个工作日内听取其申辩和陈述。"

对食品安全监管机构的处理过程规定一定的期间限制，一方面有利于提高行政效率，另一方面有利于保护行政相对人的权利，非常必要。

五、结语

我国食品安全黑名单制度已经具备一定的基础和经验，但是也存在规范层次较低、技术粗糙、上位法依据不足等缺陷。平衡并处理好权利冲突是黑名单制度制定者的重要任务，公民的生命权、健康权、知情权或食物权需要保障，而企业的营业权、商誉权同样需要尊重。食品生产经营企业不存在人的尊严，企业的人格权是社会发展的产物，不能高于公民的生命权、健康权等。当然，发布食品安全黑名单应当慎重，证据确凿。我国食品安全黑名单制度在适用情形、内容、程序等方面有可取之处，但是仍需完善。

中国食品安全追溯制度构建与挑战

李佳洁*

导读

食品安全追溯制度作为食品安全治理体系的重要组成部分，具有不可替代的作用和功能。我国过去十余年构建食品安全追溯制度的过程中，遇到不少挑战和困境，一直处于探索发展之中。本文梳理了我国目前食品安全追溯系统和追溯制度的发展现状，在此基础上对可追溯的认识中存在的误区进行了分析，进而探讨了应如何转变对追溯制度的观念认识，理顺追溯制度下政府、企业等多方的角色关系，最后提出构建中国食品安全追溯制度的建议。

基于食品供应链建立的食品安全追溯制度，其最基本的功能，是通过记录食品在生产、加工、运输、储藏、分销等环节的信息，保障政府、企业以及消费者能够在任何指定阶段获得食品安全信息的能力，当一旦出现食品安全问题时，能够快速找到问题环节并召回问题产品，减少不安全食品的危害。食品追溯制度最早起源于 1997 年，由欧盟为应对"疯牛病"问题而提出在牛肉供应链中实施[1]。之后，食品安全

* 李佳洁，中国人民大学农业与农村发展学院助理教授，美国田纳西大学食品科学与技术系博士后、博士。

① 朱梦妮："食品安全追溯制度的法律建构——基于功能、角色和机制的思考"，载《福建行政学院学报》2015 年第 6 期。

追溯制度作为加强食品安全信息传递、降低食品安全风险的手段，被世界各国普遍采纳和推广，并通过立法的形式确立下来。建立和发展食品安全追溯制度是国际发展的趋势，是保证食品安全的必然。

我国早在 2001 年就已经开始认识到建立食品安全追溯制度的必要性，特别是近几年对这项制度的重视程度愈加强烈，2013 年 11 月党的十八届三中全会上通过的《中共中央关于全面深化改革若干重大问题的决定》中明确指出要"建立食品原产地可追溯制度和质量标识制度"；2014 年及 2015 年 3 月李克强总理的政府工作报告中均明确提出要"建立从生产加工到流通消费的可追溯体系""建立健全消费品质量安全监管、追溯、召回制度"。直到在 2015 年新修订的《食品安全法》中，"国家建立食品安全全程追溯制度"被正式写入法中并专款规定。2016 年 1 月，国务院办公厅发布了《关于加快推进重要产品追溯体系建设的意见》（国办发〔2015〕95 号），再次强调了应加快应用现代信息技术建设食用农产品、食品追溯体系。2016 年 4 月，原食品药品监管总局起草了《关于进一步完善食品药品追溯体系的意见》，并向社会公开征求意见。以上无一不展示出国家对食品安全追溯制度及体系建设的重视，食品安全追溯制度已作为食品安全治理中的重要制度被确立下来。

然而经过十多年的发展，我国食品安全追溯制度的构建仍处于起步阶段，国家及地方在建立食品安全追溯制度中面临多重困难。本文在梳理我国食品安全追溯制度发展现状的基础上，将重点探讨当前食品安全追溯制度构建过程中存在的问题及挑战，并提出构建思路。

一、我国食品安全追溯系统发展现状及主要问题

（一）我国食品安全追溯系统发展现状

根据食品（农产品）追溯系统内的信息交互方式的不同，可以将追溯系统分为两种形式：其一，相关产品的追溯信息保存于企业内部，

供应链中各参与主体及相关利益者遵循既定的追溯规则，实现供应链条中信息的逐级传递，这种信息交互方式称为链条式传递，这样所形成的追溯系统是以企业为主导建立的；其二，将产品相关信息保存在第三方（信息中心），由第三方负责，对链条内的追溯信息进行统一的管理，以满足相关参与方、监管部门以及消费者的多方追溯需求，这种信息交互方式称为共享式传递，这样所形成的追溯系统可由政府或行业协会等第三方为主导建立[1]。我国过去十余年在国家和地方所建立的众多食品（农产品）安全追溯系统，主要以共享式传递为主，主要由各级政府及行政部门主导开发建立一定领域范围内的追溯信息平台。

我国最早在 2004 年就已经开始由政府主导尝试建立食品追溯系统，原国家农业部、原食品药品监管总局、国家条码推进工程办公室等先后开展了一批食品（农产品）安全追溯系统的试点示范工程，例如，山东寿光"蔬菜安全可追溯性信息系统研究及应用示范工程"等。之后的十余年间，国家陆续启动了多项追溯系统建设项目，例如，2008 年原农业部启动了"农垦农产品质量追溯系统建设项目"，截至 2015 年年底，追溯企业数量达到 342 家，遍布 28 个垦区，种植业产品可追溯规模达到 668 万亩、畜禽产品 7457 万只（头）、水产品 60 万亩，范围涵盖谷物、蔬菜、水果、茶叶、畜禽肉、禽蛋、水产、牛奶等主要农产品及葡萄酒等农产加工品；[2] 2010 年商务部启动了"肉菜流通追溯体系建设项目"，截至 2015 年 6 月底，在商务部、财政部支持的三批共 35 个肉菜流通追溯体系试点城市中，覆盖了屠宰场、批发市场、菜市场、大型连锁超市、团体消费单位等 1.1 万余家企业参与，

---

[1]　于辉、安玉发："食品安全信息的揭示与消费者知情——对我国建立食品追溯体系的思考"，载中国科技论文在线，http://www. paper. edu. cn/releasepaper/content/200510 - 227。

[2]　"加快农垦农产品质量追溯体系建设 食品安全从田间到舌尖"，载新华网，http://www. chinafarm. com. cn/ShowArticles. php？ id =634226，2016 年 5 月 29 日访问。

每天上传数据 200 余万条，① 第四批和第五批肉菜流通追溯体系也正分别在 15 个和 8 个试点城市启动和进行中；2013 年原国家质检总局下属单位中国物品编码中心建立了国家食品安全追溯平台，是国家发改委确定的重点食品质量安全追溯物联网应用示范工程，接收 31 个省级平台上传的质量监管与追溯数据，完善并整合条码基础数据库、QS、监督抽查数据库等质检系统内部现有资源；② 2016 年 4 月农产品质量安全追溯管理信息平台建设项目正式进入实施阶段③。

除了中央政府在国家层面建立统一的追溯系统以外，过去的十多年更是各地方建设食品追溯系统的活跃期，除了多地政府配合农垦系统、商务部建立的中央系统下的追溯子系统以外，还自建了多个食品及食用农产品安全追溯系统，例如 "北京市农业局食用农产品质量安全追溯系统"④ "山东农产品（食品）溯源公共平台"⑤ "陕西省榆林市农产品质量安全监管追溯系统"⑥ "四川省农产品质量安全追溯系统"⑦ "福建省厦门市农产品质量安全追溯系统"⑧ 等。在中央政府的财政扶持及地方配套资金的支持下，地方政府十分重

---

① "商务部：截至 6 月底 1.1 万余家肉菜企业建成追溯体系"，载中国新闻网，http://traceability. mofcom. gov. cn/static/zy _ gongzuodongtai/page/2015/7/1436432487378. html，2016 年 5 月 29 日访问。

② 国家食品安全追溯平台官网，http://www. ancc. org. cn/Service/Chinatrace. aspx，2016 年 5 月 29 日访问。

③ "国家农产品质量安全追溯管理信息平台正式开工建设"，载首都园林绿化政务网，http://www. bjyl. gov. cn/ztxx/bjssylcpzlaqjdgl/lcpzlaqdtxx/201605/t20160509 _ 179999. shtml，2016 年 5 月 29 日访问。

④ 北京市农业局食用农产品质量安全追溯系统网，http://www. atrace. org/，2016 年 5 月 29 日访问。

⑤ 山东农产品（食品）溯源公共平台网，http://www. sd12315. org/，2016 年 5 月 29 日访问。

⑥ 陕西省榆林市农产品质量安全监管追溯系统网，http://www. ylncpzs. gov. cn/yl/search/，2016 年 5 月 29 日访问。

⑦ 四川省农产品质量安全追溯系统网，http://www. ncpzs. com/index. html，2016 年 5 月 29 日访问。

⑧ 福建省厦门市农产品质量安全追溯系统网，http://zs. xmaqs. com/，2016 年 5 月 29 日访问。

视食品安全追溯系统的建设和推进，积极性很高，并且纷纷将建立追溯系统视为提升监管效率、改善当地食品安全状况的重大举措来推进。不可否认，我国国家及地方共享式食品追溯系统建设经过十多年的发展，在项目规划、硬软件设施建设、标准制定等方面均取得了显著的成效。

我国也有以企业为主导建立的食品追溯系统，主要分为两种情况，一种是大型食品企业或特殊食品生产企业，注重自身产品的质量安全及声誉，为走出国内对食品信任危机的泥潭，主动建立食品追溯系统，例如，2012 年 1 月，飞鹤乳业推出婴儿配方奶粉产品全产业链可追溯系统，每罐奶粉都有一个专属的产品追溯码，扫码可获得包括产品名称、生产厂、生产时间、检验地、检验时间、产品批号、奶源地等追溯信息[①]；另一种是食品供应链某一环节的食品企业，为保障食品安全，增强消费者信心，通常采取结盟共建的方式实现食品安全可追溯。例如，北京新发地批发市场将建立"新发地农产品诚信可追溯联盟"，由新发地牵头，联合链条内已建或筹建追溯体系的企业，共同建立诚信可追溯联盟。[②] 但总体而言，我国目前以企业为主导建立的食品追溯系统较少，发展较为缓慢。

在过去追溯系统的发展过程中，特别是共享式追溯系统的建设中，各地政府部门耗费了大量的资源用于搭建追溯平台，追求一体化交易机、溯源电子秤等硬件设备的配备、软件智能化程度以及基础设施的建设，例如，上海先后投入 4650 多万元，将江杨农产品批发市场敞开式露天交易场所改为封闭式交易大棚，建立专门的信息、监控及检测中心，改造门禁系统，实现从进场、交易到离场全过程

---

① "飞鹤乳业婴儿配方奶粉全产业链追溯系统正式上线"，载《广州日报》，http://news. foodmate. net/2012/02/199214. html，2016 年 5 月 29 日访问。

② 北京新发地官网，http://www. xinfadi. com. cn/markets/traceplatform/index. shtml，2016 年 5 月 29 日访问。

监控①。在这样巨大的投入下，追溯系统是否保持了良好的运作和实施，能否及时发现食品安全隐患，发挥预期的作用，是值得深入探索的问题。

（二）我国食品安全追溯系统发展中面临的问题

美国学者 Golan 依据追溯系统的自身特点设定了衡量追溯系统实施效力的三个标准——宽度、深度和精确度，其中宽度（breadth）用于描述追溯系统记录信息的数量，深度（depth）用于描述系统向前或向后能追溯的距离，精确度（precision）用于描述系统能够准确确定问题源头或产品某种特性的能力②。如果使用这三个标准来衡量我国目前主要的食品安全追溯系统模式——政府主导共享式系统的实施效力，可探究出其背后存在的主要问题，下面分别予以阐述。

1. 政府有限投入限制追溯系统的宽度

由于目前国家及地方共享式追溯系统多基于建立电子信息化平台并进行各类信息的采集，系统对技术的要求贯穿始终，需要信息平台建设与维护、检测设备购置、终端信息采集设备建设与维护、软件开发等技术投入和资金投入，而且这样的投入是一个长期持续的过程，否则难以保证系统的正常运行。以陕西省某市农产品追溯系统为例，当地政府需要为试点农业合作社提供所有的技术设备支持，包括建立产品农残自检速测室，配备农残速测仪等检测设备，搭建产品追溯平台，向生产基地企业配备二维码打印机、针式打印机、扫描枪、电脑等设备。另外，电子信息化追溯系统的技术性，也决定了对操作人员技术指导和知识普及的重要意义，这也需要政府对各环节追溯主体进

---

① 商务部市场秩序司："姜增伟副部长在 2012 年全国肉类蔬菜流通追溯体系建设试点工作会上的讲话"，http://traceability. mofcom. gov. cn/static/zy_gongzuotongzhi/page/2012/8/1344558983139. html，2016 年 5 月 29 日访问。

② See Golan, E. , Krissoff, B. , Kuchler, F. ,Calvin, L. , Nelson, K. , and Price, G. , Traceability in the U. S. food supply: Economic theory and industry studies, *Agricultural Economic Report* ,2004 ,No. 830.

行信息采集、系统维护培训等人力投入，特别是源头的初级农产品生产者，由于其普遍存在文化程度较低的情况，缺乏对追溯系统的概念认识，不懂得如何操作相关设备和信息输入，也需要政府持续的扶持和指导，甚至可能需要帮助聘请专业技术人员专门进行系统维护。政府对追溯系统在人力、物力、财力方面均需要进行大量持续的投入，而目前情况是，政府通常一次性投资追溯系统的前期建设，但后期的维护和运营往往投入有限，例如，四川省从 2010 年起正式启动可追溯系统建设以后，每个项目县补助资金仅 5 万元，投入不足难以保持系统的正常运行和充分利用①。因此，政府对追溯系统的有限投入限制了追溯系统的持续运行和有效利用，限制了追溯系统中信息记录的可持续性和数量保证及追溯系统的宽度。

2. 政府的监管职能限制追溯系统的深度

经过 2013 年国务院对食品药品监督管理职能和机构的改革，对食用农产品质量安全实施分段监管模式，农业监管部门履行食用农产品从种植养殖到进入批发、零售市场或生产加工企业前的监管职责，食品药品监管部门履行食用农产品进入批发、零售市场或生产加工企业后的监管职责。分段监管的职能划分在一定程度上限制了食用农产品追溯系统在整条供应链上建设的流畅性，特别是由农业行政部门独立主导建设的农产品质量安全追溯系统，追溯深度仅限于从农田到进入外埠批发市场之前的范围，影响了追溯的深度。2014 年 11 月，原农业部和原食品药品监管总局联合发布了《关于加强食用农产品质量安全监督管理工作的意见》，提出两部门应做好食用农产品质量安全追溯系统的有机衔接；2015 年《食品安全法》第 42 条第 4 款也明确了"国务院食品药品监督管理部门会同国务院农业行政等有关部门建立食品安全全程追溯协作机制"，然而系统如何共建仍在研究过程中。

---

① 何莲、凌秋育："农产品质量安全可追溯系统建设存在的问题及对策思考——基于四川省的实证分析"，载《农村经济》2012 年第 2 期。

另外，食品安全属地监管也限制了地方级食品安全追溯系统的追溯深度，特别是食用农产品，多以大宗批发外销为主，发送至全国各地批发市场，难以实现全程追溯，地方食品追溯系统之间难以协调，真正出现食品安全问题时，单一系统很难发挥应有的作用。

3. 企业缺乏参与动机制约追溯系统的精确度

首先，企业加入共享式追溯系统所产生的成本和收益的平衡性决定了企业的参与动机。在政府补贴有限的情况下，追溯系统的运行无疑会增加供应链上各企业的标识购买、信息采集、录入、查询等额外成本。特别是对于全国性的大型企业，则可能面临被要求加入多地方追溯系统的局面，而各地追溯系统多自成体系、缺乏统一标准，企业需要应对多个追溯系统的要求，造成企业很大的困扰和额外负担。如果此时加入追溯系统不能给企业带来更高的溢价收益和品牌竞争力，将进一步抑制企业参与的积极性。

其次，食品作为快速消费品，食品安全信息产生的速度快、信息量大，因此为保证系统中大数据的完整性，监管部门会要求入网企业及时上传食品安全信息至平台上。例如，2015 年 7 月上海市政府颁布的《上海市食品安全信息追溯管理办法》中，详细规定了相关食品（食用农产品）追溯生产企业、批发经营者、零售经营者、餐饮服务提供者应在追溯食品和食用农产品生产、交付后的 24 小时内将相关信息上传至食品安全信息追溯平台，及违反规定后的法律责任。[①]《北京市食品安全条例》（2012）第 53 条第 2 款也有类似规定，即"食品和食用农产品生产经营者应当按照规定记录和报送相关信息"。这不仅增加了企业额外负担，更重要的是，没有企业愿意通过"自我揭短"的方式来方便政府监管，企业缺乏加入系统的动机。

最后，企业还会担心上传至官方数据库中的、内含重要商业秘密

---

① 《上海市食品安全信息追溯管理办法》第 13～18、24 条。

的档案与标签信息被不慎或恶意泄露，不情愿或抵制提供完整的追溯信息，也影响参与动机。

因此，如果作为追溯信息核心提供者的企业缺乏参与动机和积极性，将极大地影响追溯系统信息的真实性和可靠性，制约追溯系统的精确度，导致较难建立完备而理想的食品安全追溯系统，而低效的系统更加难以为企业增值，从而形成恶性循环。

综合以上三点，可以看出，我国由政府主导的共享式食品安全追溯系统在现实发展过程中，在实现追溯宽度、深度和精确度方面均存在着系统性问题，理想与现实之间差距明显，追溯系统实施效力受到制约。国家花费如此大的资源来建设食品安全追溯系统，却没有取得预期的效果，这是十分值得反思的问题。笔者认为，我国当前对如何实现食品安全可追溯存在着一些普遍的认识误区，这些误区影响了追溯发展的方向，也是产生很多无解问题的根源。

二、我国当前对如何实现食品安全可追溯的认识误区

（一）认识误区一：实现食品安全可追溯的途径就是建立食品追溯系统

产生这样的认识误区，关键是将追溯制度和追溯系统的内涵混淆。建设食品追溯系统本身并不难，硬件设备设施建设不是实现食品安全可追溯的最为关键的问题。实现食品安全可追溯最关键的问题不是建立追溯系统，而是建立追溯制度。

食品安全追溯制度是保障政府、企业、消费者可获得食品在生产、加工和流通过程中任何指定阶段食品安全信息的能力，需要从法律层面赋予这种能力的实现权利，保障食品安全信息可记录、信息可共享，必须由政府部门予以规制。而食品安全追溯系统应该是在追溯制度框架下的具体操作，它形式多样，可由企业建立，也可以由政府建立，还可由行业协会等第三方机构建立。我们一直以来存在着一种认识误区，即建立食品安全追溯制度就是建立食品安全追溯系统（体系），

重微观轻宏观，重技术轻制度，重硬件轻软件。各地建设食品安全可追溯系统多以项目的形式出现，规定主要来源于政府部门的行政决定或通知，其法律效力的层级低，实施的效果不但取决于食品生产经营企业的配合程度，更受地方政府的推动力大小影响，而且由于缺乏制度上的保障和法律责任的约束，食品生产经营企业即使不配合政府的要求也没有法律责任问题，所以追溯的实施效率在很大程度上受到影响。

（二）认识误区二：追溯系统是食品安全常规监管的工具

中央及地方政府对食品安全追溯系统赋予了很高的期望，希望其成为保障食品安全的有力工具，因而在建设食品安全追溯系统的过程中，有将追溯系统的功能外延化的趋势。从根本上说，食品安全追溯系统应该是危机监管的手段，即当出现食品安全问题时，能够快速找到问题环节并召回问题产品，减少不安全食品的危害，实现主体追溯。然而，我国的食品安全追溯系统除了发挥危机监管的作用以外，还被赋予了常规监管的功能，即监管部门还希望通过追溯平台获得供应链各环节主体在生产经营过程中涉及食品安全的所有信息，便于日常监督。所以政府对数据信息的要求过多过细，希望可通过平台对食品生产经营过程实现一键式掌控，即不仅实现主体追溯还要实现全信息追溯。

然而，食品供应链全过程电子化追溯是实现食品可追溯的高级阶段，在发达国家尚未建立完备，在我国现阶段更不具备成熟的发展条件，特别是在食品追溯制度尚未完善的情况下。建立大而全的数据信息平台，过于扩大食品安全追溯系统的功能，不仅会导致政府大量投入，而且会对参与企业增加过多负担，制约了他们的参与的积极性，影响信息的真实性，系统内因参与企业太少而无法有效运转，最终不仅无法实现日常监管功能，甚至还可能影响到危机监管这一基本功能的实现。因此，建立食品追溯信息平台，应该仅收集与追溯有关的关键信息，无关信息不需要收集，这样既可以保护企业商业信息的隐私和安全，也有提高追溯的效率的可能性。

（三）认识误区三：政府应该是食品追溯系统的主导建立者

我国目前大大小小的食品追溯系统基本都是由政府主导建立的，然而，政府是否应该是食品追溯系统的主导建立者？如前所述，政府虽具有组织优势，但它也有无法克服的职能限制和投入限制的困难，既无法保证系统可囊括所有企业，也无法保证系统的有效运行。而且在共享式食品追溯系统中，政府与企业的关系并未理顺，一方面为增加系统的影响力，政府会鼓励甚至通过补贴的方式说服当地的一些龙头企业加入追溯系统，另一方面又对这些企业进行监管，效果和意义都不大。

实际上，国外的食品追溯系统基本上都是由企业作为主导者而建立的，信息传递以链条式交互信息传递为主，立法强制要求所有企业建立食品可追溯系统，但是并不是要求企业，特别是供应链终端企业，代替政府建立可延伸至供应链最前端的追溯系统，而是仅仅要求：（1）企业记录生产和销售信息，实现企业内部可追溯；（2）企业了解其上下游的企业信息，实现上下游可追溯（one up-one down tracing）即可。以美国为例，2002 年颁布了《公共健康安全与生物恐怖应对法》（*BT Act*，2002），规定所有企业必须知道自己产品原料的来源和去向。2011 年颁布的《食品安全现代化法案》中第 204 节进一步强化了食品追踪和追溯及记录保持的强制要求。这样实施的结果是，企业不需要增加很多额外负担，只要保持日常信息记录和上下游信息记录，不需要向政府或第三方提供信息，而一旦出现食品安全问题，才需要向监管部门提供相关信息，政府则可以顺藤摸瓜，找到真正问题源头，实现追溯。

（四）认识误区四：追溯信息产生于高科技之下

我国在过去十余年间，无论是政府、企业还是学术界，一直对食品追溯系统存在着一个认识误区，即认为大型信息化追溯系统下产生的信息才是追溯信息，通过二维码等终端扫描得到的信息才是追溯信息，重点攻坚难题是解决相应的技术问题，例如，如何实现数据的监控和获得、如何建立大数据、如何实现信息云端控制、如何实现终端查询、如何构建追溯标签等微观技术，在这个发展历程中，花费大量资源开展对技术的研发工作，目前我国 RFID、GPS 等追溯技术水平已与国际发展水平趋同。

　　然而，如图 2 - 2 - 1 所示，追溯系统的基本功能是信息的记录和共享，信息查询和信息标识则属于追溯系统的扩展功能，是基本功能的延展。① 高科技下通过标识快速查询到电子信息固然是实现可追溯的一种方式，对传统的档案式的纸质记录的追查更是获得追溯信息的常见手段，事实上，美国、日本等其他国家更多的也是强调加强食品档案记录的跟踪和溯源，要求对农产品的生产者、农田所在地、使用的农药和肥料、使用次数和收获日期等信息予以详细记录等。

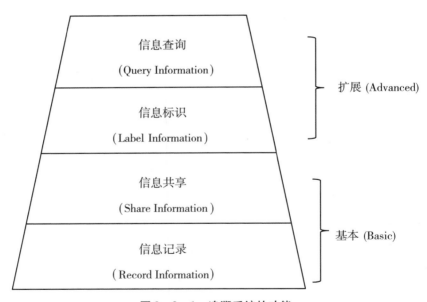

图 2 - 2 - 1　追溯系统的功能

---

　　① 朱梦妮："食品安全追溯制度的法律建构——基于功能、角色和机制的思考"，载《福建行政学院学报》2015 年第 6 期。

美国食品药品监督管理局（FDA）2012 年年底公布了一项关于评价美国食品供应链追溯能力的项目报告，报告中模拟了对生鲜农产品和加工食品在不同场景下的追溯和评价，表 2－2－1 展示了其中一个场景的评价结果①。结果显示绝大部分的追溯信息都是纸质信息或 PDF 文档，这样的方式虽然会造成追溯总时间和分析时间的延长，但是追溯信息是完整的、可追踪的。

表 2－2－1　2012 年 FDA 报告中对番茄场景 A 的追溯结果展示

要求追溯信息涵盖时间	确定供应链相关方的时间	所有文档页数	企业累积响应时间	IFT 分析时间	使用模板的企业数量	与参与者联系的次数
两周	22 小时 45 分	278	36 小时 18 分	5 小时 30 分	3	6

因此，食品安全信息档案化虽然基础却很重要，但我国目前很多食品生产经营企业，特别是初级农产品生产者和小型食品生产经营者，连完整的食品安全信息档案都未建立，这为实施追溯并及时发现问题源头形成了巨大障碍。因此，立法强制要求所有食品生产经营者必须建立保存完整的食品安全信息档案，这是追溯制度中重要的组成部分，应予以高度重视。

上文美国 FDA 的报告在最终结论部分也提出建立食品追溯公共信息平台的建议，但这是建立在全国范围食品安全信息档案强制化的基础之上的。食品安全信息档案化是实现信息电子化的前提和基础，是建立食品安全信息化追溯系统、使用高科技的标签标识和查询手段之前必须实现的一步，无法跳过。

综上所述，国内目前对如何实现食品安全可追溯存在着以上四大认识误区，而其中最大的认识误区是将建立食品安全追溯制度和建立食品安全追溯系统的概念相混淆，目前需要首先构建完善的食品安全

---

① 李佳洁、王宁、崔艳艳等："食品追溯系统实施效力评价的国际经验借鉴"，载《食品科学》2014 年第 35 期。

追溯制度，保证食品安全信息的完备性和可传递性之后，再去考虑建立共享式等食品安全追溯系统的时机是否成熟。

三、我国食品安全追溯制度的构建探讨

追溯发力，制度先行。要想实现食品安全可追溯的目标，必须首先在立法层面上构建配套的制度体系，提高可追溯的强制性和约束力，建制度比建系统更紧迫、更重要。

（一）我国现有食品安全追溯制度体系

2001年7月，上海市政府颁发了《上海市食用农产品安全监管暂行办法》，其中第16条指出"生产基地在生产活动中，应当建立质量记录规程，记载农药、肥料、兽药、饲料和饲料添加剂使用以及防疫、检疫等情况，保证产品的可追溯性"。这是最早将"追溯"制度化的地方性法规。但是，在之后十多年的时间里，我国食品安全追溯制度框架始终不明晰，相关部门规章及地方性法规中以"追溯体系建设管理办法"类居多，而真正属于追溯制度的内容又隐藏在诸多法律法规之中，没有被明确化并给予高度重视。

1. 法律

2015年《食品安全法》第42条第一次将"国家将建立食品安全全程追溯制度"写入法律中，在中国食品安全追溯制度构建中具有里程碑式的重大意义。但第42条中并没有就如何建立追溯制度提出更明确的要求，第2、3款主要围绕的还是建设追溯体系方面。然而并不能说我国在法律层面没有有关食品安全追溯制度的立法，实际上，我国《食品安全法》和《农产品质量安全法》两大法律中，有很多有关追溯制度的"隐形"条款，归纳至表2-2-2。它们分散在法的各个条款中，只是一直以来并没有被作为追溯制度的重要组成部分来看待。

表 2 - 2 - 2 我国《食品安全法》和《农产品质量安全法》

中与追溯制度有关的条款

法律	追溯要求			相应的法律责任	
	条款	规范主体	具体内容		
《农产品质量安全法》（2006）	第24条	农产品生产企业和农民专业合作经济组织	农产品生产记录制度	第47条	农业部门处2000元以下罚款
《食品安全法》（2009）	第35条	食用农产品生产企业和农民专业合作经济组织	食用农产品生产记录制度	第87条	食药部门处以2000元以上2万元以下罚款；情节严重的，责令停产停业，直至吊销许可证
	第36条	食品生产企业	食品原料、食品添加剂、食品相关产品进货查验记录制度		
	第37条	食品生产企业	食品出厂检验记录制度		
	第39条	食品经营企业	食品进货查验记录制度		
	第41条	食品经营企业	散装食品贮存记录制度、销售记录制度		
	第67条	食品进口商	食品进口和销售记录制度		
	第42条	食品生产、经营企业	预包装食品标识制度	第86条	食品药品监督管理部门处以2000元以上5万元以下罚款（货值金额不足1万元），货值金额2～5倍罚款（货值金额1万元以上），直至吊销许可证

续表

法律	追溯要求			相应的法律责任	
	条款	规范主体	具体内容		
《食品安全法》（2015）	第42条	国家建立食品安全全程追溯制度			
	第49条	食用农产品的生产企业和农民专业合作经济组织	农业投入品使用记录制度	无	
	第50条	食品生产企业	食品原料、食品添加剂、食品相关产品进货查验记录制度	第126条	食品药品监督管理部门处以5000元以上5万元以下罚款；情节严重的，责令停产停业直至吊销许可证
	第51条	食品生产企业	食品出厂检验记录制度		
	第53条	食品经营企业	食品进货查验记录制度		
		从事食品批发业务的经营企业	食品销售记录制度		
	第54条	食品经营企业	散装食品贮存记录制度		
	第59条	食品添加剂生产者	食品添加剂出厂检验记录制度		
	第60条	食品添加剂经营者	食品添加剂进货查验记录制度		
	第65条	食用农产品销售者	食用农产品进货查验记录制度		
	第58条	餐饮具集中消毒服务单位	餐饮具独立包装标识制度		卫生行政部门依照前款规定给予处罚

续表

法律	追溯要求			相应的法律责任	
	条款	规范主体	具体内容		
《食品安全法》（2015）	第67条	食品生产、经营企业	预包装食品标识制度	第125条	食品药品监督管理部门处以5000元以上5万元以下罚款（货值金额不足1万元），货值金额5～10倍（货值金额1万元以上），直至吊销许可证
	第68条	食品经营企业	散装食品包装标识制度		
	第62条	网络食品交易第三方平台提供者	入网食品经营者实名登记制度	第131条	食品药品监督管理部门处以5万～20万元罚款，直至吊销许可证；承担连带责任
	第98条	食品进口商	食品、食品添加剂进口和销售记录制度	第129条	出入境检验检疫机构处以5000元以上5万元以下罚款

由表2-2-2可以看出，2006年《农产品质量安全法》第24条提出了"农产品生产企业和农民专业合作经济组织应当建立农产品生产记录"，并规定了相应的法律责任。2009年《食品安全法》中有7项条款对食品（农产品）生产者、经营者及进口商强制要求建立食品安全相关信息的记录和标识，并规定了相应的法律责任。2015年《食品安全法》中与追溯制度相关的条款增至12条，其中增加了对农业投入品生产记录、食品销售记录、食品添加剂的出厂检验记录、进货查验记录及进口和销售记录、食用农产品进货查验记录、入网食品经营者实名登记、餐饮具独立包装标识等多项要求。而且2015年《食品安

全法》相较于 2009 年《食品安全法》在相应的法律责任方面更加严厉，惩罚力度更强。

对食品生产者农业投入品生产记录、出厂检验记录、经营者贮存记录、包装标识等制度要求是为了保障各相关主体内部食品安全信息完备性的要求，而食品（农产品）进货查验记录、销售记录、网络经营者实名登记等制度又为实现各相关方上下游信息传递提供了可能，进一步为追溯的实施奠定基础。因此，表 2-2-2 中所列举的所有条款应成为中国食品安全全程追溯制度框架下的重要组成部分，应成为各部门、各地方政府制定具体追溯制度和管理办法的重要依据，遗憾的是，到目前为止，尚没有得到充分的重视。

另外，上述两法中关于追溯制度的条款，都是对信息记录者的要求，而没有对记录执行情况的监管者相应的责任义务进行明确，2015年《食品安全法》中仅规定了监管者在履行食品安全监督管理职责时有查阅记录的权利（第 110 条），但没有明确规定监管者是否有对信息记录进行检查的监督管理职责，而在责任方面，又表示"如果不履行食品安全监督管理职责，导致发生食品安全事故"时应承担什么样的行政处罚（第 144 条），那么如果没有发生食品安全事故，监管者查与不查也就不会有什么区别。食品安全追溯主体包括食品生产者、经营者、消费者以及政府监管部门，每个主体都应该有其追溯的权利和义务，食品安全追溯制度应该是对所有主体应享有的权利和应承担的义务均进行规范，并且规范违反食品安全追溯义务的法律责任。而政府监管部门的义务不仅仅是建立信息化追溯平台，更多的应该是现场检查和追溯问责。如果对监管者的义务和责任不明确到位，对生产经营者的要求则很难落实。

2. 行政法规

国家层面，2008 年三聚氰胺事件之后，国务院颁布了《乳品质量安全监督管理条例》，首次对重要食品类别供应链各环节主体的信息记录进行了强制要求。2009 年国务院颁布的《食品安全法实施条例》

进一步对《食品安全法》中有关进货查验记录制度等进行了补充规定。2011 年国务院修订《饲料和饲料添加剂管理条例》，对饲料和饲料添加剂这些重要的农业投入品的生产、经营信息记录进行了规定，相当于对食品追溯链条的进一步延伸奠定制度基础。

地方层面，例如，2012 年北京市人大常委会公布《北京市食品安全条例》，其中第 53 条指出"本市实行食品安全和食用农产品质量安全追溯制度。在整合现有食品安全追溯信息平台基础上建立统一的食品安全追溯信息归集、共享、公布平台，开展食品安全全过程追溯的区域合作"。

3. 部门规章及地方性法规

部门规章方面，2004 年国家质量监督检验检疫总局为保证出境养殖水产品安全，制定了《出境养殖水产品检验检疫和监管要求》的部门规章，其中第四章第五部分提出"出境生产企业必须建立产品追溯制度，对不合格产品进行溯源"的要求，并配套出台了《出境水产品追溯规程》。2006 年国家农业部为了规范畜牧业生产经营行为，建立畜禽及畜禽产品可追溯制度，颁布了《畜禽标识和养殖档案管理办法》，详细规定了畜禽标识和养殖档案的管理制度，实行一畜一标，有力地保障了畜禽及畜禽产品的追溯能力。2009 年国家工商行政管理总局在《食品安全法》的基础上，颁布了《流通环节食品安全监督管理办法》，对食品经营者应履行的追溯信息记录进行了更为详细的规定。

地方性法规方面，目前地方政府尝试建立的食品安全追溯制度，多还是围绕如何推动食品安全电子化追溯系统平台的建设来制定的，例如，2014 年 1 月甘肃省人民政府颁布《甘肃省食品安全追溯管理办法》，这是我国首部系统性、专门化食品安全追溯的规章，其中虽也有对食品生产经营者建立查验记录制度、生产经营台账记录制度、出厂检验记录制度等法律规定，但更主要的内容是要求生产经营者如何使用电子化手段将以上信息录入甘肃省食品安全追溯信息平台等，

"法律责任"部分又没有规定如果不录入信息有何惩罚，制度的效力大打折扣，而且也冲淡了对前者记录制度要求的权威性。同理还包括2015年上海市人民政府颁布的《食品安全信息追溯管理办法》等。

4. 其他规范性文件

近两年各地食药、农业主管部门制定的有关食品追溯的规范性文件很多，但多是围绕电子追溯平台建设而建立的管理办法，例如，2014年大庆市食品药品监督管理局发布《大庆市餐饮服务单位食品安全追溯管理规定（试行）》、2015年威海市食品药品监督管理局制定《威海市乳制品生产企业电子追溯管理办法（暂行）》等。

2014年，广西壮族自治区食品药品监督管理局和黑龙江省食品药品监督管理局先后公布了《广西壮族自治区食品生产企业质量安全追溯管理制度（试行）》《黑龙江省食品生产加工企业质量安全追溯管理制度（试行）》，这些地方性规范文件较好的突出了追溯制度的核心内涵，在阐述各相关主体的权责利，鼓励和支持食品生产加工企业采用信息化手段等方面，具有一定的借鉴意义。2015年12月，青海省食品药品监督管理局公布的《青海省食品生产企业质量安全追溯管理制度（试行）》，在前两部制度的基础上，进行了进一步的完善，具有更好的参考价值。

综上，本文从四个方面梳理了目前我国食品安全追溯制度体系的发展现状，可以看出，在过去十多年的发展过程中，无论是中央还是地方层面，我国目前追溯制度体系是不系统、不连续的，一直处于探索之中，构建中国食品安全追溯制度体系势在必行。

（二）中国食品安全追溯制度的构建

正如图2-2-1所示，构建食品安全追溯制度的最核心目标是实现追溯的两大基本功能——信息完备和信息共享，即保障信息的完备性和准确传递性。只有保障了这两点，才有可能去讨论信息标识和信息查询等扩展功能，如建立追溯信息查询平台。所以，笔者认为构建食品安全追溯制度，可分为以下三步。

第一步，强制落实食品供应链各主体建立信息档案制度。强制要求供应链上生产、加工、流通、销售等各环节主体分别建立完备的信息档案，包括生产信息档案、出厂检验信息档案、经营信息档案等，信息记录既可以是电子形式，也可以是纸质形式。应强化表 2 - 2 - 2 中《食品安全法》及《农产品质量安全法》中的相关法律条文，明确生产经营主体的责任和义务，明确监管方相应的责任和义务。

第二步，强制落实供应链各主体掌握其上下游企业信息的制度。上下游可追溯是实现供应链全程追溯的最低要求，根据前面的分析，首先落实供应链各主体对其上下游企业信息的掌握情况，就我国的国情而言制度可能更好落地，如此既不会过多增加企业的额外负担，也可以推进信息的传递性。相关信息包括进货查验信息记录、销售记录、入网经营者实名登记信息等，信息记录既可以是电子形式，也可以是纸质形式。同时，也应该强化表 2 - 2 - 2 中《食品安全法》及《农产品质量安全法》中的相关法律条文的实施，明确各生产经营主体的责任和义务，明确监管方相应的责任和义务。

第三步，鼓励推广追溯电子技术和标签化。在强制落实前两步之后，可以鼓励企业使用更先进的电子化追溯系统，提供一些软性的指南性的文件。条件成熟的情况下，可建立共享式食品安全追溯系统平台。

（三）中国食品安全追溯制度下的角色分工

在全国建设共享式食品安全追溯系统的大背景下，政府及监管部门已成为各类追溯系统的建设者，企业成为系统的被动参与者和信息上传者，在这样的关系下所产生的问题和原因不再赘述。在此，笔者建议应对追溯制度体系下政府、企业、行业协会、消费者的角色分工进行重新梳理。

1. 政府

在食品安全追溯制度中，政府的角色不应该是追溯系统的建设者，而应该回归到制度的建立者和制度落实者的角色定位上，这也是其本职。政府应保障追溯信息记录完备性的强制制度的落实，不定期抽查企业记录的完整性，惩罚违法者；应保障追溯信息记录可用性的强制制度的落实，可进一步规定哪些信息是关键的追溯信息，制定标准化的信息记录形式，应进一步规范社会信用体系，维护信息真实性，惩罚信息造假者；应保障各环节主体上下游信息通畅性的强制制度的落实，应保障处于食品供应链中下游的中小型加工、分销企业的话语权，顺利获得上游供应商的食品安全相关信息。因此总体上说，政府的角色应该是建制度，而不是建系统，应该是企业记录追溯信息的监督者，而非说服企业入网的建设者。

2. 企业

企业应该在食品安全追溯制度下处于主导地位，决定了信息记录的完备程度和信息的可传递程度。因此，食品安全追溯制度应强化企业是追溯责任主体的观念，建立信息记录制度不是可做可不做的事情，必须做，不做就违法。同时，应鼓励企业自主建立更为完善的追溯系统，因为在"史上最严"的《食品安全法》下，建立完备的信息记录可成为食品安全事件中免责的重要依据，在首负责任制下，也便于继续追偿。另外，敢于让消费者来追溯的产品，一定是优质食品，建立追溯系统也可成为提升产品声誉的手段。综上，食品安全追溯制度既应强化企业的主体责任意识，也应注意调动企业的积极性，例如，可以鼓励企业参与追溯信息标准化的制定等，实现良性发展。

3. 行业协会

行业协会作为第三方组织，应成为政府与企业的桥梁，辅助制度落实。同时，行业协会可以成为共享式追溯系统的建设者，从促进产业健康发展的角度建设追溯系统，贴了追溯标识的同类产品的安全更有保障、更有竞争力，从而可吸引更多的优质企业加入。

4. 消费者

消费者影响市场，市场影响企业，消费者的角色地位至关重要，只是一直以来消费者对追溯概念的了解并不多，或者在终端扫码之后，并没有发现期望的信息量，影响了其对追溯系统的印象，在这方面，追溯制度也要注重对消费者力量的挖掘和引导，让消费者成为追溯制度的推动者和监督者。

四、结语

本文在梳理了我国目前食品安全追溯系统和追溯制度的发展现状之后，阐述了几个较为普遍的认识误区，并在此基础上对如何转变追溯制度的观念认识，理顺追溯制度下政府、企业等多方的角色关系，从而对如何构建中国食品安全追溯制度提供一些建设性的意见。

我国在食品安全追溯制度的构建过程中走了一些弯路。但食品安全追溯制度作为食品安全治理的重要手段之一，仍具有不可替代的作用和功能，因此应对制度充分研究并加以利用。实现食品可追溯是需要政府、企业、行业组织等多方协同努力方能实现的目标，企业是建立追溯系统的主体，是追溯信息的记录者和传递者，而政府是信息记录和传递有效进行的保障者，通过制定制度来规范相关行为。追溯系统建设需要技术，但技术并不是核心，制度是核心。从顶层立法明确权责到制定配套制度、再到对制度实施反馈结果的总结和改进，才是当前发展食品安全追溯制度亟须进行的工作。

中国食品日期标注及临近
保质期食品监管研究[*]

肖平辉^{**}

导读

本文研究了美国的食品日期标注相关立法问题，指出美国联邦和州之间碎片化的食品日期标注一定程度上阻碍食品工业发展，但美国的日期标注精细化程度高，考虑食品风险品类做不同的标注要求，并建立食品银行等社会化捐赠等机制对临近保质期食品进行合理处置。文章指出中国立法权的统一一定程度上避免了美国食品日期标注分散和碎片化带来的不利因素，但美国也有很多有益机制可供中国借鉴。建议中国可借鉴美国等发达国家的经验，一方面根据食品特点及风险分类，制定更科学合理、更精细化的保质期体系；另一方面民政部门可与食品药品监管部门协作，逐步推动和建立食品的安全、合理和综合利用，拓建食品安全社会共治的新途径。

食品的日期标注确保了食品生产日期或者建议食用日期进行标注和记录，因此非常的重要，各国立法都非常重视。2015 年，新修订的

＊ 本文发表在《中国食物与营养》第 22 卷第 12 期，文章有修改。

＊＊ 肖平辉，任教于广州大学法学院，原国家食品药品监督管理总局高级研修学院博士后（已出站），南澳大利亚大学法学博士。

中国《食品安全法》在食品日期标注体系中使用了食品保质期这个概念并将之定义为"食品在标明的贮存条件下保持品质的期限"。中国立法对保质期的定义有两个特点：一是保质期适用所有受《食品安全法》调整的食品品类，比较而言，2009年《食品安全法》只将预包装食品纳入保质期，而2015年《食品安全法》纳入保质期规定的食品范围明显增大了，理论上拓展到了整个食品产业。二是保质期是广义且刻意模糊化的概念，首先是保质期这个概念的字面意思较容易让人误解为质量保证的期限，而且回到上述定义，其本身就回避了保质期内的食品是否安全这个问题。但是因为中国的《食品安全法》监管执法处罚的依据不少指向保质期，消费者（包括有争议的职业打假人）面对食品的质量安全这个问题的时候，有形标签上的重要信息之一也是保质期。这就使得保质期成为食品生产经营者需要重点关注的问题，也使得保质期这个问题变得更敏感和复杂。美国联邦体制下的食品立法地方分权也适用于食品安全，这使得美国从联邦到地方总体上没有统一的日期标注，但美国结合食品风险及品类等因素为食品标注安排了较为弹性的机制。以上两个因素造就了美国食品标注的多样性。与中国整齐划一的保质期体系相比，美国标准体系注重日期标注的多样性和弹性给美国食品产业带来食品浪费的问题，但美国在日期标注上在保持多样性的前提下对高风险类的食品进行适度强制性规定，这一定程度上也弥补了日期标注多样化带来的弊端。同时，美国还有发达的过期食品处理机制，有成熟的社会力量如食品银行等参与进来，保障了临近保质期食品的合理处置。这些经验或对中国有借鉴意义。

一、域外经验：美国食品日期标注体系

（一）美国食品日期标注分类

有关食品日期标注这个问题上，美国联邦并没有统一的立法。历史上，美国国会有关食品保质期统一的提案并没有通过，主要压力来自地方政府及工业界。另外，美国食品药品监管局（FDA）和农业部

没有得到国会的授权在食品日期标注这个问题上进行统一规定。[①] 这也使得美国食品日期标注基本都是以非强制性标准出现。大体上，美国的食品日期标注分为三类：

安全截止日期标注：在通常情况下，标注的日期是对安全性的一种推定，意味着标注的日期之后，食品存在安全隐患，因此不建议继续食用，典型的安全截止日期指示语通常为"Use by"等；

质量截止日期标注：在通常情况下，标注的日期是对质量的一种推定，意味着标注的日期之后，食品质量可能减损，但仍可以食用，典型的质量截止日期指示语通常为"For Maximum Freshness""For Best Quality""Best Before"等；

准卖截止日期标注：在通常情况下，标注的日期既不是基于质量的需要，也不是基于安全需要，而是基于商业操作的需要，典型的准买截止日期指示语通常为"Sell by"等。

对于同一种食品，上面三种日期的规定对商家来说意味着不同的商业价值的，安全截止日期，商家可以在货架上陈列待售的食品的时间相对会更长，所以对于商家的利益是最大化的保护；但如果实行准卖截止日期，对商家而言，则意味着货架陈列期可能是三者间最短的，上市允许陈列的时间越短，商家的因此需付出的代价越高。而对于消费者而言，利害程度刚好相反。如果购买到食品是标注准卖截止日期，则对消费者权益保护而言是最好的，而标注安全截止日期，则是最小的，这是因为购买标注准卖截止日期的食品，或意味着这个日期过后，食品的质量和安全性皆有保障；但购买标注安全截止日期则是指这个日期过后，这种食品或带来人身损害。图2-3-1演示了上述问题。

---

① Emily Broad Leib, Juliana Ferro, Annika Nielsen, Grace Nosek, Jason Qu. The Dating Game: How Confusing Food Date Labels Lead to Food Waste in America. Washington, D. C. : Natural Resources Defense Council, 2013.

准卖截止日期　　质量截止日期　　安全截止日期

时间轴

图 2 - 3 - 1　同种食品适用三种不同日期标注的时间轴含义

当然，严格意义上，上面的分类只是大概地勾画了美国的日期标注体系，实际中远比这复杂，而且还有些标注含义模糊，存在理解上的不确定性，如标注"Enjoy By"既可能是质量截止日期，也可以理解为安全截止日期。[①]

（二）美国食品可食用期限分类

美国国家标准和技术研究所（National Institute of Standards and Technology，NIST），是美国商务部的一个部门，一直致力于度量标准的推广。在美国国家标准和技术研究所的支持下，美国国家称重与度量衡大会（National Conference on Weights and Measures，NCWM）发布有关食品日期标注的相关标准，现在已经更新至 2015 年最新版本。这个食品日期标注标准将选择用"准卖截止日期"（Sell By）作为本标准的食品日期标注主要格式。所谓的"准卖截止日期"被定义为：推荐的允许食品出售的最迟日期，通常这个最迟日期离食品质量减损还有一段期限。确定"准卖截止日期"还首先要比照另一个时间点，也就是可食用期限。而与之相关的，本标准以食品的可食用期限长短将食品分为三类：

（1）易变质食品（Perishable Food）：通常情况下，食品包装后，60 天以内食用本食品不会有明显的变质风险，不会有价值和味道减损；

---

① Emily Broad Leib, Juliana Ferro, Annika Nielsen, Grace Nosek, Jason Qu. The Dating Game: How Confusing Food Date Labels Lead to Food Waste in America. Washington, D. C. : Natural Resources Defense Council, 2013.

（2）不易变质食品（Semi Perishable Food）：通常情况下，食品包装后，60 天至 6 个月内食用本食品不会有明显的变质风险，不会有价值和味道减损；

（3）耐藏食品（Long Shelf Life Food）：通常情况下，食品包装后，6 个月以外食用本食品不会有明显的变质风险，不会有价值和味道减损。①

很明显，这里规定的"准卖截止日期"是从超市和其他食品经营者角度上，提醒经营者尽快在"准卖截止日期"到来之前处理食品，因为"准卖截止日期"离食品质量减损期还有一段时间，所以它跟通常意义上的保质期还不一样，也就是说它比保质期的时间要求还要严格。

（三）美国食品日期标注体系带来食品浪费

美国食品日期标注体系有两个显著特点：第一，实行中央地方分权对食品日期标注的体系。第二，食品日期标注不是判定食品是否安全的标准。这也产生两个法律后果：食品浪费；政府对标签过期食品没有太强势的执法。

2013 年美国哈佛大学食品法及政策研究室（Harvard Food Law and Policy Clinic）与美国自然资源保护委员会（Natural Resources Defense Council）合作发布一份关于美国食品日期标注的研究报告：有个测算认为美国一个四口之家平均每年浪费的食品在 1365～2275 美元（合人民币 9000～15 000 元），保守估计，美国每年浪费至少 726 亿公斤的食品。一方面是食品的巨大浪费，另一方面美国也有 15% 的家庭吃不饱，需要靠食品救济生活。报告对美国 50 个州研究发现，美国预包装食品的日期标注也是五花八门，由此带来的后果就是人们不知道食品包装上面日期的具体含义，而不得不扔掉原本还可以食用的食品或者

---

① David Sefcik, Linda Crown, Lisa Warfield. National Institute of Standards and Technology Handbook 130. Gaithersburg：National Institute of Standards and Technology，2015.

捐赠给食品银行（Food Bank）等机构，从而导致了不必要的食品浪费。① 公众仅仅从预包装的信息根本无法得知这些标注的具体含义，为了谨慎起见，消费者往往简单的理解成这些标注日期指的是在这些日期之后，食品就不能食用。然而根据上述标注来源的美国相关法律和标准，它们的含义大不相同。②

（四）美国过期（临近保质期）食品处理机制研究

因为临近保质期食品、过期食品对消费者而言，意味着知情权及可能的食品安全隐患，所以与保质期相关的制度就指向了临近保质期食品和过期食品。因此，美国有关食品日期标注的制度自然也与临近保质期食品、过期食品有关。美国哈佛大学食品法及政策研究室报告表明：美国存在三种方法处理食品经营者的快过期或已过期但仍可食用的食品：（1）折价出售；（2）捐赠；（3）政府强制介入处理。

第（1）、（2）种都是食品经营者自发的私人行为；第（3）种则为政府公权力介入行为，比如强制召回销毁。

食品经营者自己设立快过期食品专柜，专门陈列快过期的食品。一般这些食品都是折扣价出售、转卖给专门折扣店。这个处理方式较为简单，是较为纯粹的商业行为。发达国家的商超有相似的做法，欧洲、日本、澳大利亚也有相类似的做法，比如对快过期的食品在展卖上做些处理，快过期的尽量摆在展柜外面的显眼处，以让之更快卖出去。

食品捐赠是美国较为流行的处理快过期或过期但仍可食用食品的方法。而其中捐赠到食品银行是广受欢迎的一种捐赠方式。大部分发达国家地区如欧盟、加拿大、澳大利亚、日本都建立起食品银行的体系处理来自超市、公众的食品捐赠。而所捐赠的食品也大多数是快要过期的食品。

---

① Emily Broad Leib, Juliana Ferro, Annika Nielsen, Grace Nosek, Jason Qu. The Dating Game: How Confusing Food Date Labels Lead to Food Waste in America. Washington, D. C.: Natural Resources Defense Council, 2013.

② 同上。

对于将快过期或已过期但仍可食用食品进行捐赠的做法在美国被视为乐善好施的行为（Good Samaritan），是受到保护的。1996 年，美国在克林顿时期的时候，出台了《比尔·爱默生乐善好施食品捐赠法》（*Bill Emerson Good Samaritan Food Donation Act*），此法规定了对于食品捐赠人除重大过失外，因捐赠食品引起食用者患病，免于刑事处罚和民事赔偿的责任。① 此法的设立大大地提高了公众、超市捐赠快要过期的食品或已过期但仍能食用的食品的意愿。

美国食品药品监督管理局曾做过一项调查，结果显示：美国含日期标注标签的食品占到总食品数量的 55%。同时在这 55% 的日期标注标签中，三大类食品日期标注方式，即安全截止日期标注、质量截止日期标注、准卖截止日期标注都同时存在，但后两者占绝大多数。② 这样也就意味着，美国食品标签过期不一定意味着不可食用。所以，理论上，有些过期食品也可以售卖。比如食品经营者折价出售或捐赠过期但仍可食用的食品，政府不一定介入。但对于有些高危品类的食品，政府会强制介入处理。

如前所述，基于美国食品日期标签的分散体系及联邦立法权限的局限性，美国食品的日期标签给了食品生产者本身很多自由的选择。在美国这种产业相对自治，企业相对自律的背景下，政府较少因为食品标签日期过期而强制介入处理临近保质期食品。一是美国已经有较为完备的折价出售和捐赠的处理临近保质期食品的机制，所以政府无需担心。二是虽然美国食品产业界在日期标注上有较大"自由裁量权"，大部分日期标签都采用了质量截止日期标注和准卖截止日期标注，也就意味着，通常情况下，食品标签标注的日期过期了，只是表示食品质量或有所降低，但并不意味着食品就不安全。

---

① （1996）42 *U. S. Code* § 1791 (*Bill Emerson Good Samaritan Food Donation Act*).

② Emily Broad Leib, Juliana Ferro, Annika Nielsen, Grace Nosek, Jason Qu. The Dating Game: How Confusing Food Date Labels Lead to Food Waste in America. Washington, D. C.: Natural Resources Defense Council, 2013.

不过与一般食品相比，美国政府对于几类易变质高危食品，在日期标注上有更严格的规定。

美国食品药品监督管理局有制定《食品法典》（Food Code），其中对食品日期标注有相应的规定，对以下三大重点食品领域做了日期标注的规定：（1）贝类动物源食品（shellfish）；（2）冷藏冰冻即食有存在高风险的食品（refrigerated, ready-to-eat potentially hazardous food）；（3）真空包装食品（reduced oxygen packaging）。

比如就贝类水产品而言，如果是未烹煮的去壳的贝类食品，需在包装上注明"准卖截止日期"（Sell By）或"最佳食用日期"（Best If Used By）。如果没有严格按照上面要求进行标注，监管部门可以没收和销毁处理。[1] 但《食品法典》性质上是自愿性标准，各州自主决定是否采用。美国食品药品监督管理局对婴幼儿奶数强制推行日期标注。[2] 美国通过《婴幼儿奶粉法》（Infant Formula Act），对日期标注做了规定：全美的婴幼儿奶粉必须标注"在此日期前食用"（Use By）的字样。[3]

二、中国食品日期标注及临近保质期食品治理实践

（一）食品日期标注顶层设计

美国食品药品监督管理局的《食品法典》除了少数几类涉及高危高风险的食品外的日期标注，基本都是非强制性标准，美国食品药品监督管理局不可以强制在各州推行，各州有权决定是否采用以及如何采用。而美国国家标准和技术研究所的有关日期标注的标准则全部为

---

① Food and Drug Administration, *FDA Food Code* (2013).

② Emily Broad Leib, Juliana Ferro, Annika Nielsen, Grace Nosek, Jason Qu. The Dating Game: How Confusing Food Date Labels Lead to Food Waste in America. Washington, D. C.: Natural Resources Defense Council, 2013.

③ (2013) 21 *C. F. R.* § 107 (*Infant Formula Act*).

自愿性标准。与美国相比，中国有关食品安全立法方面并不像美国那么分散，法律规定具有一定的统一性。

但中国有关食品日期标注的相关配套技术性标准还相对粗糙，精细化不够。现有的相关标准主要有《预包装食品标签通则》（GB 7718—2011）。保质期是这条标准提出的作为判定预包装食品是否可以正常售卖的日期。本标准将保质期定义为："预包装食品在标签指明的贮存条件下，保持品质的期限。在此期限内，产品完全适于销售，并保持标签中不必说明或已经说明的特有品质。"[1] 通则对保质期规定了如下标示形式：

（1）最好在……之前食（饮）用；……之前食（饮）用最佳；……之前最佳；

（2）此日期前最佳……；此日期前食（饮）用最佳……；

（3）保质期（至）……；保质期××个月（或××日，或××天，或××周，或×年）。[2]

这里的保质期并不是建立在对食品进行分类的基础上，而是笼统地做了规定。显然，根据食品是否易变质的性质，对食品是否进行日期标注以及怎样进行日期标注的意义是不一样的。同样，对食品还需要根据风险程度予以区分，如婴幼儿食品、肉类制品等因食用人群特殊以及食品类别特殊，这些属于高风险的食品，日期标注以及如何进行标注的意义也是不一样的。但《预包装食品标签通则》并未明确予以区分。

在食品日期的标注问题上，需要卫生行政部门与食品药品监管部门协调合作，修订完善涉及食品日期标签的相关标准，做好有关日期标注的顶层设计。

---

[1]《中华人民共和国食品安全国家标准预包装食品标签通则》（GB7718—2011），http://www.moh.gov.cn/zwgkzt/psp/201106/51950.shtml，2016 年 1 月 17 日访问。

[2] 同上。

（二）临近保质期食品、过期食品治理实践

中国也存在对临近保质期食品、过期食品治理的制度设计，但相对还比较粗糙。临近保质期食品及过期食品纳入监管可以追溯到 2007 年国家工商总局发布的《关于规范食品索证索票制度和进货台账制度的指导意见》，本意见对临近保质期的食品应该向消费者明示；对超过保质期或者已经变质食品，立即停止销售，下架销毁或者报告给工商部门来处理。2009 年《食品安全法》明确食品经营者应当及时清理变质或者超过保质期的食品（第 40 条），但对临近保质期食品没有作出规定。2013 年工商系统退出食品安全监管后，原食品药品监管总局于 2014 年出台了《关于进一步加强对超过保质期食品监管工作的通知》，其明确规定禁止以超过保质期食品和回收食品作为原料进行生产加工。对超过保质期食品和回收食品应进行无害化处理或销毁（包装需一并销毁），或者通过由有资质的单位回收后转化为饲料或肥料等方式进行处理。虽然工商总局的文件同时提到临近保质期食品和过期食品，但都是较为原则的规定，操作性不强。原食品药品监管总局的文件则回避了临近保质期食品，从防止过期食品回收用作食品原料入手，只提到过期食品的监管。

各地也纷纷出台地方相关指导意见和管理办法。北京市工商局较早探索临近保质期食品的监管措施，2011 年试行了《临近保质期限食品销售专区制度》。① 后来，工商局的食品监管职能整体划到北京食品药品监管局后，相关制度也得到继承。②

2011 年上海市政府出台了《关于进一步加强本市食品安全工作的若干意见》（沪府发〔2011〕22 号），该意见提到上海将推行临近保质期食品消费提示制度，以此全面落实食品生产经营者主体责任。该

---

① 陈雪根：“北京重申临近保质期食品专区规定”，载《中华工商时报》2012 年，http://finance. sina. com. cn/roll/20120208/000011331043. shtml。

② 刘洋：“商家销售临近保质期食品要提示”，载《北京青年报》2014 年，http://shipin. people. com. cn/n/2014/0427/c85914 - 24947206. html。

制度主要在连锁超市推行，临近保质期食品在销售场所特定区域进行集中展示出售，或者通过其他途径向消费者做出提示和告知，临近保质期食品不得退回上游供应商。

2012 年黑龙江省通过了《食品安全条例》，该条例第 30 条第 3 款规定，食品经营者应当建立临近保质期制度，根据食品特点在独立的销售区进行展示销售，消费者可以通过醒目标志获得相应提示信息。两个地方规定相比较而言，黑龙江是中国最早以地方人大立法形式对临近保质期食品进行监管的省份之一，上海市的规定则是以政府规范性文件的方式出台。但两个对临近保质期的食品的处理也只是原则性的规定，操作性有待加强。

地方食品药品监管部门在操作层面对临近保质期食品的监管进行了很多有价值的探索。但在各类食品临近保质期具体期限的界定上，各地存在不一样的规定。比如，福州市工商局通过《工商局关于贯彻落实省工商局临过期食品监督管理工作指导意见的通知》（榕工商市〔2009〕236 号）规定了食品临近保质期界限的划分标准：

（1）一般情况下，保质期为 15 天以上的，为保质期的 20%；

（2）保质期 7 天到 15 天的，为到期前 2 天；

（3）保质期少于 7 天的，为到期前 1 天或者到期当天。

在此基础上，福州市同时规定食品经营者可以制定更为严格的临界期限。

浙江省食品药品监管局则发布《临近保质期食品管理制度（试行）的通知》（浙食药监规〔2014〕14 号）对食品临近保质期做了如下界定：

（1）保质期在一年以上的（含一年，下同），临近保质期为 45 天；

（2）保质期在半年以上不足一年的，临近保质期为 30 天；

（3）保质期在 90 天以上不足半年的，临近保质期为 20 天；

（4）保质期在 30 天以上不足 90 天的，临近保质期为 10 天；

（5）保质期在 10 天以上不足 30 天的，临近保质期为 2 天；

（6）保质期在 10 天以下的，临近保质期为 1 天。

而天津市则对临近保质期食品的界定做了更简化的规划，天津工商局出台的《天津市大型超市临近保质期食品管理指导规范的通知》（津工商食字〔2013〕13 号）只规定了两种情形：一是保质期在 30 天以上（含 30 天）的，临近保质期为保质期届满前 7 天；二是保质期在 30 天以下的，临近保质期为保质期届满前 2 天。

目前各地有关临近保质期食品的界定基本都是非强制实施的指导性文件。指导性的意见都没有相对统一的标准，对于全国连锁超市，如何遵照执行会是一个比较大的问题。

三、结语

（一）细化保质期立法及相关标准

中国的保质期基本相当于上面提到的美国三种不同日期标注形式的前两者，在技术标准及上位法中，中国的食品保质期的立法和美国相似，都是一种广义保质期的概念。笔者认为在某种程度上说，这可能也会在将来给中国业界带来与美国产业界遇到的相似的困扰。美国的工业产业组织都运行比较成熟，也有非政府组织拟制食品日期标注、保质期的导则，美国也有成熟的社会组织参与过期食品处理，这些都一定程度上化解了美国从联邦到地方碎片化的食品日期标注的问题。所以中国在 2015 年《食品安全法》之后，需进一步细化完善有关食品日期标注、保质期的标准和相关配套立法。另外，中国也需要将过期食品的处理进一步提升。这些问题都非常复杂，涉及食品标准立法、政府和社会联动机制，这个需要在立法的顶层设计予以更多的关注。

2015 年《食品安全法》保留了 2009 年《食品安全法》对过期食品的监管，并且大大地提高了对回收超过保质期的食品原料生产食品及过期食品的经营者的罚款力度，对于违法生产经营食品的货值金额 1 万元以上的，并处货值金额 10 倍以上 20 倍以下罚款（第 124 条）。

但 2015 年《食品安全法》没有对过期食品应该如何处理作出规定，也回避了对临近保质期食品的管理，对各地临近保质期食品界限划定的地方立法实践并没有作出回应。建议在《食品安全法实施条例》等法律法规的修订过程中对食品保质期、食品银行以及临近保质期食品的处理方式予以充分考虑，这既能确保食品的安全，又可有效提高食品资源的利用率，在我国尚处于社会主义初级阶段、食品资源非常有限和宝贵的情况下，对确保我国食品安全战略的顺利实现，调动社会各界力量以促进食品安全社会共治都具有非常重要的现实意义。

（二）强制法与激励法结合，借鉴量化分级建立处理分级机制

目前，在高压治理食品安全的语境下，国内在治理过期食品这个问题上，倾向于过去的强制法的形式。比如广州曾讨论过三种方案处理过期食品问题：

（1）行政部门统一上门回收；

（2）定点回收，经营者运到指定地点；

（3）由商家就地销毁。①

如果方案的提出都只从政府规制、单线遵从式、命令式的监管角度考虑，商家或有抵触心理。这就是为什么我们首先需要讨论食品日期标注的问题。命令式的强制回收过期食品显然没有考虑不同种类食品的风险性以及食品的易变质程度的不同。所以，建议对食品从风险、易变质性等角度进行分类分级，对过期食品进行不同方式、不同级别的处理，从而更科学地判定食品是否超过保质期，避免不合理地加重生产经营者的负担。

同时政府也可以加强引导，将强制规定与激励机制有机结合起来。比如，对于超市主动将快过期食品捐赠福利院或相关机构的，达到一定额度可给予一定的奖励（如地方政府设立基金或是税收优惠等其他形式的政府返利返惠）。如果政府对所有过期食品不加甄别、整齐划

---

① 胡良光："定点回收过期食品是否可行"，载《美食》2012 年第 4 期。

一地强制回收销毁，对商家而言，成本过高，就势必适得其反，商家会用各种方法来规避甚至违法操作。

食品药品监管部门在餐饮业建立的卫生量化分级制度的合理内核可以借鉴到过期食品的处理工作之中。食品药品监管部门可以对市面上常见的食品进行梳理，根据风险和变质性进行分类分级，风险系数及易变质高的，政府有关部门进行一级干预，强制回收销毁；而对于风险较低不易变质的则进行引导，鼓励商家捐赠。

（三）建立食品捐赠第三方体系

西方国家有关食品银行的成熟经验可以作为中国处理临近过期食品的有益借鉴，这需要多个部门参与合作，传统非食品监管部门，如民政部门，可与食品药品监管部门一起协作，鼓励民间团体、NGO 甚至企业参与建立食品银行等第三方食品捐赠机构。

同时在第三方食品捐赠体系的基础上完善超市、公众捐赠快过期食品的定点或上门回收食品的机制。地方政府在进行过期食品执法的时候，可以与社区扶助、救助站等社会救助保障机构结合起来。这是发达国家的经验，中国在逐步城市化、完善社会保障体系过程中，可以借鉴发达国家相关经验，先在大城市建立"食品安全 + 社会救助"食品安全监管形势的试点。鉴于安全性及公众性考虑，食品药品监管部门可以会同民政等相关部门制定相关细则规范食品回收。食品药品监管部门还可同时对于相关的 NGO 组织、福利院等工作人员提供相应的有关食品安全的培训。发挥食药系统外的社会力量推动食品安全保障，这也是对社会共治理念的回应。

食品安全法律责任若干问题研究

丁　冬[*]

导读

2015 年 10 月 1 日，新修订的《食品安全法》开始施行，历时两年多的修法告一段落。此次《食品安全法》修订，其大背景主要有二：一是国家食品安全监管体制变革。近年来，我国食品安全监管体制几经变革，食品安全监管职能分合、移转频繁，2009 年《食品安全法》将国务院确定的分段监管为主、品种监管为辅的职权划分模式纳入法律层面，而这一分段监管体制在实际运作中存在的职能交叉模糊、信息封闭等问题广受诟病。国家和地方层面为此采取的职能裁定、建立综合协调机制等填补式解决方案往往挂一漏万，陷入循环反复的窘境。[①] 2013 年国家从健康产品安全统一监管的角度入手，推进食品药品安全监管体制的一体化。这就需要对原食品安全法中有关部门职能划分的内容进行调整。二是从严治理食品安全违法违规行为。违法成本低、法律责任偏轻和缺乏威慑力、监管手段乏力等是社会各界解释食品安全事件频发以及要求完善食品安全法制的主要理由，也是此次

---

* 丁冬，美团点评集团法务部高级研究员，曾在上海食品药品监管系统、国家食药总局法制司、上海市第一中级人民法院、上海市人大常委会工作、挂职，全面参与了2015 年《食品安全法》修订工作和多项地方立法工作，承担、参与了国家、省市食品安全课题研究多项。

① 丁冬："食品安全监管体制变革的契机与挑战"，载《党政论坛》2013 年第 6 期。

食品安全法修订的主要原因。① 2015 年《食品安全法（草案）》公布后，各界普遍的宣传和认识口径也将"史上最严""重典治乱""最严厉处罚"等作为该法的主要特征。② 强化食品安全违法违规行为的法律治理成为新法修订和实施后的重要问题。本章将从 2015 年《食品安全法》在法律责任上的破局进行重点阐释。

一、2015 年《食品安全法》视野下的法律责任概述

纵观食品安全法关于责任的设定，我们会发现食品安全领域的法律责任呈现出主体涵盖范围广、法律责任种类多的基本特点。一方面，责任主体范围涉及食品生产经营者、食品检验检测机构、认证机构及其工作人员、食品安全监管机构及其工作人员、地方政府及其工作人员，而在食品安全信息传播方面甚至将范围扩展至一般社会主体。另一方面，责任种类涵盖了民事责任、行政责任、行政处分以及引咎辞职等政治责任。可以说，食品安全法的法学属性已经不再局限于经济法和行政法的截然两分，而是一部兼具经济法和行政法特征的综合性法律。

（一）2015 年《食品安全法》法律责任设定的总体思考

如何更好强化和落实食品生产经营者的相关责任，增强法条的可操作性，是 2015 年《食品安全法》修订中的重大课题。原国家食品药品监督管理总局（以下简称总局）牵头成立的修法小组在法律责任条款的起草过程中，广泛征求了食品监管相关部门，总局食品监管一司、二司、三司以及稽查局等相关司局的意见，几易其稿。在形成修订草案后，先后多次征求了地方食品药品监管部门、地方食品安全办

---

① "草案说明"，载中国人大网，http://www.npc.gov.cn/npc/lfzt/spaqfxd/2014 – 06/30/content_1869711.htm，2015 年 6 月 20 日访问。

② 张先明："我国拟加重食品安全违法责任"，载《人民法院报》2014 年 12 月 23 日第 001 版；梁国栋："食品安全违法责任再加重"，载《中国人大》2015 年第 1 期。

和地方政府、食品生产经营企业和行业协会等食品安全治理利益相关方的意见，可以说，整个法律责任条款部分的设计起草是花费笔墨和精力最大的地方。围绕整个法律条款责任设定，各方的利益得到了相对充分的表达和衡量。而修订草案提交国务院法制办、全国人大常委会法工委和全国人大常委会之后，作为立法者的相关部门对法律责任条款进行了更为慎重和审慎的利益衡量和制度设计。总体而言，法律责任条款的设定以强化处罚力度、加大违法成本为核心指导思想，重点从以下几个方面进行了制度的设计和责任条款的设定。

第一，从责任主体范围看，建立以食品生产经营者主体责任为核心，兼顾技术机构、监管者等其他主体责任的综合责任体系。食品生产经营者作为食品安全的首要责任主体，是世界各国食品安全行政执法的通行认识和做法。比如日本食品安全相关法律就明确规定食品关联企业负有的在食品供给过程的各个阶段采取必要的措施以确保食品安全、努力提供正确而恰当的信息、协助行政政策的执行等义务。[①]虽然我国也一直强调食品生产经营者的食品安全首负责任，但是无论从法条设定层面还是社会心理认知层面，食品生产经营者的主体责任意识并未真正确立。[②] 因此，有必要进一步突出强化生产经营者的责任，并适度扩展责任主体的范围，比如，针对违法使用剧毒、高毒农药的行为设定了行政拘留的责任条款。与此同时，食品治理领域的其他主体的责任在原食品安全法中没有特别明确的制度安排和责任设定，因此有必要对这些主体的责任也纳入 2015 年《食品安全法》，使得食品安全法律责任的链条更加完整。

第二，从责任追究目的看，兼顾违法违规行为惩处与权利救济。

---

① 王贵松：《日本食品安全法研究》，中国民主法制出版社 2009 年版，第 69～71 页。以及日本食品安全基本法的相关内容。

② "中国八大城市食品安全公众认知度调查报告"，见唐民皓主编：《食品药品安全与监管政策研究报告（2012）》，社会科学文献出版社。调查显示，虽然有 70% 以上的公众认为食品生产加工环节的食品安全隐患最大，但他们同时认为存在这些隐患的主要原因是政府监管力度不够，而非企业落实主体责任不力。

2015 年《食品安全法》修订过程中，一方面着眼于违法违规行为的从严惩处，结合监管实践需要和经济社会发展情况，从加大处罚力度等方面进一步调整完善了相关责任条款。另一方面着眼于消费者权利的救济和特定人群的食品安全权保障。比如，明确了消费者购买到不符合食品安全标准的食品时除要求赔偿损失外，还享有向生产者或者经营者要求支付价款 10 倍或者损失 3 倍的赔偿金的权利。此外，还专门设定了强化婴幼儿配方食品监管的条款。

第三，从责任追究形式看，综合运用自由罚、财产罚和行为罚等多种责任形式，强化责任条款的威慑力。罚款是最典型也是各国行政罚所采取的主要手段。① 罚款、没收等财产罚作为一种有效的行政处罚手段在修法过程中予以了保留和适度强化。法律修订过程中，立法者也意识到单纯依靠财产罚来惩处食品安全违法违规行为，会面临处罚手段单一、实际无法有效执行到位等多种弊端。因此，法律责任条款的设定增加了行政拘留、从业禁止等责任形式，是综合运用各种处罚手段来遏制食品安全违法违规行为的尝试和探索。

（二）2015 年《食品安全法》法律责任设定的主要制度安排

如上所述，食品安全法律责任设定过程中综合采用了民事责任、行政处罚和行政处分等多种责任形式，这既是对 2009 年《食品安全法》相关责任条款设定做法的延续，又针对食品安全治理的新要求和新挑战做了延伸拓展。

第一，在行政处罚方面，加大了财产罚的处罚力度，引入自由罚和行为罚等其他责任形式。在法律责任条款设定方面，重点突出加大违法成本，增强法律的威慑性。一方面，在罚款的数额、倍数方面，相关条款均做了较大幅度调整。以未经许可从事食品生产经营活动或生产食品添加剂等行为的法律责任为例，2009 年《食品安全法》第84 条设定的罚款幅度为"……货值金额不足一万元的，并处二千元以

---

① 陈新民：《中国行政法学原理》，中国政法大学出版社 2002 年版，第 211 页。

上五万元以下罚款；货值金额一万元以上的，并处货值金额五倍以上十倍以下罚款"。2015 年《食品安全法》第 122 条则修改为"……货值金额不足一万元的，并处五万元以上十万元以下罚款；货值金额一万元以上的，并处货值金额十倍以上二十倍以下罚款。"再比如，针对用非食品原料生产食品、生产经营添加药品的食品等违法行为，2015 年《食品安全法》则设定了最高可处货值 30 倍罚款的处罚。另一方面，2015 年《食品安全法》针对某些情形严重的违法违规行为，还引入了行政拘留这种自由罚的处罚方式。与其他行政处罚方式不同，行政拘留因牵涉对人身自由的限制，是所有行政处罚中强度最大、罚度最高的一种处罚，许多学者认为，只有在使用其他种类的处罚无法达到维持行政管理之目的时，才应作为行政机关处罚的最后手段被使用。[①] 2015 年《食品安全法》第 123 条引入了行政拘留制度，设定了适用行政拘留的 6 种情形、处罚幅度等基本内容。根据该条规定，食品生产经营者出现使用非食品原料生产食品、非法添加、违法使用高毒剧毒农药等违法行为，且情节严重的，可以由公安机关对违法行为人处以 5 天以上 15 天以下的拘留。此外，2015 年《食品安全法》还进一步拓展了从业禁止的适用范围，限制或剥夺违反食品安全法相关义务者从事食品行业工作的权利、资格。比如，2015 年《食品安全法》第 135 条规定，因食品安全犯罪被判处有期徒刑以上刑罚的，终身不得从事食品生产经营管理工作，也不得担任食品生产经营企业食品安全管理人员。相关食品生产经营者聘用此类人员的，也将被吊销许可证。可以预见，随着国家社会信用体系的建设和社会征信系统的不断完备，从业禁止等类似的行为罚的威慑效果将逐步显现。

第二，在民事责任方面，强化对消费者的权利救济为主要导向。2015 年《食品安全法》在责任条款设定方面，主要体现在增加相关主

[①] 姜明安主编：《行政法与行政诉讼法》，北京大学出版社 1999 年版，第 221 页；陈新民：《中国行政法学原理》，中国政法大学出版社 2002 年版，第 210～211 页。

体承担连带责任的情形和为消费者的求偿权提供更多样化选择上。连带责任是中国民事立法中的一项重要民事责任制度，其目的在于补偿救济，加重民事法律关系当事人的法律责任，有效地保障相关权利人的合法权益。2015 年《食品安全法》共设定了 8 种相关主体需要承担因食品生产经营等违法违规行为造成消费者权益损害时的连带民事责任，分别是明知他人未经许可从事食品生产经营和食品添加剂生产，仍为其提供生产经营场所或其他条件；明知他人存在用非食品原料生产食品等情形，仍为其提供生产经营场所或其他条件，造成消费者权益损害；集中交易市场的开办者、柜台出租者、展销会的举办者允许未依法取得许可的食品经营者进入市场销售食品，或者未履行检查、报告等义务的；网络食品交易第三方平台提供者未对入网食品经营者进行实名登记、审查许可证，或者未履行报告、停止提供网络交易平台服务等义务的；食品检验机构出具虚假检验报告的；认证机构出具虚假认证结论的；广告经营者、发布者设计、制作、发布虚假食品广告的；社会团体或者其他组织、个人在虚假广告或者其他虚假宣传中向消费者推荐食品的。连带民事责任条款的设置，有利于督促相关主体履行应履行的义务，有利于消费者权益的保障。此外，2015 年《食品安全法》还规定生产不符合食品安全标准的食品或者经营明知是不符合食品安全标准的食品，消费者除要求赔偿损失外，还可以向生产者或者经营者要求支付价款 10 倍或者损失 3 倍的赔偿金，赋予了消费者更多的选择权。

第三，在行政处分方面，2015 年《食品安全法》进一步拓展了处分的适用范围。按照一般的行政法学原理，行政处分的适用前提乃是公务员因违反行政法上的义务而产生的行政责任。但实践中，由于我国还存在参照公务员管理的事业单位，因此实际运行中行政处分的适用范围是拓展了的，甚至拓展到非参照公务员管理的事业单位和行业协会等。除地方政府和食品安全监管部门外，此次修法将行政处分的适用范围拓展至承担食品安全风险监测、风险评估工作的技术机构、食品检验机构、食品行业协会和媒体。比如，2015 年《食品安全法》第 141 条就规定"……媒体编造、散布虚假食品安全信息的，由有关主管部门依法给予处罚，并对直接负责的主管人员和其他直接责任人员给予处分"。

（三）食品安全法律责任中的标签瑕疵责任豁免条款

对食品标签标识进行规制是世界各国食品安全行政执法中的普遍做法。国际食品法典委员会（CAC）先后制定了多个与营养标签相关的标准和技术文件；美国早在 1994 年就开始强制实施营养标签法规，其制定的《营养成分标签和教育法》（NLEA）是对《联邦食品、药品和化妆品法》的重要修订，要求绝大多数食品必须具有营养成分标签，并要求所张贴的食品标签必须含有营养素含量说明，以及其他一些健康信息以符合具体要求；新加坡农粮兽医局发布的《食品标签与广告指南》对该国食品法中有关食品标签的内容从一般规定、特殊要求与禁止性声明等方面做了更为细致地说明，并将其纳入广告管理的范畴。此外，我国香港地区的《食物及药物（成分组合及标签）规例》、欧盟地区的《食品标签规例》（REGULATION（EU）No 1169/2011）等也均对食品标签问题作出了相应的规定。香港食物安全中心从 2010 年开始监测营养声称与实际标签不一致的食品，并对详情进行公布；我国台湾地区则设立了专门违规食品标示查询系统。近年来，我国也开始逐步重视和完善食品标签标识法律制度的建构，食品监管部门通过制修订食品安全相关的部门规章、食品安全国家标准等形式强化食品标签标识的法律规制，并通过开展标签违法行为的专项执法来治理食品生产经营者的标签违法违规行为。消费者也开始意识到食品标签标识的重要性，通过行政、司法等途径对标签违法违规行为提出控告和赔偿请求。

2009 年《食品安全法》对食品标签的相关内容也进行了规定。在法律责任设定中，该法第 86 条明确了生产经营无标签的预包装食品、食品添加剂或者标签、说明书不符合食品安全法规定的食品、食品添加剂的行政处罚。由于整部《食品安全法》对食品生产和经营的描述基本上是合一的，导致执法部门在执法时往往依据该条对食品经营企业作出较重的处罚。一些职业打假者也往往以标签或说明书不符合食品安全标准为由进行投诉举报和诉讼，依据该法第 96 条规定的惩罚性赔偿条款要求食品生产经营者承担法律责任。但 2009 年《食品安全法》第 86 条和第 96 条的责任条款设定存在着如下问题：

第一，该法第 86 条存在着未合理区分食品生产者和食品经营者的在食品标签方面的责任、未准确理解和区分民事责任和行政责任分野的弊端。以 2013 年发生在某地的一起食品经营者因标签问题被行政处罚案为例。该案中某超市经营的美国杏仁产品经某研究所鉴定实际为扁桃仁，其所售食品与标签内容不一致。某工商分局依据《食品安全法》第 86 条对该超市处以没收违法所得，并处销售额 2 倍罚款的处罚。对于经营者而言，2009 年《食品安全法》第 39 条所规定的食品经营者采购食品应当查验供货者的许可证和食品合格证明文件这种进货查验义务，应是一种形式审查义务。也即，超市只要可以证明自己已履行了查验供货者的许可证和食品合格证明文件的义务即可。对于杏仁（扁桃仁）生产企业在其产品上标注的名称是否与实际内容物一致，法律并未规定食品经营者的检验义务。根据《产品质量法》第 55 条，销售者销售本法第 49 条至第 53 条规定禁止销售的产品，有充分证据证明其不知道该产品为禁止销售的产品并如实说明其进货来源的，可以从轻或者减轻处罚。因此，在本案中该超市被处罚在法理上是讲不通的。笔者认为，食品生产经营者对外承担连带赔偿的民事责任属于立法者基于利益衡量而做出的保护消费者合法权益的偏向性规定。但在行政责任的承担上，不能单纯地套用民事责任的处理思路。前述案例中，食品经营者已经履行了法定查验义务，行政监管部门不应简单地处罚食品经营者了事。相反，应该基于对食品生产者和经营者的责任区分来做出合理判断。

第二，2009 年《食品安全法》第 96 条规定的惩罚性赔偿制度有沦为"工具化"条款的趋势。《食品安全法》关于标签标识纳入食品安全国家标准的规定系指"对与卫生、营养等食品安全要求有关的标签、标志、说明书的要求",但是实践中,卫生行政部门制定的标签类标准呈现出过度泛化的倾向,像食品标签的字体大小、字母大小写、具体规格等与食品卫生、营养无关的大量内容被纳入国家标准,导致职业打假人群体充分利用2009年《食品安全法》第96条,借助标签打假来谋取经济利益,违背了立法者利用惩罚性赔偿制度促进食品生产经营者合规,以提升食品质量安全的本意。据不完全统计,进入司法程序的10倍赔偿类案件,有90%以上均是涉标签类打假纠纷引起的。

考虑到以上两点,2015年《食品安全法》设计了标签瑕疵责任豁免制度。第63条第3款规定,对因标签、标志或者说明书不符合食品安全标准而被召回的食品,食品生产者在采取补救措施且能保证食品安全的情况下可以继续销售。第125条第2款规定,标签、说明书存在瑕疵但不影响食品安全且不会对消费者造成误导的情形,可以进行改正,无须承担惩罚性赔偿责任。这一规定,在整部法都主要依据重典治乱展开的背景下,显得非常难能可贵,更好地符合了行政行为的比例原则。

二、司法视野中的食品安全法律责任

有学者在从风险分析和风险管理角度谈及针对健康产品等的公共规制时,曾经指出这一领域存在着三个显著的变化:一是有关健康、安全和环境的法律规范数量的大幅增长;二是负责健康、安全和环境风险管理的联邦机构数量的大幅增长;三是法院裁判的健康安全与安全案件的大幅增长。[①] 结合中国食品安全公共规制的历史与

---

① Vincent T. Covello & Jeryl Mumpower:"风险分析与风险管理:一个历史的视角",见金自宁编译:《风险规制与行政法》,法律出版社2012年版,第55页。

现实，上述三个论断也同样适用于当下中国。无论是以食品安全法为核心，其他相关法律、法规和规章、规范性文件为支撑的食品安全法律规范体系的蔚为大观，还是从 20 世纪 90 年代以来食品安全监管体制的不断调整完善和监管机构与人员的不断增长，抑或是进入司法裁判领域的食品案件的增加，[①] 无一不或多或少地契合了食品安全公共规制的显著变化。

确实，立法、执法和司法共同构成了整个社会治理领域的三个紧密关联的维度，食品安全治理领域更是如此。如果说立法是从静态的表达层面对食品安全领域的"当为与不当为"进行了规范的话，那么执法和司法则是将立法的表达转为实践的关键。从司法功能的视角出发，现代依法治国视野下的司法定位已经不再是单纯的定纷止争和个案裁判，相反，司法在政策形成机能和裁判波及效果方面所能发挥的作用越来越受到重视。[②] 无论是各级法院在日常司法裁判过程中对进入到司法领域的食品案件的处理，还是作为国家最高裁判机关的最高法院通过行使司法解释权、案例指导权等对食品安全领域的类案裁判理念和裁判原则的宣示，无疑都是司法发挥其在食品安全治理领域的裁断、引导、规范作用的典型表现。特别需要指出的是，食品安全领域的许多民事、行政类纠纷，具有试探性纠纷的特征，当事人提起诉讼的目的往往不是针对单纯的利益得失，而是要借诉讼探明司法对待某一类问题的态度。这类试探性纠纷的示范性意义更大，无论是对相关民事主体的权益还是对行政机关的执法都会产生很大影响。因此，司法在食品安全治理领域的作用不只是行刑衔接这种内部程序方面的单向度的，相反，司法与食品安全治理领域的立法、执法的关系是双向的，是相互影响的。

司法视野下的食品安全法律责任，至少呈现出以下三个基本面相：

---

① 根据最高人民法院的相关数据，2010～2012 年全国法院受理的食品、药品民事纠纷案件共计 13 216 件，占各类消费者权益纠纷案件的 6%。

② 邱联恭：《司法之现代化与程序法》，三民书局 1992 年版，第 9～16 页。

一是在民事责任领域呈现的注重私权保障面相；二是在行政领域呈现的注重公权规范面相；三是在刑事责任领域呈现的犯罪治理面相。

（一）私权保障：以审理食品药品纠纷案件适用法律若干问题的规定为视角

2013年，在食品安全法修订工作进行过程中，最高人民法院制定出台了《关于审理食品药品纠纷案件适用法律若干问题的规定》（以下简称《规定》），该司法解释是近年来有关食品药品民事纠纷案件法律适用问题比较系统的一个文件，也是各级法院在审理食品纠纷案件中司法经验和智慧的总结。通观整个司法解释，其重点和重心都是围绕保护消费者合法权益展开的。这一司法解释的出台代表了国家最高裁判机关在食品药品纠纷案件上的基本裁判理念，其中的部分内容更为2015年《食品安全法》所吸纳。《规定》的主要制度安排如下：

第一，明确了"知假买假"者的消费者主体地位。该《规定》第3条规定食品生产者、销售者以消费者明知食品存在质量问题而购买为由进行责任抗辩的，人民法院不予支持。对于知假买假者是否具有消费者的主体资格，由于对《消费者权益保护法》等相关法律条款的理解不同，各地法院对此的裁判也不尽一致。此次司法解释明确了"知假买假"行为不影响消费者维护自身权益，仍可以主张惩罚性赔偿。

第二，明确了食品生产经营者应对赠品的质量安全承担责任。该制度安排统筹考虑了消费者权益保护和食品生产经营者的责任负担，既将赠品的质量安全问题纳入生产经营者的责任范围，又将生产经营者承担责任的条件限定为发生实际损害为前提。

第三，明确了食品安全法规定的惩罚性赔偿制度的适用前提。2009年《食品安全法》第96条设置了10倍惩罚性赔偿制度，但在实践中对于该制度的适用是否必须以发生实际损害为前提存在争论。此次司法解释对此进行了明确，主张10倍赔偿不以存在实际损害为前提，厘清了惩罚性赔偿的本来意义。

第四，明确了相关责任主体承担连带责任的情形。此次司法解释明确了食品认证机构故意出具虚假认证、虚假广告的发布者、经营者和推荐者、网络交易平台提供者知道或应知他人利用平台从事损害消费者权益行为等情形应承担连带责任的具体条件。对督促相关主体认真履行必要的审慎注意义务有积极作用。

第五，探索支持消费者协会等组织提起公益诉讼。《民事诉讼法》以原则性的规定确立了我国的公益诉讼制度。《消费者权益保护法》明确规定消费者协会有权提起公益诉讼，此次司法解释规定消协提起公益诉讼的，参照适用司法解释相关规定，有利于在推进消协等组织在公益诉讼方面的积极性。

此外，《规定》还进一步重申了霸王条款无效、民事责任优先等内容。

（二）公权规范：自由裁量权的限定和执法程序的完善

尽管在当下中国，强化监管力度、加大处罚力度等话语是食品安全行政执法的主流话语，但是行政权力的运用仍然必须受到合法行政和合理行政的约束。无论是具体个案的行政执法，还是行政机关通过制定规范性文件来进行食品安全的治理，都有可能侵犯或减损行政相对人的合法权益。2015 年修订的《立法法》规定，没有上位法依据，部门规章和地方政府规章不得设定减损公民、法人和其他组织权利或者增加其义务的规范。2014 年修订的行政诉讼法也赋予行政相对人在行政诉讼时对其认为的行政行为所依据的国务院部门和地方人民政府及其部门制定的规范性文件不合法的情形，请求法院进行合法性审查的权利。由此可以看出，在全面推进依法治国的宏大背景下，对公权的规范已经进一步扩展到对行政机关部分抽象行政行为的审查和规范上面。

行政诉讼是法院保障人民行政法的权益，纠正违法行政行为的诉讼程序。法谚有云：无救济则无权利。行政相对人通过启动行政诉讼程序，有利于促进行政权力在作为或不作为时更加审慎和慎重。具体到食品安全行政，司法裁判对食品安全行政权力的监督具体体现在：一是撤销行政机关的具体行政行为；二是要求行政机关积极做出一定行为；三是在行政相对人提起行政诉讼时，应当事人请求对食品安全行政行为所依据的规范性文件进行审查。由于食品安全领域的立法长久以来存在的法律、法规、规章以及规范性文件过多，执法主体不一，针对行政相对人设定的责任条款相互冲突等众多原因导致的执法尺度不一、执法依据不同、案件定性存有争议等，导致行政相对人不服行政机关的处罚决定而提起的诉讼是食品安全行政诉讼较为常见的一种类型。此外，还存在投诉举报人对行政机关在投诉举报方面的不积极主动作为提起诉讼的情形。通过这些案件的裁判所累计的类案示范效应，以及司法机关运用司法建议权等要求对食品安全监管部门规范行政行为等途径，司法裁判发挥着规范食品安全监管部门的自由裁量权、督促食品安全监管部门完善执法程序的积极作用。

此外，近来还有学者指出由于《食品安全法》设定的权利事后救济存在明显不足，应赋予行政相对人在食品安全监管部门做出责令停产停业、吊销证照等行政处罚或者公布食品存在有毒有害等不合格问题时提起预防性行政诉讼的权利。[①] 因此，尽管《食品安全法》在强化处罚力度等方面做了重大调整，但行政机关在具体执法过程中，权力行使的方式、幅度仍不能脱离一般行政法的规制。而在2015年《立法法》和2014年《行政诉讼法》对行政机关通过规章和规范性文件随意设定减损行政相对人权益的行为进行规范，并赋予司法机关一定的审查权后，也将倒逼食品安全行政机关对自己已经制定的规范性文件进行必要的清理，对实践中的一些做法的合法性进行必要的规范。

（三）犯罪治理：行刑衔接问题

近年来，食品安全犯罪的刑事司法治理力度和手段不断强化，总

[①] 徐信贵、康勇："论食品安全领域权利救济的预防性行政诉讼"，载《重庆理工大学学报（社会科学版）》2015年第3期。

体体现在两个方面：一是有关食品安全违法违规行为罪与非罪的认定标准、量刑幅度等有了进一步的优化和完善。刑法修正案（八）、《关于办理危害食品安全刑事案件适用法律若干问题的解释》《关于依法惩治危害食品安全犯罪活动的通知》《关于依法严惩"地沟油"犯罪活动的通知》《关于进一步依法严厉打击食品安全犯罪行为的通知》《关于依法严惩食品安全领域渎职犯罪的通知》等法律、司法解释和规范性文件的出台，从制度规范层面对食品安全犯罪问题的司法裁判理念、具体犯罪情节认定、定罪量刑等方面做了统一的规范。二是全国有关食品安全犯罪案件的审理总体上呈逐年递增趋势，呈现出从严治理食品安全犯罪行为的高压态势。据统计，2014 年全国新收涉食品药品犯罪案件 1.2 万件，比上年上升 117.6%；其中，生产、销售假药罪 4417 件，上升 51.9%；生产、销售有毒、有害食品罪 4694 件，上升 157.2%；生产、销售不符合安全标准的食品罪案件 2396 件，上升 342.8%。①

　　目前，我国《刑法》直接涉及食品安全犯罪的罪名主要涉及生产、销售有毒、有害食品和生产、销售不符合食品安全标准两方面。客观言之，司法在判断是否符合食品安全标准或是否有毒、有害这些问题上，是不专业的。这是社会分工导致的行业专业化问题使然。即使是《食品安全法》中对于食品安全定义的"对人体健康不造成任何急性、亚急性或者慢性危害"这一论断在具体实践中如何认定和判断都存有争议。更何况考虑到食品行业的技术性特征，涉及具体食品和食品生产经营行为是否符合食品安全标准、是否属于有毒有害的判断往往更多地倚重于技术机构的检验数据和科学判断。因此，如何强化行政执法和刑事司法的有效衔接确实是一个需要认真考虑的问题。

---

　　① 袁春湘、丁冬、陈冲："我国食品药品安全犯罪的治理——2008～2012 年全国法院审理食药犯罪案件的统计分析"，载《人民司法》2013 年第 19 期。袁春湘："依法惩治刑事犯罪守护国家法治生态——2014 年全国法院审理刑事案件情况分析"，载 http://www.chinacourt.org/article/detail/2015/05/id/1612546.shtml，2016 年 3 月 2 日访问。

以上海的实践为例，行刑衔接的以下具体尝试可以为我们提供窥斑知豹的视角和启迪：①

第一，关于完善食品安全犯罪中涉案食品是否违反食品安全标准或属于有毒、有害问题的技术支撑和衔接问题。2012 年 11 月 9 日，上海市高级人民法院、上海市人民检察院、上海市公安局、上海市司法局、上海市食品安全委员会办公室等部门以会议纪要的形式形成了规范涉嫌食品安全犯罪案件检验鉴定工作共识，对涉嫌危害食品安全犯罪案件中的涉案"食品"检验、鉴定主体、鉴定程序、鉴定报告格式、健康风险评估、鉴定人出庭作证的义务等都做了详细规定。② 这一会议纪要为上海地区涉及食品安全犯罪的技术检验、鉴定进行了明确规范，明晰了相关主体的责任、规范了检验鉴定的流程。据悉，2013 年，作为指定鉴定机构之一的上海市食品药品监督所共为公安机关出具了 11 项涉嫌危害食品安全犯罪的评估和鉴定报告。

第二，关于行刑衔接具体机制的构建。上海市食品安全委员会办公室、上海市公安局、上海市食品药品监督管理局联合制定下发了《关于进一步加强食品行刑衔接工作的会议纪要》，在案件调查情况通报制度、优化涉刑案件产品检验检测和鉴定评估制度、强化区域联动协作办案制度、加强案件咨询和双向联合培训制度等方面形成了共识。具体而言，包括：建立定期会商制度、线索发现通报机制、加强"行政执法与刑事司法信息共享平台"的运用、继续坚持集中办公制度；开通绿色通道，缩短检验周期，严格收费标准，适当减免检验检测费用；共同推动苏浙皖沪三省一市食品安全综合协调区域合作机制和苏浙皖沪三省一市区域警务合作机制的对接；共同制定"危害食品药品

---

① 这部分的论述主要参考了上海市食品药品监管局许谨副局长在食品药品安全执法与案例研讨会上的介绍。"加强完善行刑衔接机制严厉打击食品安全违法犯罪"，载 http://www. legaldaily. com. cn/zt/content/2014 – 08/25/content_5733172. htm，2015 年 6 月 28 日访问。

② "关于规范涉嫌食品安全犯罪案件检验鉴定工作的会议纪要"，载 http://www. ronglaw. com/html/3225. html，2015 年 6 月 28 日访问。

安全犯罪案件行刑衔接工作流程"，建立双向联合培训制度等。此外，2014 年 3 月，上海市公安局决定组建食品药品犯罪侦查总队，17 个区县公安机关成立相应侦查支队，在行政体制上进一步完善了两法衔接机制。

三、结语

此次食品安全法修订，着眼于重典治乱，一方面强化监管部门的职权，另一方面强化相关主体的法律责任设定。借用黄宗智先生关于法律的表达与实践一说，立法层面的修订还仅仅是法律的表达，而法律的实践能否与表达一致，则是法律实施中面临的主要挑战。① 多年来，我们在谈论改革和创新时，总体上保持了一种正面的思考方式和价值判断。总体而论，改革和创新带来的确实是积极的改变，是正面多于负面的。但这并不意味着，改革和创新是没有成本的，相反，改革和创新背后也同样蕴含着风险。立法本身就是一个改革和创新的过程，因为它牵涉利益关系的分配和调整。当然，立法也有风险，这个风险主要就是立法与社会发展是不是协调配合的问题，主要就是立法能不能从表达转为实践的问题。

食品安全法律责任有效落地的问题实际上就是 2015 年《食品安全法》能否有效实施、发挥预期效果的问题。客观论之，还存在着如下困难和挑战：

第一，食品安全法律体系相对冗杂，与食品安全法相关的法律、法规、规章和规范性文件数量繁巨，对法律适用造成极大困扰。从制定主体上看，由于食品安全监管体制变动频繁，相关法律法规等规范性文件制定主体繁多、规制理念歧异、相关主体权责设定不一。从制定时间上看，许多法律法规等规范性文件制定时间久远，而相关的清

---

① 黄宗智：《清代的法律、社会与文化：民法的表达与实践》，上海书店出版社 2007 年版。

理整合工作十分欠缺，往往存在不同部门对同一事项规定不一，而又缺乏有效的冲突解决机制，导致具体执法困难。从改革进程上看，由于目前食品安全监管体制变革仍在进程中，而央地、地地之间的改革方向、具体做法存在不小差异，特别是以市场监管局的合并重组式改革后，部门规章等上位法如何有效落地存有不小挑战。

第二，以重心下沉式为主要特点的食品安全监管制度设计与基层一线监管队伍数量建设和能力建设之间的矛盾，导致食品安全法的有效落地受到挑战。强化食品安全的基层治理，是食品安全监管体制设计时的一个重要考虑，而由于各地改革进度不一、力度不一、理念不一，虽然宣称建立了网格化的监管网络，但一线监管队伍无论是在数量还是能力上均有较大缺口，面临辖区负责的监管态势，食品安全法如何有效落地不无疑虑。

第三，重典治乱式的法条设计与具体执法的可操作性之间能否有效衔接尚需实践检验。一部法律的有效性很大程度上取决于它能够对所欲规制的行为进行有效规制。面临食品行业人员流动性大、小微生产经营者众多等行业态势，此次食品安全法律责任的设定，无论是加大罚款力度还是食品行业的职业禁入制度能否有效落实，需要认真思考。否则，法律仅仅停留在表达上的严厉，而不是执行上的严厉，不仅无法实现"史上最严"《食品安全法》的使命，反而是使得《食品安全法》的权威性打折扣。

食品安全问题是当下中国社会的热点问题，修订后的《食品安全法》背负了社会的许多期待。但是，规制是需要成本的，改革也存在着风险，我们要做的是从理念上要更加理性地看待食品安全法律责任的威慑效应，从实践上更多地去探索能够让《食品安全法》有效落地的方式方法。正如史蒂芬·布雷耶所言，公众对哪怕是一点点极小的损害风险，也会有强烈的嫌憎。对此有一个简单得多的解释——也就是说，公众不相信风险会是微不足道的。公众的"非专家"（nonexpert）反应，反映出的并非是价值的差异，而是对与风险相关的基础事实的不同理解。① 作为食品安全的监管者和执法者，既要看到公众对食品安全风险的关切和憎恶，又要更多地给予科学和事实去做出判断和决策。这是一份很难的工作，而公众对公共机构的信任，不仅源自政府的透明度，对相关利益团体的回应，还源自这些公共机构是否能够把困难的工作做好。②

---

① ［美］史蒂芬·布雷耶：《打破恶性循环——政府如何有效规制风险》，宋华琳译，法律出版社 2009 年版，第 43 页。

② ［美］史蒂芬·布雷耶：《打破恶性循环——政府如何有效规制风险》，宋华琳译，法律出版社 2009 年版，第 106 页。

食品标签瑕疵的法律责任研究

——兼评 2015 年《食品安全法》第 148 条

丁道勤*

导读

　　食品标签、说明书等是重要的食品安全管理载体。在实践中，因食品标签出现瑕疵或错误引起纠纷案件也日益增多。标签标注不符合标准要求并不等同于"不安全的食品"，需要区分不同情形。标签不合规包括标签不真实、标签缺失、标签不全及标签瑕疵等情形。标签瑕疵应当承担相应的行政责任和民事责任，但并非一概承担惩罚性赔偿责任。2015 年《食品安全法》规范食品标签的相关法律条文众多，第 148 条第 2 款等条款对推动食品标签的食品安全管理起到了积极作用，但第 148 条第 2 款的但书适用范围过窄，实际上削弱但书条款的功能，可在后续修法和制定相关配套法规及标准过程中完善相关规定。

　　随着生活水平的不断提高，消费者对食品①的要求也越来越高，对预包装食品的也越来越严格。食品标签、说明书等是重要的食品安

---

　　* 丁道勤，京东集团法务部政策研究总监，中国政法大学法学博士后。本文仅为作者个人观点，不代表任何机构立场。

　　① 本文若无特别注明，所称"食品"含食用农产品、食品添加剂、保健食品和餐饮服务。

全管理载体，2015 年《食品安全法》在第四章的"食品生产经营"中设专节"标签、说明书和广告"对标签提出相应的要求。在实践中，因食品标签出现瑕疵或错误引起纠纷的情形也日益增多，笔者以"食品标签不合法"为关键词在 OpenLaw 网站上共搜索出民事判决书665 份，行政判决书 280 份。① 那么，如何认定食品标签瑕疵的问题，《食品安全法》对标签瑕疵做了例外规定，但对于何种情形属于标签瑕疵并没有明确规定，食品标签错误或瑕疵主要有哪些情形，应当承担何种法律责任，是否应当适用 2015 年《食品安全法》第 148 条所规定的惩罚性赔偿？例如：产品没有标注执行标准、质量等级、存储方式，是否构成标签瑕疵，是否应考虑产品实质违反食品安全；产品营养成分检测值与实际不相符，如蛋白质标示值高于实际检测值，是认定质量不合格，还是认定不符合食品安全；等等。笔者从众多食品标签纠纷案件中，梳理总结出食品标签瑕疵的一些表现形式，结合2015 年《食品安全法》论述食品标签瑕疵的法律责任。

一、问题的提出

从笔者收集的案例来看，预包装食品标签、食品营养标签、预包装特殊膳食用食品标签等不规范的情形，出现了一些疑难问题。

一是宣传用语标识是否存在虚假宣传及违反食品安全国家标准。例如在（2015）永中法民三终字第 329 号判决中②，原告认为某品牌矿泉水上的标签使用了"天天饮用健康长寿"等涉嫌虚假宣传的用语

---

① 还有 11 份行政裁定书，7 份民事裁定书，7 份执行裁定书，4 份刑事判决书、1份刑事附带民事裁定书和刑事裁定书，http：//openlaw. cn/search/judgement/default？type＝&typeValue＝&keyword＝% E9% A3% 9F% E5% 93% 81% E6% A0% 87% E7% AD% BE% E4% B8% 8D% E5% 90% 88% E6% B3% 95，2015 年 9 月 11 日访问。

② "陈曙光与永州步步高商业连锁有限责任公司创发城分公司产品责任纠纷二审民事判决书"，http：//openlaw. cn/judgement/1058269d49894838bb3f82fd20a65c0c？keyword＝% EF% BC% 882015% EF% BC% 89% E6% B0% B8% E4% B8% AD% E6% B3% 95% E6% B0% 91% E4% B8% 89% E7% BB% 88% E5% AD% 97% E7% AC% AC329% E5% 8F% B7，2015 年 9 月 11 日访问。

并标示产品富含对人体有益的硒、锶等 20 多种常量及微量元素，违反了食品安全国家标准《预包装食品标签通则》（以下简称 GB 7718—2011）以及《预包装食品营养标签通则》（以下简称 GB 28050—2011）的规定，存在多处违法行为，属于不符合食品安全标准的产品，被告作为食品生产经营者在将食品带入流通领域时未尽到对食品是否符合国家安全标准的必要审查义务。

二是"营养成分表"未标示或错标配料是否违反食品安全国家标准。例如在（2015）台椒商初字第 2438 号判决①中，原告认为坚果外包装配料表中标有氢化大豆油。根据 GB 28050—2011 规定，涉案产品应在外包装"营养成分表"标示反式脂肪酸，但是涉案产品未标示。在（2015）一中民（商）终字第 07352 号判决②中，原告发现"坚果庄园什锦早餐麦片"配料中有"调味料"的成分，"调味料"不是配料的具体名称，不符合 GB 7718—2011 的强制性规定。

三是在营养标签标示的能量值与实际能量值悬殊巨大或外包装上的营养成分表及内包装上的营养成分表成分含量不符是否违反食品安全国家标准。例如，在长中民二终字第 06300 号判决③中，原告认为超市销售的松子商品在营养标签标示的能量值与实际能量值悬殊巨大，系未按食品安全国家标准在营养标签上如实标示营养信息，原审判决将其定性为"不符合安全标准的食品"。在（2015）淮中民终字第

---

① "何信剑与宁波保税区优百汇国际贸易有限公司台州经济开发区分公司买卖合同纠纷一审民事判决书"，http：//openlaw. cn/judgement/c55ec91e3d4d4e909a3b31e 25c038d4d？keyword = % E5% 9D% 9A% E6% 9E% 9C% E5% A4% 96% E5% 8C% 85% E8% A3% 85% E9% 85% 8D% E6% 96% 99% E8% A1% A8，2015 年 9 月 11 日访问。

② http：//openlaw. cn/judgement/c1e32de46cfc41c4822972c37ef01e63？keyword = % E5% 9D% 9A% E6% 9E% 9C% E5% A4% 96% E5% 8C% 85% E8% A3% 85% E9% 85% 8D% E6% 96% 99% E8% A1% A8，2015 年 9 月 11 日访问。

③ "李建高与湖南华润万家生活超市有限公司买卖合同纠纷二审民事判决书"，http：//openlaw. cn/judgement/aa8c2eaf12fd473fa43fc493cb34f175？keyword = % E8% B6% 85% E5% B8% 82% E9% 94% 80% E5% 94% AE% E7% 9A% 84% E6% 9D% BE% E5% AD% 90% E5% 95% 86% E5% 93% 81% E5% 9C% A8% E8% 90% A5% E5% 85% BB% E6% A0% 87% E7% AD% BE，2015 年 9 月 11 日访问。

01237 号判决①中，原告认为被告所售红枣不符合国家安全标准，涉案食品的内外包装所显示的营养成分表素值标注不一致，营养成分含量标示方式违反规定。在（2015）二中行终字第 1245 号判决②中，原告认为被告五种产品均标注营养声称：高蛋白、低糖。上述产品均没有在营养标签上标明含量，标签的标注不符合 GB 28050—2011 有关营养声称的标签标注要求，违反了国家食品安全标准，要求查处并对处理结果书面答复及依法给予奖励。

四是跨境电商进口食品超范围或超剂量添加及缺乏"无中文标识"。2015 年 5 月 8 日至 16 日期间，熊某在某跨境电商公司的实体店处购买了荷兰某品牌的奶粉 9 罐，后发现所有产品包装均无中文标签说明。熊某认为电商违反了 2009 年《食品安全法》第 66 条规定，预包装食品没有中文标签的不得进口。熊某要求电商退回购买奶粉货款 1887 元，并 10 倍赔偿 18 870 元。③

二、食品标签瑕疵的表现形式

（一）食品标签的法定要求

食品标签为食品包装上的文字、图形、符号及一切说明物。从食品标签的功能来看，食品标签有助于保护消费者的知情权，引导、指

---

① "李树明与江苏乐天玛特商业有限公司、江苏乐天玛特商业有限公司淮安淮海东路店等产品销售者责任纠纷二审民事判决书"，http：//openlaw. cn/judgement/2b2fe0156a94481d94a355377a3f1f57？keyword＝% EF% BC% 882015% EF% BC% 89% E6% B7% AE% E4% B8% AD% E6% B0% 91% E7% BB% 88% E5% AD% 97% E7% AC% AC01237% E5% 8F% B7，2015 年 9 月 11 日访问。

② "刘启明与北京市丰台区食品药品监督管理局其他二审行政判决书"，http：//openlaw. cn/judgement/d085fd5d4cdf42b4a8ac3245fcbe31f6？keyword＝% E5% AE% B6% E4% B9% 90% E7% A6% 8F% E5% 85% AC% E5% 8F% B8% E6% 96% B9% E5% BA% 84% E5% BA% 97% E9% 94% 80% E5% 94% AE% E7% 9A% 84% E6% 81% 92% E6% 85% A7% E9% 80% 9A% E8% 80% 81% E5% 8C% 97% E4% BA% AC% E7% 83% A7% E9% B8% A1，2015 年 9 月 11 日访问。

③ 吴晓锋："消费者因代购奶粉无中文标签状告跨境电商法院认定'全球购'属委托关系驳回诉求"，载《法制日报》2015 年 9 月 12 日。

导消费者选购食品，作为商品的小广告能起到促销作用，制造者通过标签向消费者进行承诺，有利于防止假冒进而维护生产者的合法权益，为市场管理和监督提供执法依据。

正是因为食品标签的上述重要功能，《食品安全法》、GB 7718—2011 及 GB 28050—2011 等法律法规及国家标准都对食品标签提出了严格要求，例如，GB 7718—2011 和《食品安全国家标准预包装特殊膳食用食品标签》（以下简称 GB 13432—2013）要求必须标明食品的出处，必须标明企业详情、生产商和经销商的真实信息，进口预包装食品应明确标示原产国国名或香港、澳门和台湾地区区名，还必须标示出在中国已经依法登记注册的代理商、进口商或经销商的详细名称和地址，以确保食品有源可溯。再如，GB 28050—2011 规定食品标签也要科学标明食品的能量和营养成分，如标注低脂肪、低胆固醇、低钠、无糖等文字。此外，本着尊重消费者知情权和自主选择权等权利，对于大豆、玉米、油菜籽和番茄等制品的转基因食品，还要明示转基因原料及其产地。法律法规和标准对食品标签的具体要求概况为以下三大方面：

一是食品标签应当真实。2015 年《食品安全法》第 71 条明确要求，食品和食品添加剂的标签不得含有虚假内容，生产经营者对其提供的标签内容负责。即食品的名称、成分、含量、生产日期、保质期等标签内容应当符合真实性要求。

二是食品标签应当合法。食品标签应当符合《食品安全法》《广告法》等法律法规的要求，不得违反法律法规规定的禁止性条款。例如，2015 年《食品安全法》第 71 条规定，食品和食品添加剂的标签不得涉及疾病预防、治疗功能。食品和食品添加剂的标签、说明书应当清楚、明显，生产日期、保质期等事项应当显著标注，容易辨识。

三是食品标签应当合标。食品标签的形式和内容两方面都需要符合 GB 7718—2011 及 GB 28050—2011 等国家标准要求。在形式上，食品标签应当符合法定和标准确定的事项齐全、标注方式合规。在内容上，食品标签应当符合国家标准要求的品种、适用范围和用量等要求。

根据《食品安全法》、GB 7718—2011 及 GB 28050—2011 等的规定，直接向消费者提供的预包装食品标签标示应包括食品名称、配料表、净含量和规格、生产者和（或）经销者的名称、地址和联系方式、生产日期和保质期、贮存条件、食品生产许可证编号、产品标准代号及其他需要标示的内容。预包装食品标签上向消费者提供食品营养信息和特性的说明，包括营养成分表、营养声称和营养成分功能声称。营养标签是预包装食品标签的一部分。营养标签包括营养成分表、营养声称和营养成分功能声称。营养标签是预包装食品标签的一部分。所有预包装食品营养标签强制标示能量、核心营养素的含量值及其占营养素参考值（NRV）的百分比。营养标签中的核心营养素包括蛋白质、脂肪、碳水化合物和钠。营养声称是对食品营养特性的描述和声明，如能量水平、蛋白质含量水平，包括含量声称和比较声称。

（二）食品标签瑕疵的表现形式

违反上述食品安全法律法规和标准要求的食品标签行为就是标签失范行为。综合相关法律规定和实践案例，笔者认为，食品标签失范主要包括标签不实和广义上的标签瑕疵两大情形，食品标签不实（标签错误、标签失真）是指食品和食品添加剂的名称、成分、含量、生产日期、保质期、生产许可证编号等标签标示内容错误或失真。

《新华字典》对"瑕疵"的解释是微小的缺点。食品标签的瑕疵虽违反了相关法律法规和标准要求，但并不存在食品内在的质量及安全问题，能够实现食品标签所要达到的基本作用，即能够满足消费者的知情权，能够对消费者起到指导使用等。[①] 因此，笔者认为，广义上的标签瑕疵实则包括标签不全、标签缺失及狭义标签瑕疵。

1. 食品标签缺失

没有中文标签或说明书的。以在跨境电子商务领域的进口食品没

---

① 胡财源："如何认定食品标签问题是否属于瑕疵"，载《首都食品与医药》2016年第 3 期。

有相应中文标签的这一案例为例加以说明。原告吴震于 2015 年 9 月 20 日、21 日分别在华联超市处购 "即品" 樱桃干 11 盒，单价 89 元，总计 979 元，该产品的原产地为台湾，生产厂商也是台湾的公司，该产品没有加贴中文标签，标识均为繁体字。吴震据此提出退货款及 10 倍赔偿。另查明，案涉产品系厦门泰昇贸易有限公司从台湾地区进口，且出入境检验检疫部门出具的卫生证书载明案涉产品可供食用。《最高人民法院关于审理食品药品纠纷案件适用法律若干问题的规定》第 15 条规定："生产不符合安全标准的食品或者销售明知是不符合安全标准的食品，消费者除要求赔偿损失外，向生产者、销售者主张支付价款十倍赔偿金或者依照法律规定的其他赔偿标准要求赔偿的，人民法院应予支持。" 根据 2009 年《食品安全法》第 99 条规定："食品安全，指食品无毒、无害，符合应当有的营养要求，对人体健康不造成任何急性、亚急性或者慢性危害。"[①] 故该司法解释第 15 条规定的 "不符合安全标准" 宜作实质性解读，即生产、销售的食品一般应存在有毒、有害、不符合应当有的营养要求，对人体健康可能造成任何急性、亚急性或者慢性危害等可能影响人体健康的有关问题。消费者依据该司法解释第 15 条规定请求生产者或者销售者支付价款 10 倍赔偿金的，应举证证明其所购买的食品存在上述不符合安全标准的事实，吴震仅以产品标识未加贴简体中文标签而要求退货款及 10 倍赔偿，法律依据不足。一审法院判决驳回原告吴震的诉讼请求。原告不服提起上诉，二审法院终审判决驳回上诉，维持原判。[②]

跨境电子商务与传统的进出口贸易有重大区别，事先加贴中文标签的是一般贸易模式，不符合跨境直邮和保税备货等典型跨境电子商

---

① 本部分案例适用法律为 2009 年《食品安全法》，判决生效时 2015 年《食品安全法》未施行。

② "上诉人吴震与被上诉人北京华联综合超市股份有限公司南京第四分公司买卖合同纠纷一案的民事判决书"，http://openlaw.cn/judgement/94461f24435342fd8a 07f4dc200d0321? keyword = % E4% B8% AD% E6% 96% 87% E6% A0% 87% E7% AD% BE，2016 年 4 月 26 日访问。

务模式的实际发展，因为跨境交易的商品产地在国外，并非针对中国市场专门生产，自然没有中文标识。如果强制要求进口商品加贴中文标签，特别是分小包装加贴的，可能造成小包装上标签拥挤。因此，在跨境电商环节的中文标签的强制性监管要求需要谨慎考虑可行性。

2. 食品标签不全

2015 年《食品安全法》第 67 条第 1 款规定预包装食品的包装上应当有标签，标签应当标明下列事项，即名称、规格、净含量、生产日期，成分或者配料表，生产者的名称、地址、联系方式，保质期，产品标准代号，贮存条件，所使用的食品添加剂在国家标准中的通用名称，生产许可证编号及其他等 9 个事项。遗漏一个或几个事项，则构成食品标签不全。例如，原告高某于 2014 年 6 月 17 日在被告中兴大厦购买了由长生岛公司生产的长生岛干海参特级礼盒 1 个，原价 15 600元，折后价 14 820 元，另赠海参酒一瓶。原告高某认为，该预包装海参应该符合《食品安全国家标准预包装食品标签通则》以及《食品安全国家标准预包装食品营养标签通则》的规定。而该海参外包装并没有作为预包装食品所必须具备的食品名称、配料表、食品生产证许可编号、产品代码、净含量、生产日期、保质期、能量、核心营养素的含量值等标注。因涉案预包装海参不符合上述两个标准的要求，违反了《食品安全法》的规定，故长生岛公司应 10 倍赔偿高峰购买海参的价款。一审法院、二审法院认为，仅因外包装不符合相关法律规定不足以证明涉案食品不符合食品安全标准，故对原告的 10 倍赔偿主张，不予支持。再审法院最终认定，因长生岛公司生产的海参仅外包装不符合《预包装食品营养标准通则》和《预包装食品标签通则》规定，尚不足以证明涉案海参不符合食品安全标准，故原审判决并无不妥。①

---

① "高峰与中兴－沈阳商业大厦（集团）股份有限公司、大连长生岛集团有限公司买卖合同纠纷申请再审民事裁定书"，http：//wenshu. court. gov. cn/content/content? DocID = 197822a9－08ed－4fa1－9452－d839eb8bb16c&KeyWord = % E9% A3% 9F% E5% 93% 81% E6% A0% 87% E7% AD% BE，2016 年 4 月 26 日访问。

3. 狭义上的食品标签瑕疵

狭义上的食品标签瑕疵是指标示内容虽与食品安全标准中的规定有所出入，但一般人仍能知悉标示所指的内容而不会发生误解，亦不至于做出错误的行为。[①] 有论者认为，还存在有标签不当的情况，标示瑕疵与标示不当的区别，主要在于是否会导致消费者的误解，如果造成了消费者的误解或者给其作出了错误的指引，那么便是标示不当而非瑕疵。[②] 笔者认为，以是否误导消费者区分标签瑕疵和标签不当不尽科学，因为按照食品安全相关法律法规和国家标准的要求，无论标签不当还是标签瑕疵，都是标签不合规的情形，都会对消费者造成误导。因此，标签瑕疵包含标签不当。

综上，笔者认为，标签瑕疵主要包括：一是营养成分表单位标注不当，例如，营养标示超过国家标准允许的误差范围，如能量、脂肪、钠等允许的误差范围是≤120% 标示值。二是修改间隔不对。例如，蛋白质含量应精确到小数点后，但只标注成整数了。三是没有标注质量等

[①] 例如，对于食品添加剂，标示名称应与国家标准中的规范名称相符，但如果仅文字上稍有不同，而不影响标示名称与规范名称之间的对应关系的辨认时，如将食品添加剂"焦糖色"（规范名称）标示为"焦糖色素"，虽不够规范，但一般人显然能根据标示清楚其具体所指，故而仅属于瑕疵。再如，《预包装食品营养标签通则》对"0"界限值作了规定，以蛋白质为例，蛋白质≤0.5g 的，应标示为 0。但如果某食品标示为 0.3g，即便其未采用高于国家标准的企业标准，也仅能认定该标示属于瑕疵。刘高："食品标签与食品安全惩罚性赔偿的司法处断"，载《人民法院报》2015 年 1 月 14 日。

[②] 其认为所谓"食品标签不当"，是指食品标签上的标示会使消费者产生误解，或者该标示会对消费者的行为产生错误的指引。主要包括配料或成分标示不当和营养成分标示不当。前者主要表现为对复合配料的标示，未按照《预包装食品标签通则》的规定，在标示复合配料后同时加上括号，按加入量的递减顺序标示复合配料的原始配料。例如，有的产品配料中使用了植脂末，但未进一步加括号标示植脂末的原始配料如氢化植物油、乳化剂、葡萄糖浆等。后者包括一是营养标示超过国家标准允许的误差范围，如能量、脂肪、钠等允许的误差范围是≤120% 标示值，若超过这一范围，便属标示不当。二是对除能量和核心营养素之外的其他营养成分进行了营养声称或营养成分功能声称，但未在营养成分表中标示该营养成分的含量。例如，声称含有各种微量元素、矿物质，但却未在营养成分表中标示。三是夸大营养成分，例如，声称产品富硒（0.04~0.3 微克），但实际上并不富含硒，声称低钠（小于 120 微克）但实际上并不低。刘高："食品标签与食品安全惩罚性赔偿的司法处断"，载《人民法院报》2015 年 1 月 14 日。

级。四是没有标注能量值。五是没有标注执行标准或未标示许可证编号。
六是净含量和固形物的标注不规范，大小包装的标签不规范等。

三、食品标签瑕疵的法律责任

（一）法律责任的规定

食品标签法律法规是规范食品标签管理、帮助消费者了解食品信息、保护消费者安全、维护食品行业健康发展的重要保障。规范食品标签、标识的相关法律法规及标准庞杂[①]，单是 2015 年《食品安全

---

① 据不完全统计，食品标签、标识的相关法律包括《食品安全法》《农产品质量安全法》等，行政法规有《乳品质量安全监督管理条例》，部门规章包括《国家质量监督检验检疫总局关于修改〈食品标识管理规定〉的决定》（总局 2009 年第 123 号令）、《农业转基因生物标识管理办法》（农业部令第 10 号）、《农产品包装和标识管理办法》（农业部令第 70 号），规范性文件主要包括卫生部《散装食品卫生管理规范》（卫法监发〔2003〕180 号）、《关于印发〈进出口食品、化妆品标签检验规程（试行）〉的通知》（国质检食函〔2006〕293 号）、《农业部 869 号公告 - 1 - 2007 农业转基因生物标签的标识》《卫生部等 6 部局关于含库拉索芦荟凝胶食品标识规定的公告》（2009 年第 1 号公告）、《关于销售包装中独立包装标识问题的答复意见的函》（函〔2009〕103 号）、《卫生部监督局关于含菊粉食品标识有关问题的批复》（卫监督食便函〔2009〕209 号）、《关于对黄酒酒精度标识问题的答复》（酿酒标委秘〔2011〕第 004 号）、《卫生部办公厅关于味精归属及标识有关问题的复函》（卫办监督函〔2011〕998 号）、原国家质检总局《关于实施〈进出口预包装食品标签检验监督管理规定〉的公告》（2012 年第 27 号公告）、《卫生部监督局关于月饼标签问题的复函》（卫监督食便函〔2012〕298 号）、《卫生部食品与监督局关于食品添加剂"特丁基对苯二酚（TBHQ）"标注问题的复函》（卫监督食便函〔2012〕549 号）、《卫生部办公厅关于预包装饮料酒标签标识有关问题的复函》（卫办监督〔012〕851 号）、《关于转发卫生部办公厅农业部办公厅"关于绿色食品标签标识有关问题的复函"的通知》（中绿科〔2013〕33 号）、《卫生部办公厅关于预包装食品标签标识有关问题的复函》（卫办监督〔2013〕36 号）、《关于保健食品变更或再注册事项后产品新旧标签有效性问题的复函》（食药监食监三便函〔2013〕46 号）、《农业部办公厅关于启用农业检测标识的通知》（农办质〔2013〕66 号）、《关于保健食品标签中不适宜人群标示问题的复函》（食药监食监三便函〔2013〕113 号）、《卫生部办公厅、农业部办公厅关于绿色食品标签标识有关问题的复函》（卫办监督函〔2013〕140 号）、《关于食品中使用菌种标签标示有关问题的复函》（卫办监督函〔2013〕367 号）、《关于食品中使用菌种标签标示实施时间的复函》（卫办监督函〔2013〕419 号）、《国家卫生与计划生育委员会关于重复使用玻璃瓶包装食品的营养标签标示问题的复函2013 年 5 月》《关于同意配制酱油和配制食醋标签延长使用的函》（商务部流通发展司 2013 年 7 月），各种标准包括：《有机产品第 3 部分：标识与销售》（GB/T 19630.3—2005）、《食用香精标签通用要求》（QB/T 4003—2010）、《预包装食品标签通则》（GB 7718—2011）、《预包装食品营养标签通则》（GB 28050—2011）、《预包装特殊膳食用食品标签通则》（GB 13432—2004）、《预包装特殊膳食用食品标签》（GB 13432—2013，2015 年 7 月 1 日废止）。

法》规范食品标签的相关法律条文就包括第 26 条第 4 项、第 34 条、第 63 条、第 67~72 条、第 78 条、第 94 条、第 97 条、第 109 条、第 124 条、第 125 条第 2 款、第 148 条第 2 款等之多。违反食品标签管理的法律责任主要包括行政责任、民事责任及刑事责任，下文主要讨论前两种法律责任。

1. 行政责任

2015 年《食品安全法》第 124、125 条都归到了食品标签的行政责任。行政处罚种类包括责令改正、没收违法所得和违法生产经营的食品和食品添加剂、没收用于违法生产经营的工具、设备和原料等物品、罚款、责令停产停业及吊销许可证等。

《食品安全法》第 125 条第 2 款专门规定了食品标签瑕疵的行政责任，即责任改正和罚款。根据第 125 条第 2 款的规定，食品标签内容不符合法律相关要求，只有在不影响食品安全并且不会对消费者造成误导的情况下，方可认定属于"瑕疵"，可以依据"但书"条款处罚。符合上述认定，应当考虑以下方面：标签内容应当真实、标签内容应符合食品安全标准要求、标签不存在违反禁止性条款内容、不会对消费者造成误导。①

2. 民事惩罚性赔偿责任

引发食品标签错误或瑕疵法律责任问题多是一些职业索赔人利用 2015 年《食品安全法》第 148 条的"假一赔十"的惩罚性赔偿规定。前文所提到的案例中，有很多都是行政责任和民事责任并存，是消费者基于监管部门对食品生产经营者采取了行政处罚措施的基础上，提起民事惩罚性赔偿请求。

2015 年《食品安全法》第 148 条规定了消费者对生产者和经营者的民事赔偿请求权，因不符合食品安全标准的食品受到损害的，消费

---

① 缪宝迎："刍议食品标签'瑕疵'的认定"，载《中国医药报》2015 年 8 月 19 日。

者可以向经营者要求赔偿损失，也可以向生产者要求赔偿损失。第 2
款明确规定，生产不符合食品安全标准的食品或者经营明知是不符合
食品安全标准的食品，消费者除要求赔偿损失外，还可以向生产者或
者经营者要求支付价款 10 倍或者损失 3 倍的赔偿金，但不影响食品安
全且不会对消费者造成误导的食品标签瑕疵除外。

（二）法律责任的问题

1. 食品标准问题

食品和食品添加剂标签相关的国家标准之间以及国家标准和行业
标准之间仍存在交叉甚至相互冲突。在 2009 年《食品安全法》通过
之前，我国有食品、食品添加剂、食品相关产品国家标准 2000 余项，
行业标准 2900 余项，地方标准 1200 余项。《食品安全法》通过后，
卫生行政部门对食品相关标准进行了清理，梳理标准间的矛盾、交叉、
重复等问题。截至目前，国务院卫生行政部门已经公布了近 500 项食
品安全国家标准。① 有关食品标签方面，当前已公布的食品安全国家
标准主要有：《预包装食品标签通则》《预包装特殊膳食用食品标签》
《预包装食品营养标签通则》。除此之外，针对某一特定食品的食品安
全国家标准中也有的对标签问题做了规定。但食品标签相关国家标准
之间及国家标准和行业标准之间仍存在一些冲突和矛盾之处。如对于
红枣清洗要求，根据 GB 7718—2011 的规定要求，在国内生产并在国
内销售的预包装食品（不包括进口预包装食品）应标示产品所执行的
标准代号和顺序号。但根据《免洗红枣标准》（GB/T 5835）的规定，
对于以成熟的鲜枣或干枣为原料，经挑选、清洗、干燥、杀菌、包装
等工艺制成的无杂质可以食用的干枣，属于免洗红枣。再如，对于标
签执行标准的标注，根据 GB 7718—2011 的规定要求，在国内生产并

---

① 信春鹰主编：《中华人民共和国食品安全法解读》，中国法制出版社 2015 年版，
第 64 页。

在国内销售的预包装食品（不包括进口预包装食品）应标示产品所执行的标准代号和顺序号，但根据农业部《农产品包装和标识管理办法》（第70号令）的规定，可以不标注执行标准。

国内外标准和分类也存在差异问题。例如，进口食品添加剂的超范围、超剂量添加，还有营养强化剂，符合国外标准的进口食品添加剂，如果按照国内的 GB 2760 国家标准，就属于超标或不合规。再如，进口食品的片剂和胶囊，在国内无此食品分类，封蜡和硬脂酸镁等按国内标准，适用范围不包含片剂和胶囊。还有是食品加药问题，进口食品很常见，但国内不允许。

2. 执法机构协调问题

根据原国家质检总局《进出口食品安全管理办法》第18条第1款的规定，进口食品经检验检疫合格的，由检验检疫机构出具合格证明，准予销售、使用。检验检疫机构出具的合格证明应当逐一列明货物品名、品牌、原产国（地区）、规格、数/重量、生产日期（批号），没有品牌、规格的，应当标明"无"。但是，在实践中，很多进口食品经过了检验检疫机构出具的合格证明后，却在销售使用过程中，可能存在不符合卫计委或食药监管理部门的相关要求，这样就出现了执法标准不一致或重复执法的情形。目前，在跨境电子商务进口环节和国内零售环节之间的联动机制缺乏，跨境电子商务市场监管的海关、检验检疫、质检、工商等众多执法部门之间的信息共享和联合执法协调不畅。

3. 第148条第2款但书的适用范围过窄，实际上削弱但书的积极功能

根据 2015 年《食品安全法》第 125 条第 2 款规定："生产经营的食品、食品添加剂的标签、说明书存在瑕疵但不影响食品安全且不会对消费者造成误导的，由县级以上人民政府食品药品监督管理部门责令改正；拒不改正的，处二千元以下罚款。"2015 年《食品安全法》

第 148 条第 2 款的但书规定，对于食品仅存在标签的表面瑕疵，且这些瑕疵不影响食品本身的安全，也不会对消费者选购产品造成误导，其生产经营者的民事责任不适用 10 倍赔偿。根据第 125 条第 2 款及第 148 条第 2 款的但书规定，"标签说明书瑕疵但不影响食品安全且不会误导消费者的"行政责任是责令改正，民事责任免于承担惩罚性赔偿。因此，第 148 条第 2 款但书的适用主要有"不影响食品安全"和"不会对消费者造成误导"两大条件，二者必须同时并存。

对于"不影响食品安全"要求，根据 2015 年《食品安全法》第 150 条对食品安全的定义，食品标签瑕疵的食品必须是无毒无害，符合应当有的营养要求，不会给消费者造成急性、亚急性、慢性危害的。这点比较好理解和证明。

对于"不会对消费者造成误导"的要求，根据 2015 年《食品安全法》的相关要求，食品标签的内容应当真实、应当合法（不违反法律法规禁止性条款内容）及应当符合食品安全标准要求。但是，对于何种情形不至于"对消费者造成误导"的判定标准，又显得较为主观。对于食品的名称、规格、净含量、生产日期、成分或者配料表、生产者名称、地址和联系方式、保质期、产品标准代、贮存条件、所使用的食品添加剂在国家标准中的通用名称、生产许可证编号等食品标签事项中的任何一项不符合国家标准的，都可能会被认定为"对消费者造成误导"，应当承担相应的民事责任和行政责任。

第 148 条第 2 款规定是惩罚性赔偿，应当适用的是相对较为严重的情形。但书条款的立法本意是想将那些食品标签存在笔误或不规范等形式上的瑕疵但食品本身是安全的情形排除在外，不属于生产不符合食品安全标准的食品或经营明知不符合食品安全标准的食品，在制裁消费欺诈、保护消费者合法权益的同时，维持正常的食品生产和经营秩序，避免被一些"职业商闹"所利用。但是在现实执法、司法和消费者维权实践中，真正"不影响食品安全且不会对消费者造成误导的"食品标签瑕疵,是非常少见的,适用范围非常狭窄,例如,仅适用于食品标签中计量单位英文字母的大小写错误的情形。因此,第148条第2款但书条款后面"且不会对消费者造成误导"的表述,实际上削弱甚至让但书条款的功能丧失殆尽。

四、结语

近年来,各地商家经营者频受职业索赔人困扰,各地行政监管部门受理职业索赔人的申诉、举报及因不服申诉、举报、政府信息公开等事项的处理而提起行政复议乃至诉讼的案件数量也大幅增长,极大地不合理占用了经营主体对正常消费者服务资源、监管部门和司法部门的宝贵行政资源和司法资源。但是,职业索赔人主要针对食品标签问题而非真正关心食品本身的安全问题,购买量巨大,很多中小企业不堪重负,甚至破产,食品标签内容又属于食品安全国家标准,司法部门基本采纳行政监管部门的处罚意见,标签类的行政处罚能否区别于食品安全,或明确标注属于标签瑕疵是需要加以规范的问题。虽然说规范食品标签是食品安全管理的重要手段,但是,不可否认的是,当下的食品标签泛化问题相当严重,一定程度上显示出食品安全行政监管方面的专业性判断制度供给不足。为了从源头上强化食品标签的规范化,避免食品标签泛化,应当从制度上建立起食品标签的法律法规及标准规范体系,并加强指引作用。

(一) 进一步清理和统一食品标签相关的国家标准和行业标准

正如《国务院关于印发深化标准化工作改革方案的通知》(国发〔2015〕13号)所指出,标准交叉重复矛盾,不利于统一市场体系的建立。目前,现行国家标准、行业标准、地方标准数量庞大,有些标准技术指标不一致甚至冲突,既造成企业执行标准困难,也造成政府部门制定标准的资源浪费和执法尺度不一,缺乏强有力的组织协调,交叉重复矛盾难以避免,进而要求整合精简强制性标准。在标准体系上,逐步将现行强制性国家标准、行业标准和地方标准整合为强制性国家标准。① 在随后的国务院法制办公开发布的《关于〈中华人民共和国标准化法（修订草案征求意见稿）〉的说明》中，针对强制性标准层级多，内容交叉、重复甚至矛盾等突出问题，草案明确将强制性标准范围限定为保障人身健康和生命财产安全、国家安全、生态环境安全以及满足社会经济管理基本要求需要统一的技术和管理要求。②

为了深入贯彻落实国务院《深化标准化工作改革方案》（国发〔2015〕13 号）相关要求，坚持简政放权、鼓励科技创新，建议进一步清理和统一食品标签相关的国家标准和行业标准，在国家标准中适当减少那些不影响食品安全的强制性要求。因为在我国的标准体系中，还存在着大量的国家标准和行业标准同时运行、规范企业行为的情形。国家标准分为强制性标准和推荐性标准。除强制性国家标准之外，不得制定其他的强制性标准。建议取消强制性行业标准，将其纳入国家标准体系中。建议将食品标签区分为对食品安全构成直接或实质性影响的标签和不造成急性或直接危害的标签，对前者归入国家标准中进行强制性要求，对后者作为推荐性标准，不做统一的强制性要求。

（二）加强执法协同，避免重复执法，对平台赋权赋能

对于跨境电子商务的进口食品，经检验检疫合格的，由检验检疫机构出具合格证明，在销售和使用过程中，其他执法部门（食药监和工商部门）不能以其不符合相应的食品卫生标准进行处罚，事先协调

---

① 《国务院关于印发深化标准化工作改革方案的通知》（国发〔2015〕13 号）在阐释标准化工作改革的必要性和紧迫性时指出，标准是生产经营活动的依据，是重要的市场规则，必须增强统一性和权威性。目前，现行国家标准、行业标准、地方标准中仅名称相同的就有近 2000 项，有些标准技术指标不一致甚至冲突，既造成企业执行标准困难，也造成政府部门制定标准的资源浪费和执法尺度不一。特别是强制性标准涉及健康安全环保，但是制定主体多，28 个部门和 31 个省（区、市）制定发布强制性行业标准和地方标准；数量庞大，强制性国家、行业、地方三级标准万余项，缺乏强有力的组织协调，交叉重复矛盾难以避免。

② 《国务院法制办公室关于公布〈中华人民共和国标准化法（修订草案征求意见稿）〉公开征求意见的通知》，http://www.chinalaw.gov.cn/article/cazjgg/201603/20160300480477.shtml，2016 年 3 月 28 日访问。

确定好食品安全标准，执法过程中加强协同。真正建立跨境电子商务进口环节和国内零售环节的联动机制，未来加强海关、检验检疫、质检、工商等部门的信息共享和联合执法协调。

监管部门积极地承担起监管规制作用，调整相关投诉、举报、奖励门槛，将职业索赔人区分开来。对平台赋权赋能，发挥平台的私力自治作用，构建起新型社会共治模式，从"反向挑刺"到"正向挑担"。

（三）明确界定标签瑕疵

在未来的《食品安全法》的修订过程中，建议删除"且不会对消费者造成误导"的表述，恢复但书条款的功能。食品安全基本标准即食品无毒、无害，符合应当有的营养要求，对人体不造成任何急性、亚急性或者慢性危害。预包装食品营养标签不符合国家标准的，虽属于"不符合安全标准的食品"。但是，"不符合安全标准的食品"不等同于"不安全的食品"。

建议在《食品安全法实施条例》等配套法规里明确"存在不影响食品安全且不会对消费者造成误导的瑕疵"的相关适用情形，便于执法操作。建议在配套法规里，将标签不规范的行为区分为标签错误和标签瑕疵，标签瑕疵又细分为标签不全、标签缺失及标签不当。建议配套法规采取概括加列举方式进行定义，明确界定食品（含食品添加剂）标签、说明书"瑕疵"，即为食品、食品添加剂的标签、说明书在字符间距、字体大小、标点符号、简体繁体、修约间隔、营养成分表单位标注、质量等级标注、净含量和固形物标注等非食品安全标签和说明书实质内容存在危及人身、他人财产安全的不合理的危险，或者不符合强制性国家标准的情形，不影响食品安全。

食品安全法修订对企业
食品安全合规制度的影响

郑　宇　闵娜娜　孙　玄　林　涛[*]

导读

2015 年新修订的《食品安全法》（以下简称"2015 年《食品安全法》"），对食品生产经营企业应遵守的食品安全合规要求和义务做出了较为全面和细致的规定，与 2009 年施行的《食品安全法》（以下简称"2009 年《食品安全法》"）相比，或为承继、或为创新。本章着眼于介绍 2015 年《食品安全法》在食品生产经营企业食品安全合规领域引起的重要变化，以及该法下食品生产经营企业完善的食品安全合规制度的构建与内涵，以期为食品生产经营企业在实践中更好地遵守该法下的食品安全合规要求和义务提供一定的指引。

本章第一节概括了 2015 年《食品安全法》在企业食品安全合规要求方面的重大变化以及合规制度的基本框架；第二节则落脚于阐述 2015 年《食品安全法》下企业建立健全完善食品安全合规制度的具体内涵，比如全程追溯制度、生产经营关键环节控制制度等；第三节总结了 2015 年《食品安全法》下对于特殊领域（包括保健食品、婴幼儿配方食品、网络食品交易第三方平台等）的食品安全合规要求；第四节则重点梳理了 2015 年《食品安全法》下与食品安全合规相关的

---

* 郑宇，君合律师事务所合伙人；闵娜娜、孙玄、林涛分别为君合律师事务所律师。

法律责任及其变化，并提出本法实施后存在的法律责任竞合和配套执法依据等问题。

一、2015 年《食品安全法》对企业食品安全合规制度的影响

（一）2015 年《食品安全法》的重大变化

2015 年《食品安全法》在 2009 年《食品安全法》搭建的制度框架基础上做出修订和完善，该等修订和完善体现在如下方面。

1. 统一食品安全监管机构

2009 年《食品安全法》建立了"多头管理"的监管框架，分别由质量监督检验部门、工商部门和食品药品监督管理部门对食品生产、流通和餐饮服务实行分段监管，这种多头监管体制易形成监管漏洞和部门之间责任界限不清。2013 年 3 月 14 日，第十二届全国人民代表大会第一次会议审议通过《国务院机构改革和职能转变方案》，将分段监管调整为由食品药品监督管理部门对食品生产经营活动进行统一监管，权责更加明确，全国人大通过的这一方案与 2009 年《食品安全法》的规定不一致，2015 年《食品安全法》系根据全国人大通过的该方案对 2009 年《食品安全法》做出修订，使得监管体系的转变有了明确的法律依据。

2. 明确建立更为严格的食品生产经营全过程监管制度

2015 年《食品安全法》在 2009 年《食品安全法》的基础上强化了食品生产经营全过程监管，致力于建立食品安全追溯体系，保证食品可追溯。

3. 针对特殊领域和特殊食品做出针对性的制度设计和补充

与修订前相比，2015 年《食品安全法》专门设立了特殊食品一节，集中规定包括保健食品、婴幼儿配方食品以及特殊医学用途配方食品的特殊法律要求，在吸纳该领域的很多已有规定的同时，也引入了一些变化和突破，如保健食品的注册和备案相结合制度、扩展婴幼儿配方食品的监管范围等。

4. 建立更为严格的法律责任制度

为了促使食品生产经营企业严格遵守食品安全合规要求，提高违法者的违法成本且有力打击违法行为，2015 年《食品安全法》建立了更为严格的法律责任制度。例如，2015 年《食品安全法》第 123 条对于违反食品安全法的部分行为（比如用非食品原料生产食品、在食品中添加食品添加剂以外的化学物质和其他可能危害人体健康的物质等），执行刑事责任优先的原则，且规定最高可处以货值金额 30 倍的罚款①。再如，2015 年《食品安全法》第 135 条规定食品生产经营者在 1 年内累计 3 次受到处罚则处以停产停业，直至吊销许可证。2015 年《食品安全法》明显提高了监管机关的处罚力度和违法经营者的违法成本。

（二）企业食品安全合规的主要内容

笔者对 2015 年《食品安全法》下的食品安全合规要求进行了梳理，合规要求的主要内容基本可以概括为以下五个部分。

1. 市场准入合规

延续修订前的监管框架，2015 年《食品安全法》依然要求从事食品生产、食品销售和餐饮服务的企业依法取得许可。对于食品添加剂的生产许可，2009 年《食品安全法》虽建立了食品添加剂生产许可制度，但规定食品添加剂生产许可的条件和程序按照国家有关工业产品生产许可证管理的规定执行，2015 年《食品安全法》则规定食品添加剂生产许可的程序应按照食品生产许可的程序办理，进一步将食品添加剂纳入食品领域进行监管。对直接接触食品的包装材料等具有较高风险的食品相关产品，2015 年《食品安全法》明确规定按照国家有关工业产品生产许可证管理的规定实施生产许可。

在市场准入的实践操作层面，值得食品生产经营企业注意的是，自 2009 年《食品安全法》及其实施条例起建立的"先证后照"制度

---

① 2009 年《食品安全法》下罚款的最高金额为货值金额的 10 倍。

（即新设食品生产、经营企业，需在办理工商登记之前取得相应的食品生产、经营许可证），已于 2014 年 10 月被《国务院关于取消和调整一批行政审批项目等事项的决定》打破，"食品生产许可"、"食品流通许可"和"餐饮服务许可"均改为企业工商登记的后置审批事项。

此外，实践中，时常有企业通过设立分公司开展食品生产经营或餐饮服务活动的情形，对于这种情形，依照相关规定①，笔者认为，分公司也需要单独取得相应的食品生产经营许可证，否则将存在被视为"无证经营"的风险。

2. 食品安全标准合规

承继 2009 年《食品安全法》的相关规定，2015 年《食品安全法》亦将食品安全标准分为国家标准、地方标准和企业标准。食品安全标准为强制执行的标准。继承之外不乏突破，2015 年《食品安全法》在食品安全国家标准的制定主体、国家标准和地方标准的范围划分等方面对 2009 年《食品安全法》在如下方面作出补充和修订。

（1）2009 年《食品安全法》规定食品安全国家标准由国务院卫生行政部门负责制定和公布；而根据 2015 年《食品安全法》，食品安全国家标准由国务院卫生行政部门会同国务院食品药品监督管理部门制定、公布。食品药品监督管理部门作为当前食品安全领域内的执法者，其可以充分利用其大量的执法实践经验参与和完善食品安全国家标准的制定，有助于提高食品安全国家标准的可操作性。

与此相关，2015 年《食品安全法》明确规定，食品中农药残留、兽药残留的限量规定及其检验方法与规程由国务院卫生行政部门、国

---

① 《国家食品药品监管总局办公厅关于集团公司及其分公司申办食品生产许可有关问题的复函》（食药监办食监一函〔2015〕91 号）："集团公司可以和所属的分公司（包括具有法人资格和非法人资格，下同）一起申请食品生产许可证；集团公司所属的分公司也可以单独申请食品生产许可证。"

务院农业行政部门会同国务院食品药品监督管理部门制定；屠宰畜、禽的检验规程由国务院农业行政部门会同国务院卫生行政部门制定。

（2）食品安全国家标准草案将向社会公布，听取公众意见。作为与百姓切身利益关系密切的食品安全领域国家标准，其制定过程公开化、民主化，是一种必然和应有的趋势。

（3）限制食品安全地方标准的适用范围。在 2009 年《食品安全法》中，针对任何食品而言，只要尚未制定食品安全国家标准的，即可制定地方标准。该规定未能解决各地食品安全标准不一致的问题。根据 2015 年《食品安全法》，省级卫生行政部门仅有权对没有食品安全国家标准的地方特色食品制定和公布地方标准，且相关国家标准制定后，该地方标准即行废止，这较大限缩了地方食品安全标准的空间，一定程度上缓解地方食品安全标准不一致的问题。

（4）进出口食品的安全标准适用。2015 年《食品安全法》除延续修订前的规定，要求进口的食品、食品添加剂以及食品相关产品应当符合我国食品安全国家标准，亦增加了对出口食品生产企业应遵循的食品安全标准的要求。根据 2015 年《食品安全法》，出口食品生产企业应当保证其出口食品符合进口国（地区）的标准或者合同要求，但未规定进口国无标准且合同无要求的情形下如何处理。前述情形下，笔者认为仍应适用《进出口食品安全管理办法》[1] 第 24 条的相关规定，即"在进口国家（地区）无相关标准且合同未有要求的情况下，应当保证出口食品符合中国食品安全国家标准"。

3. 食品原料使用合规

对于食品原料的使用，2015 年《食品安全法》一如既往地禁止生产和经营用非食品原料生产的食品或者添加食品添加剂以外的化学物质和其他可能危害人体健康物质的食品，或者用回收食品作为原料生产的食品，禁止生产经营用超过保质期的食品原料、食品添加剂生产

---

[1]　由国家质量监督检验检疫总局于 2011 年 9 月 13 日公布，2012 年 3 月 1 日施行。

的食品，以及禁止生产经营超范围、超限量使用食品添加剂的食品等。对于前述虽为底线，却在实践中屡被少数企业挑战的规定，2015年《食品安全法》再次予以明确。对于这类严重的违法行为，该法规定的法律责任明显加重，从修订前最高可处食品货值金额10倍罚款提高至30倍罚款，并增加情节严重者但尚不构成犯罪的，可由公安机关对其直接负责的主管人员和其他直接责任人员处以拘留的处罚，以期重典治乱。

此外，2015年《食品安全法》延续修订前的基本要求，对如下几种特殊的食品原料使用情形作出明确规定：

（1）新原料和新品种。利用新的食品原料生产食品，或者生产食品添加剂新品种、食品相关产品新品种，应当向国务院卫生行政部门提交相关产品的安全性评估材料。国务院卫生行政部门应当自收到申请之日起60日内组织审查并出具准予许可或不予许可的书面文件。

（2）药品的添加。生产经营的食品中不得添加药品，但是可以添加按照传统既是食品又是中药材的物质。

4. 生产经营管理合规

针对食品生产经营管理的全过程，本次修订在2009年《食品安全法》的基本制度框架之上作出更为完善的制度设计和补充，比如强化食品安全管理制度，增加对食品生产经营企业主要负责人和食品安全管理人员的要求，新增生产经营关键环节控制制度、食品安全自查制度、食品批发企业销售记录制度、食品安全全程追溯制度等，并进一步细化和完善从业人员健康管理制度、进货查验制度、出厂检验记录制度、食品召回制度等。该等制度的详细要求和具体适用请参见本章第二节的内容。

5. 产品标识/广告合规

对于食品标签标识管理，目前可有效适用的法律、法规和国家标准包括《食品安全法》、《食品标识管理规定》①、《进出口预包装食品标签检验监督管理规定》②、《食品安全国家标准　预包装食品标签通则》（GB 7718—2011）③、《预包装食品特殊膳食用食品标签》（GB13432—2013）④、《预包装食品营养标签通则》（GB28050—2011）⑤ 和《食品添加剂标识通则》（GB29924—2013）⑥ 等。2015 年《食品安全法》对食品标签和标识做出原则性规定，前述规章和食品安全标准则做出更为细致的规定。从食品生产经营企业的角度而言，前述各项规定均应严格遵守。

尽管2009 年《食品安全法》亦对食品标签标识做了单独规定，然而，对与食品安全、营养有关的标签、标识、说明书的要求，既可以由食品安全标准来规定，也可以食品安全法律法规来规定，还可以由质量监督检验部门的食品标识类专项规章予以规定，其中不免产生竞合甚至不一致。例如，2009 年《食品安全法》第 42 条规定，预包装食品的包装上应当有标签，其中保质期是必须标明的事项。而根据《食品标识管理规定》和《食品安全国家标准预包装食品标签通则》（GB 7718—2011），乙醇含量 10% 以上（含 10%）的饮料酒、食醋、食用盐、固态食糖类可以免除标注保质期。实践中，这类法律规定之间"相互打架"的情形可能让食品生产经营者无所适从。为厘清食品安全标准、法律法规规章的各自适用范围、效力等级，以及保持法律秩序的统一性和严肃性，2015 年《食品安全法》在食品标签标识方面明确规定"食品安全国家标准对标签标注事项另有规定的，从其规定"，一定程度上解决了《食品安全法》与相关国家标准之间规定不一致的问题。

---

① 由国家质量监督检验检疫总局于 2007 年 8 月 27 日公布，并于 2009 年 10 月 22 日予以修订。
② 由国家质量监督检验检疫总局于 2012 年 2 月 27 日公布，2012 年 6 月 1 日施行。
③ 由中华人民共和国卫生部于 2011 年 4 月 20 日发布，2012 年 4 月 20 日施行。
④ 由国家卫生和计划生育委员会于 2013 年 12 月 26 日发布，2015 年 7 月 1 日施行。
⑤ 由国家卫生部于 2011 年 11 月 2 日发布，2013 年 1 月 1 日施行。
⑥ 由国家卫生和计划生育委员会于 2013 年 12 月 7 日发布，2015 年 6 月 1 日施行。

就食品标签标识管理领域，值得关注的是，2015 年《食品安全法》明确增加了食品经营者对食品标签的义务和责任。在修订前，食品标签标识的法律义务和责任主要由食品生产者承担，而 2015 年《食品安全法》则强调了食品经营者对在食品标签标注方面的责任，要求对其提供的食品标签、说明书的内容负责，并对相关食品广告内容的真实性、合法性负责。此外，对于近年来社会热议的转基因食品标签，为保障消费者的知情权，2015 年《食品安全法》明确规定，生产经营转基因食品应当按照规定显著标示。

对于食品相关广告的管理，2015 年《食品安全法》的原则是，除该法对于食品广告做出特殊规定的情形外，均应适用《广告法》的相关规定。食品广告的监管主体（工商部门）和法律责任亦应遵循《广告法》。比如，对于保健食品广告，2015 年《食品安全法》要求必须声明"本品不能代替药物"，且广告内容应当经生产企业所在地省、自治区、直辖市人民政府食品药品监督管理部门审查批准，取得保健食品广告批准文件。这与《广告法》对于保健食品广告的规定是一致的①；此外，2015 年《食品安全法》明确规定特殊医学用途配方食品广告适用广告法及相关法律、行政法规关于药品广告管理的规定。

二、食品生产经营企业食品安全合规制度建设

（一）目前食品生产经营企业合规制度建设的现状和主要问题

2014 年 7 月，上海媒体报道了麦当劳、肯德基等多家大型餐饮连锁企业肉类供应商上海福喜食品有限公司（"福喜"）大量采用过期变

---

① 《中华人民共和国广告法》（2015 年 4 月 24 日发布，2015 年 9 月 1 日起施行）第 18 条规定："保健食品广告不得含有下列内容：（一）表示功效、安全性的断言或者保证；（二）涉及疾病预防、治疗功能；（三）声称或者暗示广告商品为保障健康所必需；（四）与药品、其他保健食品进行比较；（五）利用广告代言人作推荐、证明；（六）法律、行政法规规定禁止的其他内容。保健食品广告应当显著标明'本品不能代替药物'。"

质肉类产品的行为。根据报道，福喜通过过期食品回锅重做、更改保质期标印等手段加工过期劣质肉类，再将生产的麦乐鸡块、牛排、汉堡肉等售给肯德基、麦当劳、必胜客等合作伙伴。事件曝光后，包括食品药品监督管理部门、公安部门在内的相关执法部门对福喜及其负责人和相关食品生产经营企业进行调查，采取了一定行政管理措施。福喜六名高级管理人员被刑事拘留①，上海市食品药品监督管理局多次约谈百胜、麦当劳、棒约翰、德克士、汉堡王、卡乐星等部分连锁餐饮企业，要求其在官网上公布本企业所有食品供应商、食品原料及相关资质材料、每批食品出厂检验报告，目前，数家连锁餐饮企业已在其官网上公开了主要食品原料供应商信息，开通了供应商信息查询服务。② 截至 2015 年 1 月 4 日，在上海、北京、辽宁、河南、四川和山东等 6 省（市）食药监部门的监督和当地公证机关的公证下，福喜将其生产并已召回所有问题食品共 521. 21 吨，全部实施无害化处理，问题食品召回和无害化处理工作已全部结束。③

　　"福喜事件"是近年来国内发生的严重食品安全事件之一，与瘦肉精、苏丹红等违法使用食品添加剂问题不同，该事件反映了现代企业中食品安全合规建设的落后现状。从整体上看，中国食品生产经营企业食品安全问题频出，反应了合规制度水平普遍较低的现状，多数企业未依法建立合规制度，或者未能落实其已有合规制度。例如，原国家食品药品监督管理总局在 2014 年 9 月发布的"农村食品市场'四打击四规范'专项整治行动政策解读"中指出，制造假冒伪劣商品、进货查验、索证索票未落实，利用过期变质原料生产食品等，都

<hr />

① "福喜事件已有 6 名高管被刑拘　食品安全事件零容忍"，载新浪网，http：//sh. sina. com. cn/news/b/2014 - 08 - 04/0718104407. html，2015 年 6 月 20 日访问。

② "市食药监局要求：连锁餐饮企业须'晒'供应商"，载新浪网，http：//sh. sina. com. cn/news/b/2014 - 08 - 10/0715105389. html，2015 年 6 月 20 日访问。

③ "上海福喜召回 521. 21 吨问题食品已全部无害化处理"，载新浪网，http：//sh. sina. com. cn/news/m/2015 - 01 - 04/detail - iawzunex8658185. shtml，2015 年 6 月 20 日访问。

是当前农村食品市场存在的突出问题和隐患。① 从上述案例来看，即使是大型跨国企业也未能真正落实这些制度。在中国，食品生产经营企业合规制度建设通常面临以下几个问题：

1. 合规制度不够具体和明确

本次修订之前，2009 年《食品安全法》也规定了部分食品安全合规制度，但是法律条款较为原则，对于企业来说，特别是中小型企业来说，由于缺乏相关管理经验，难以真正建立该等合规制度。例如，2009 年《食品安全法》对于进货查验记录制度、出厂检验记录制度仅原则性要求检验记录应当真实。此次修订后，2015 年《食品安全法》要求食品生产经营企业保存相关凭证，增加了具体操作要求，又能够验证记录的真实性。又如，2015 年《食品安全法》增加了生产经营关键环节控制制度，要求企业从关键环节实施控制要求，保证所生产的食品符合食品安全标准，将如何实施食品安全标准具体到整个生产流程中。但是，我们同时也注意到，2015 年《食品安全法》中仍有部分合规制度刚刚出台，有待于通过制定配套法规、标准来落实该等合规制度的具体要求，否则又有可能流于形式，包括食品安全自查制度（第 47 条）以及食品安全全程追溯制度（第 42 条）。

2. 企业未切实履行合规义务影响整个食品供应链安全

各企业未能履行自身合规义务，规范其生产经营行为，影响了整个食品供应链的安全问题，导致整个食品供应链自我纠正机制缺失，不能及时防范和阻止食品安全问题的发生。例如，在上述福喜案例中，上游企业出现问题后未及时通知下游企业召回产品，而下游企业，即连锁餐饮企业也未能通过进货检验、关键环节把控、自查等内部制度及时发现上游企业存在的食品安全问题，导致问题食品最终流向了消费者。修订之后，2015 年《食品安全法》针对各个环节的生产经营企

---

① "农村食品市场'四打击四规范'专项整治行动政策解读"，载原国家食品药品监督管理总局，http：//www.sfda.gov.cn/WS01/CL1684/107000.html，2015 年 6 月 20 日访问。

业规定了较为严格的合规制度，是否能够真正落实到食品供应链的各个环节，还有待未来进一步考察。

3. 未能有效落实对食品从业人员的监督管理

目前中国大部分食品从业人员教育水平不高，企业建立自身合规制度后，如何将一整套制度落实到具体操作人员上，仍然是个待解决的问题。此次修订后，2015年《食品安全法》第44条与2009年《食品安全法》下食品安全管理制度条款相比，额外赋予了食品药品监督管理部门对企业的食品安全管理人员进行随机监督抽查考核的职权，将在一定程度上增强了对食品从业人员的监督力度。

4. 违法成本较低

由于2009年《食品安全法》为基础的法律框架对于违法企业处罚力度较低，导致食品生产经营企业没有感觉足够的压力去建立完整的合规制度，规范其生产经营流程。如上所述，此次修订建立了更为严格的法律责任制度，包括增加了应当予以处罚的情形（包括第126条规定的对未建立相应企业食品安全合规制度的行政处罚），提高了处罚金额，还增加了第134条就多次违反《食品安全法》的处罚。此次修订赋予了主管机关更多的管理处罚权限，以提高违法成本的形式推动食品生产经营企业规范其生产经营行为。

（二）企业依法建立健全完善食品安全合规制度的内涵

针对上述现状和问题，本部分梳理了2015年《食品安全法》下对于食品生产企业和经营企业的合规制度建设要求，并与2009年《食品安全法》对应制度进行了比较（见表2-6-1）。下列制度均为2015年《食品安全法》要求食品生产企业或经营企业建立的合规制度，新法实施后，相关食品生产企业和经营企业有义务落实以下制度，建立相对完善的自我合规制度，否则食品药品监督管理部门有可能给予行政处罚。

表 2 - 6 - 1

制度	内容概要	适用主体	主要变化
食品安全管理制度（第44条）	企业应建立健全食品安全管理制度，对职工进行食品安全知识培训，加强食品检验工作，依法从事生产经营活动；企业主要负责人应当落实企业食品安全管理制度，对本企业的食品安全工作全面负责；应当配备食品安全管理人员，加强对其培训和考核。经考核不具备食品安全管理能力的，不得上岗。	食品生产企业、食品经营企业	2009年《食品安全法》第32条已规定企业应建立食品安全管理制度，但本次修订明确了企业的主要负责人对本企业的食品安全工作全面负责，同时规定食品药品监督管理部门可以对企业的食品安全管理人员进行随机监督抽查考核。
从业人员健康管理制度（第45条）	企业应建立并执行从业人员健康管理制度；患有国务院卫生行政部门规定的有碍食品安全疾病的人员，不得从事接触直接入口食品的工作；从事接触直接入口食品工作的食品生产经营人员应当每年进行健康检查，取得健康证明后方可上岗工作。	食品生产企业、食品经营企业	2009年《食品安全法》第34条已规定了企业应建立从业人员健康管理制度。本次修订的主要变化是：将患有不得从事接触直接入口食品的疾病由原来在法条中列举具体疾病种类①改为援引有关规定，为此后根据科学和实践的发展更新疾病范围留下灵活空间。将每年需进行健康检查的人员范围，由所有"食品生产经营人员"缩小为"从事接触直接入口食品工作的食品生产经营人员"，使得该项制度规定更加科学和合理。

---

① 2009年《食品安全法》第34条规定，患有痢疾、伤寒、病毒性肝炎等消化道传染病的人员，以及患有活动性肺结核、化脓性或者渗出性皮肤病等有碍食品安全的疾病的人员，不得从事接触直接入口食品的工作。

制度	内容概要	适用主体	主要变化
生产经营关键环节控制制度（第46条）	食品生产企业应当就下列事项制定并实施控制要求，保证所生产的食品符合食品安全标准： （1）原料采购、原料验收、投料等原料控制； （2）生产工序、设备、贮存、包装等生产关键环节控制； （3）原料检验、半成品检验、成品出厂检验等检验控制； （4）运输和交付控制。	食品生产企业	本次修订新增制度。 目的是要求食品生产企业从原料采购、生产工序、成品出厂、运输和交付等整个生产流程和环节制度控制制度并严格实施，以确保所生产的食品符合食品安全标准。
食品安全自查制度（第47条）	定期对食品安全状况进行检查评价； 生产经营条件发生变化，不再符合食品安全要求的，食品生产经营者应当立即采取整改措施； 有发生食品安全事故潜在风险的，应当立即停止食品生产经营活动，并向所在地县级人民政府食品药品监督管理部门报告。	食品生产企业、食品经营企业	本次修订新增制度。

续表

制度	内容概要	适用主体	主要变化
进货查验记录制度（第50条、53条）	食品生产企业采购食品原料、食品添加剂、食品相关产品，应当查验供货者的许可证和产品合格证明；对无法提供合格证明的食品原料，应当按照食品安全标准进行检验；不得采购或者使用不符合食品安全标准的食品原料、食品添加剂、食品相关产品；建立食品原料、食品添加剂、食品相关产品进货查验记录制度，如实记录食品原料、食品添加剂、食品相关产品的名称、规格、数量、生产日期或者生产批号、保质期、进货日期以及供货者名称、地址、联系方式等内容，并保存相关凭证；进货记录和凭证保存期限不得少于产品保质期满后6个月；没有明确保质期的，保存期限不得少于2年。	食品生产企业	2009年《食品安全法》第36条已规定食品生产企业应建立进货查验记录制度。本次修订的主要变化是：在企业应当记录的进货内容中增加了"生产日期或者生产批号""保质期"和"供货者地址"等记录内容；增加对进货凭证保存的要求；此前统一规定"保存期限不得少于2年"，此次修订规定对产品有无保质期情形下进货记录及凭证的保存期限要求进行了区分：保存期限不得少于产品保质期满后6个月；没有明确保质期的，保存期限不得少于2年。

制度	内容概要	适用主体	主要变化
进货查验记录制度（第50条、53条）	食品经营企业应查验供货者的许可证和食品出厂检验合格证或者其他合格证明； 建立食品进货查验记录制度，如实记录食品的名称、规格、数量、生产日期或者生产批号、保质期、进货日期以及供货者名称、地址、联系方式等内容，并保存相关凭证。进货记录和凭证保存期限不得少于产品保质期满后6个月；没有明确保质期的，保存期限不得少于2年； 实行统一配送经营方式的食品经营企业，可以由企业总部统一查验供货者的许可证和食品合格证明文件，进行食品进货查验记录。	食品经营企业	2009年《食品安全法》第39条已规定食品经营企业应建立进货查验记录制度。 本次修订的主要变化是： 在企业应当记录的进货内容中增加了"生产日期"和"供货者地址"等记录内容； 增加对进货凭证保存的要求； 此前统一规定"保存期限不得少于2年"，此次修订规定对产品有无保质期情形下进货记录及凭证的保存期限要求进行了区分：保存期限不得少于产品保质期满后6个月；没有明确保质期的，保存期限不得少于2年。
食品出厂检验记录制度（第51条）	企业应建立食品出厂检验记录制度，查验出厂食品的检验合格证和安全状况； 如实记录食品的名称、规格、数量、生产日期或者生产批号、保质期、检验合格证号、销售日期以及购货者名称、地址、联系方式等内容，并保存相关凭证；	食品生产企业	2009年《食品安全法》第31条已规定食品生产企业应建立出厂检验记录制度。 本次修订的主要变化是： 在企业应当记录的出厂检验内容中增加了食品"保质期"和"购货者地址"等记录内容； 增加对出厂相关凭证保存的要求；

续表

制度	内容概要	适用主体	主要变化
食品出厂检验记录制度（第51条）	出厂检验记录和相关凭证保存期限不得少于产品保质期满后6个月；没有明确保质期的，保存期限不得少于2年。	食品生产企业	此前统一规定"保存期限不得少于2年"，此次修订规定对产品有无保质期情形下进货记录及凭证的保存期限要求进行了区分：保存期限不得少于产品保质期满后6个月；没有明确保质期的，保存期限不得少于2年。
食品销售记录制度（第53条）	从事食品批发业务的经营企业应当建立食品销售记录制度，如实记录批发食品的名称、规格、数量、生产日期或者生产批号、保质期、销售日期以及购货者名称、地址、联系方式等内容，并保存相关凭证；销售记录和相关凭证保存期限不得少于产品保质期满后6个月；没有明确保质期的，保存期限不得少于2年。	食品批发企业	本次修订新增条款。该条款参照对食品生产企业出厂检验制度而规定。
食品安全全程追溯制度（第42条）	企业应当建立食品安全追溯体系，保证食品可追溯；鼓励食品生产经营者采用信息化手段采集、留存生产经营信息，建立食品安全追溯体系。	食品生产企业、食品经营企业	本次修订新增制度。

制度	内容概要	适用主体	主要变化
食品召回制度（第63条）	食品生产者或经营者发现其生产或经营的食品不符合食品安全标准或者有证据证明可能危害人体健康的，应当立即停止生产或经营，召回已经上市销售的食品，通知相关生产经营者和消费者，并记录召回和通知情况。 食品生产者或经营者应当对召回的食品采取无害化处理、销毁等措施，防止其再次流入市场。但是，对因标签、标志或者说明书不符合食品安全标准而被召回的食品，食品生产者在采取补救措施且能保证食品安全的情况下可以继续销售；销售时应当向消费者明示补救措施。 食品生产者或经营者应当将食品召回和处理情况向所在地县级人民政府食品药品监督管理部门报告；需要对召回的食品进行无害化处理、销毁的，应当提前报告时间、地点。食品药品监督管理部门认为必要的，可以实施现场监督。	食品生产企业、食品经营企业	2009年《食品安全法》第53条已规定食品召回制度。 本次修订的主要变化是： 除"不符合食品安全标准"外，增加"有证据证明可能危害人体健康"作为食品召回条件之一，为在有关食品安全标准尚不完善的情况下，对可能对消费者人体健康造成危害的食品的召回提供了明确法律依据； 给予因标签、标志或说明书不符合食品安全标准而被召回的食品在采取补救措施且保证食品安全的情况下继续销售的可能性，在严格执法的同时避免不必要的浪费； 食品召回的监管部门由原来的质检、工商和药监三家部门统一定为食品药品监督管理部门； 增加食品生产者和经营者对食品召回和处理情况的报告义务。
食品安全事故处置方案（第102条）	食品生产经营企业应当制定食品安全事故处置方案，定期检查本企业各项食品安全防范措施的落实情况，及时消除事故隐患。	食品生产企业、食品经营企业	与2009年《食品安全法》原第71条的规定内容基本相同。

尽管 2015 年《食品安全法》要求食品生产经营企业建立的上述合规制度体系已较完善，但上述制度在实际执行中可能还会面临如下待解决的问题：

1. 关于食品安全管理制度

2015 年《食品安全法》虽然明确了食品生产经营企业的主要负责人应对本企业食品安全工作全面负责，但新法对企业主要负责人未切实履行食品安全工作责任却没有规定相应明确和具体的处罚措施。因此，在缺乏严厉处罚措施的情况下，所谓的"全面负责"在实践中恐怕难以得到有效执行。此外，企业的"主要负责人"范围不清，是指法定代表人、董事长还是总经理？"主要负责人"的范围不清也可能造成责任难以具体落实到位，也不排除出现同类事件处罚负责人的范围不同、人员身份存在很大差异，出现处罚乱象，这就需要出台相关配套细则予以规制。

2. 关于从业人员健康管理制度

由于 2015 年《食品安全法》不再列举禁止患有不得从事接触直接入口食品的相关疾病的种类，而是援引国务院卫生行政部门规定的有关疾病种类，因此国务院卫生行政部门应同步制定相关规定，使得新法生效的同时，同时出台执法中可以援引的相关规定。

3. 关于关键环节控制制度

2015 年《食品安全法》增加了第 46 条生产经营关键环节控制制度，就食品生产企业的关键环节提出控制要求，但是却没有对食品经营企业提出类似要求。食品经营企业也是食品供应链上的重要环节，存在实施关键环节控制制度的必要性。如果食品经营企业未能在关键环节实行严格控制，例如食品采购、贮存、运输环节，可能将问题食品直接销售给消费者。就现阶段而言，鉴于 2015 年《食品安全法》未对食品经营企业提出关键环节控制要求，监管机关应加强对食品经营企业其他合规制度的监督管理，以弥补关键环节控制制度的暂时空缺。

4. 关于食品安全全程追溯制度

目前市场上存在不同的食品安全溯源技术，如果不同生产企业采用不同的食品溯源技术，那么对于食品经营企业，尤其是综合性的食品经营企业，将可能增加建立和运行食品安全溯源制度的技术难度和成本投入。企业是追溯体系的主体，但食品药品监督管理部门应该做好追溯体系的法律顶层建设，可考虑牵头研究和评估各种技术的优缺点，制定食品安全溯源制度规范，推广运用成本合理、通用性高和方便各类企业和消费者使用的食品安全溯源技术并制定相应的标准进行规范。

三、特殊领域食品安全合规要求

（一）进口食品合规要求

2015 年《食品安全法》在基本承袭 2009 年《食品安全法》规定的基础上，主要增加了进口商对进口食品的审查和召回义务，并明确了对进口食品添加剂的监管。在 2015 年《食品安全法》框架下，食品进口相关企业将承担更多的食品安全管理责任。

1. 明确进出口食品的监督管理机关

2015 年《食品安全法》明确了国家出入境检验检疫部门为进出口食品的监督管理机关，统一了国家出入境检验检疫部门对进出口商品（含进口食品、食品添加剂和食品相关产品）的监管地位。监管职权的集中，在提高行政效率的同时，也有利于降低进口食品相关企业的合规成本。但是，就出入境检验检疫部门在从事与标准相关的审查、监管工作时与其他标准制定、执行监管机关的合作、配合和交流的问题，2015 年《食品安全法》并没有作出规定。实践中，标准执行上的差异很可能给进口企业造成严重损失，鉴于此，笔者建议监管机关之间应当加强合作、配合和交流。

2. 对进口食品、食品添加剂和食品相关产品的合规要求

（1）进口的食品、食品添加剂和食品相关产品应符合食品安全国

家标准。2015 年《食品安全法》沿袭了 2009 年《食品安全法》的国家标准门槛，即进口的食品、食品添加剂和食品相关产品应符合食品安全国家标准。但对于尚无国家标准的进口食品和食品添加剂而言，2015 年《食品安全法》摒弃了安全性评估制度，而采取了暂予适用制度。国务院卫生行政部门对境外出口商、境外生产企业或者其委托的进口商提交的相关国家（地区）标准或者国际标准进行审查，认为符合食品安全要求的，决定暂予适用，并及时制定相应的食品安全国家标准。

对进口利用新的食品原料生产的食品或者进口食品添加剂新品种、食品相关产品新品种，2015 年《食品安全法》继续沿用了安全性评估的监管模式。

与 2009 年《食品安全法》相配套的是卫生部①监督局于 2010 年 8 月发布的《进口无食品安全国家标准食品许可管理规定》（卫监督发〔2010〕76 号）。其规定，进口商申请进口无食品安全国家标准食品许可时，需向审评机构提交企业标准及检测办法。② 2015 年《食品安全法》进一步拉高了进口食品标准门槛，进口尚无国家标准的食品的，申请人需提交相关国家（地区）标准或者国际标准，从而防止进口商进口仅有企业标准却无相关国家（地区）标准或者国际标准的食品，提高了进口食品的安全性。

鉴于此，2015 年《食品安全法》实施后，进口商在选择进口食品时，需要特别关注进口食品是否具有相关国家（地区）标准或者国际标准，否则很可能面临无法通过审查的风险。

（2）明确对食品添加剂的管理。2009 年《食品安全法》要求进口的预包装食品应具有中文标签和说明书；此外，进口商应建立食品的进口和销售记录制度。2015 年《食品安全法》进一步明确了进口食品添加剂也需符合上述规定。

---

① 已由 2013 年组建的国家卫生和计划生育委员会取代。
② 《进口无食品安全国家标准食品许可管理规定》第 5 条第 4 项。

对食品添加剂的管理并非此次修订的创新之举。《食品安全法实施条例》（国务院令第 557 号，2009 年 7 月 20 日开始实施）就已明确进口的食品添加剂应当有中文标签和中文说明书，并对标签和说明书的必备内容作了详细规定。① 此次修订，只是将效力层级由行政条例提升到法律层级，对企业而言，在进口食品添加剂时，其义务并未发生实质性变化。

3. 对食品进口相关企业的合规要求

（1）将进口商纳入备案管理范围。此次修订较 2009 年《食品安全法》而言，明确将进口商纳入备案管理范围，实现了与《进口食品进出口商备案管理规定》的有效衔接。② 2015 年《食品安全法》实施后，在无相反规定的前提下，进口商的备案管理（如申请材料、备案程序等内容）仍应适用《进口食品进出口商备案管理规定》。

（2）进口商应建立境外出口商、境外生产企业审核制度。对进口商而言，此次修订最重要的内容之一在于进口商需要承担对境外出口商、境外生产企业的审核义务。然而，2015 年《食品安全法》并未详细规定进口商审核的范围及内容，只原则性的要求进口商应审核境外出口商、境外生产企业向我国出口的食品、食品添加剂、食品相关产品是否符合本法以及我国其他有关法律、行政法规的规定，是否符合食品安全国家标准的要求，其标签、说明书的内容是否符合有关规定。

基于 2015 年《食品安全法》的规定，笔者认为，进口商建立审核制度时，应确保审核内容包含下列事项：

1）境外出口商是否已向国家出入境检验检疫部门备案；境外生产企业是否经国家出入境检验检疫部门注册；

---

① 《食品安全法实施条例》第 40 条。
② 《进口食品进出口商备案管理规定》第 8 条明确规定，进口食品收货人应当向其工商注册登记地检验检疫机构申请备案，并对所提供备案信息的真实性负责。

2）进口的食品、食品添加剂、食品相关产品是否符合食品安全国家标准；如进口尚无食品安全国家标准的食品、食品添加剂的，该食品或食品添加剂是否有相关国家（地区）标准或者国际标准，是否已获国务院卫生行政部门批准暂予适用；

3）如进口利用新的食品原料生产的食品或者进口食品添加剂新品种、食品相关产品新品种，境外出口商、境外生产企业是否已办理安全性评估并取得进口许可；

4）预包装食品、食品添加剂是否具有中文标签、说明书，其内容是否符合 2015 年《食品安全法》第 97 条的规定。

鉴于进口商还需审核进口食品、食品添加剂或食品相关产品是否符合 2015 年《食品安全法》外的其他有关法律、行政法规，进口商在建立审核制度，确定审核范围时，可能面临较大的不确定性。对进口商而言，审核范围的界限尤为重要。过宽的审核范围，容易加重进口商的合规负担；而过窄的审核范围，又容易造成食品安全风险。为确保进口食品质量达标，如要求进口商对境外生产商的食品质量管理体系、场地卫生环境、生产加工流程等方面均实施审核，无疑将对进口商造成极大的合规负担。因此，在 2015 年《食品安全法》作了原则性规定的情况下，有待主管部门进一步细化和明确进口商的审核范围和内容，或出台相关指南、指引，以便进口商制定审核制度时能有法可循，主管机关实施监管时能有法可依。

（3）明确进口商的食品召回义务。国家质量监督检验检疫总局于 2007 年发布的《食品召回管理规定》即初步建立了食品召回制度；2009 年《食品安全法》以法律形式将食品召回制度固定了下来。2015 年《食品安全法》进一步将食品召回制度的适用主体扩大到进口商，完善了食品召回体系。除此之外，值得注意的是，根据 2015 年《食品安全法》，食品召回制度的监督管理机关由原国家质检总局和省级质监部门[①]改

---

① 《食品召回管理规定》第 5 条。

为食品药品监督管理部门。鉴于法律的效力位阶高于国务院部门规章，2015 年《食品安全法》实施后，即使《食品召回管理规定》仍未废止，也应优先适用该法的相关规定。事实上，为配合 2015 年《食品安全法》的实施，原国家食品药品监督管理总局于 2015 年 3 月 11 日出台了于 2015 年 9 月 1 日起实施的《食品召回管理办法》，对食品召回制度的具体程序、规则，食品生产经营者的义务、责任等内容进行了细化，从法律法规层面确保了 2015 年《食品安全法》实施后食品召回制度主管机关的平稳过渡。

2015 年《食品安全法》规定，发现进口食品不符合我国食品安全国家标准或者有证据证明可能危害人体健康的，进口商应当立即停止进口，召回已经上市销售的食品，通知相关生产经营者和消费者，并记录召回和通知情况。

从条文的表述上看，"发现"的主体并不局限于进口商，任何单位、个人发现进口食品不符合国家标准或者有证据证明可能危害人体健康的，进口商均有停止进口的义务。由于食品召回将产生额外成本，将进口商纳入食品召回制度有利于间接督促进口商从源头保证进口食品质量。

（二）特殊食品合规要求

2009 年《食品安全法》对特殊食品的监管并不完善。首先表现在结构的编排上，2009 年《食品安全法》并没有专门针对特殊食品的章节，相关规定散落在若干条文中①；这在某种程度上表明，该法制定时，特殊食品的监管并没有形成系统、独立的制度。其次，2009 年《食品安全法》中有关保健食品、特殊医学用途配方食品、婴幼儿配方食品及其他针对特定人群的主辅食品的法律规定较少。2015 年《食品安全法》对上述不足之处，进行了补充和完善。

---

① 2009 年《食品安全法》第 20 条、28 条、42 条、51 条。

1. 保健食品

2015 年《食品安全法》对保健食品的监管主要集中在管理模式、标签、说明书和广告等方面。

（1）管理模式由单一注册制变为注册和备案结合制。2015 年《食品安全法》一改以往对保健食品"一刀切"的注册管理手段，而采取了注册和备案结合的分类管理模式。笔者对相关规定进行了梳理（见表 2 - 6 - 2）：

表 2 - 6 - 2

保健食品类型	管理模式	主管机关
使用保健食品原料目录以外原料的保健食品	注册	原国家食品药品监督管理总局
首次进口的保健食品（不含属于补充维生素、矿物质等营养物质的保健食品）	注册	原国家食品药品监督管理总局
属于补充维生素、矿物质等营养物质且首次进口的保健食品	备案	原国家食品药品监督管理总局
其他保健食品	备案	省级食品药品监督管理部门

此次管理模式改革保留了对高风险产品的注册制管理，而对于相对低风险的保健食品则交由国家或省级主管部门进行备案管理。分类、分级管理模式有望大大降低 2009 年《食品安全法》下注册管理机关的行政负担，提升行政效率。单一注册管理手段导致的耗时冗长、费用奇高等问题，早已为业内所诟病。据媒体报道，保健食品注册往往耗时 2～5 年，费用一度高达 1000 万元。[①]

备案制的引入为监管机关带来了工作量的分流，对于保健品生产企业而言，省去了漫长的等待，保健食品从研发到投入市场的时间得以缩短。至于分类管理会带来多大的提速，有待实践检验。

---

① "保健食品加速去行政化"，载食品商务网，http://www.21food.cn/html/news/35/1308973.htm，2015 年 6 月 23 日访问。

　　为确保 2015 年《食品安全法》下保健食品注册与备案制度的有效实施，原国家食品药品监督管理总局于 2016 年 2 月 26 日出台了《保健食品注册和备案管理办法》，将于 2016 年 7 月 1 日开始施行，取代了现行的《保健食品注册管理办法（试行）》。《保健食品注册和备案管理办法》对保健食品注册的条件、审评内容、程序、时限和要求，以及保健食品备案的条件和程序作出了较为详尽的规定。

　　然而，就《保健食品注册和备案管理办法》施行前已获注册的保健食品在该办法施行后是否继续有效这一保健食品生产企业格外关注的问题，《保健食品注册和备案管理办法》本身并未作出明确的解答，仅规定了特定情形下保健食品注册向备案转化的方式。具体而言，根据《保健食品注册和备案管理办法》第 32 条第 2 款①，已获注册的保健食品向备案管理转化，需满足三个条件：1）保健食品所使用的原料被列入保健食品原料目录；2）符合相关技术要求；3）保健食品注册人提交了变更或期满续展的申请。对不符合上述条件但又已取得批准注册的保健食品，如使用的原料未列入原料目录的保健食品，其注册是否继续有效呢？

　　对上述问题，原国家食品药品监督管理总局在 2016 年 3 月 1 日出台的《保健食品注册和备案管理办法解读》中作了初步解答："对现有已批准注册的保健食品，采取分期分批、依法合规、稳步推进的原则开展清理换证工作。通过清理换证，使新老产品审评标准保持一致。清理换证方案另行规定。""清理""使新老产品审评标准保持一致"等表述，在某种程度上暗示了已获批准注册的保健食品在《保健食品注册和备案管理办法》施行后并不当然地延续其注册效力。有鉴于此，保健食品相关生产企业应密切关注清理换证方案的制定和出台，争取尽早做好准备工作，以实现平稳过渡。

---

　　① 《保健食品注册和备案管理办法》第 32 条第 2 款规定："获得注册的保健食品原料已经列入保健食品原料目录，并符合相关技术要求，保健食品注册人申请变更注册，或者期满申请延续注册的，应当按照备案程序办理。"

（2）明确保健功能目录和保健食品原料目录的管理功能。虽然2009 年《食品安全法》并未引入保健功能目录，但在《保健食品注册管理办法（试行）》中可以找到相关规定。根据《保健食品注册管理办法（试行）》，拟申请的保健功能可以超出原国家食品药品监督管理总局公布的范围，但申请人需要满足额外的程序和要求①，如自行进行动物试验和人体试食试验，并提供功能研发报告。

随着 2015 年《食品安全法》和《保健食品注册和备案管理办法》的出台，《保健食品注册管理办法（试行）》将走下历史的舞台。2015年《食品安全法》进一步加强了对保健食品保健功能的管理，从本法第 75 条的表述上来看，允许保健食品声称的保健功能仅限于国家制定和公布的保健功能目录范围内的内容。此外，《保健食品注册和备案管理办法》第 10 条明确规定，保健产品声称的保健功能应当已经列入保健食品功能目录。因此，保健品生产企业在拟定保健功能的表述时，不得再声称目录以外的保健功能，即使其实施了相关动物试验和人体试食试验，并提供了功能研发报告。保健食品生产企业今后需进一步严格规范保健功能的表述，不得任意改变和创造。

为弥补因严格限定保健功能表述而可能造成的创新限制，2015 年《食品安全法》赋予了国务院食品药品监督管理部门会同国务院卫生行政部门、国家中医药管理部门对保健食品保健目录予以调整的权力。原国家食品药品监督管理总局于 2015 年 7 月 28 日发布的《保健食品保健功能目录与原料目录管理办法（征求意见稿）》第 14 条规定，任何单位或者个人在开展相关研究的基础上，可以向原国家食品药品监督管理总局保健食品审评中心提出拟列入保健功能目录的保健功能申请和保健功能目录调整申请。如该规定正式写入日后出台的《保健食

---

① 《保健食品注册管理办法（试行）》第 20 条规定："拟申请的保健功能在国家食品药品监督管理局公布范围内的，申请人应当向确定的检验机构提供产品研发报告；拟申请的保健功能不在公布范围内的，申请人还应当自行进行动物试验和人体试食试验，并向确定的检验机构提供功能研发报告。"

品保健功能目录与原料目录管理办法》，保健食品生产企业可通过将其研发的新保健功能列入目录的方式，扫除保健食品声明新保健功能的障碍。

此外，2015 年《食品安全法》要求保健食品原料目录应当包括原料名称、用量及其对应的功效，列入保健食品原料目录的原料只能用于保健食品生产，不得用于其他食品生产。对于普通食品生产企业而言，在使用既可以用于普通食品，也可以用于保健食品的原料时，应特别注意该原料是否被纳入保健食品原料目录。如已纳入该目录，食品生产企业应及时办理保健食品备案，不应再当作普通食品进行生产。同理，食品进口商也应密切关注保健食品原料目录的制定、出台和更新，根据该目录对进口的商品进行判断，对使用保健食品原料的食品，应及时向原国家食品药品监督管理总局申办保健食品注册或备案。

（3）完善保健食品的标签、说明书及广告管理。在保健食品的标签、说明书管理上，2015 年《食品安全法》对保健食品生产企业、进口商提出了新要求，即保健食品的标签和说明书中均应注明"本品不能代替药物"，但却未明确是否需要显著标示。这可能会导致不同的生产企业、进口商在制作、印制标签、说明书时，对是否需要在显著位置或以显著方式注明"本品不能代替药物"的字样产生不同理解。为了有效保护消费者的知情权，同时避免不同保健食品生产经营企业之间的不公平竞争，笔者建议食品药品监督管理部门对上述文字说明的标注方式及要求给出更为具体的指导意见。

2015 年《食品安全法》增加了专门针对保健食品的广告管理规定。保健食品广告除了应满足一般食品广告应真实合法，不涉及疾病预防、治疗功能的要求外，还应当声明"本品不能代替药物"，与2015 年修订的《广告法》相关规定①一致。

---

① 《广告法》（主席令第 22 号，2015 年 9 月 1 日实施）第 18 条。

此外，2015 年《食品安全法》还要求保健食品广告必须通过省级食品药品监督管理部门的审查，取得保健食品广告批准文件，实现了与《保健食品广告审查暂行规定》的衔接和统一①。在 2015 年修订的《广告法》中，也明确要求保健食品广告在发布前应由有关部门对广告内容进行审查；未经审查的，不得发布。②

2. 特殊医学用途配方食品

特殊医学用途配方食品，又名"医用食品"，20 世纪 80 年代刚引进中国时，我国在相关领域的监管一片空白。③ 随着业界对特殊医学用途配方食品认识的不断深入，特殊医学用途配方食品的食品属性逐步得到承认和认可。国家卫生行政部门分别于 2010 年和 2013 年先后颁布了《特殊医学用途婴儿配方食品通则》（GB 25596—2010）、《特殊医学用途配方食品通则》（GB 29922—2013）和《特殊医学用途配方食品良好生产规范》（GB 29923—2013）三项国家标准。④ 其中，《特殊医学用途配方食品通则》第 2.1 条，将特殊医学用途配方食品定义为："为了满足进食受限、消化吸收障碍、代谢紊乱或特定疾病状态人群对营养素或膳食的特殊需要，专门加工配制而成的配方食品。"

2015 年《食品安全法》首次以法律形式为特殊医学用途配方食品的食品属性正名，将其纳入"特殊食品"章节。由于特殊医学用途配方食品针对患有特殊疾病的人群，且需在医生或临床营养师的指导下使用，其安全性和功能有效性较一般食品而言，更为重要。有鉴于此，2015 年《食品安全法》沿用了注册管理制度。此外，特殊医学用途配方食品广告适用药品广告管理的规定。

---

① 《保健食品广告审查暂行规定》第 4 条。
② 《广告法》（主席令第 22 号，2015 年 9 月 1 日实施）第 46 条。
③ "特殊医学用途配方食品市场即将启动"，载《中国食品报》，http://www.39yst.com/xinwen/267166.shtml，2015 年 6 月 23 日访问。
④ 同上。

为贯彻执行 2015 年《食品安全法》下特殊医学用途配方食品注册管理制度，原国家食品药品监督管理总局于 2016 年 3 月 7 日出台了《特殊医学用途配方食品注册管理办法》，并将于 2016 年 7 月 1 日正式实施。《特殊医学用途配方食品注册管理办法》对特殊医学用途配方食品的主管机关、注册申请人、注册程序、注册时限、临床试验要求和标签、说明书要求等事项作了详细规定，具体而言：

明确了特殊医学用途配方食品的注册人为拟在我国境内生产并销售特殊医学用途配方食品的生产企业和拟向我国境内出口特殊医学用途配方食品的境外生产企业[①]；

明确了特殊医学用途配方食品的范围，包括适用于 0 月龄至 12 月龄的特殊医学用途婴儿配方食品和适用于 1 岁以上人群的特殊医学用途配方食品[②]，但不包括医疗机构配制的供病人食用的营养餐[③]；

明确了特殊医学用途配方食品注册的一系列程序和相应时限，包括但不限于申请与受理、技术审评、现场核查、抽样检验、临床试验现场核查、专家论证等内容。

由于 2015 年《食品安全法》施行前特殊医学用途配方食品是按照药品予以监管的[④]，且适用药品注册的程序和要求，2015 年《食品安全法》实施后，特殊医学用途配方食品的食品属性得以正名，并将按照独立于药品注册程序的一套制度予以监管，两套制度如何衔接和过渡成为实操中难以回避的问题。遗憾的是，无论 2015 年《食品安全法》《特殊医学用途配方食品注册管理办法》或原国家食品药品监督管理总局对《特殊医学用途配方食品注册管理办法》的解读，均未就前述衔接和过渡的问题作出规定或解答。有鉴于此，笔者建议相关企

① 《特殊医学用途配方食品注册管理办法》第 8 条。
② 《特殊医学用途配方食品注册管理办法》第 48 条。
③ 《特殊医学用途配方食品注册管理办法》第 51 条。
④ 原国家食品药品监督管理总局于 2016 年 3 月 10 日发布的《特殊医学用途配方食品注册管理办法》解读第一点。

业密切关注主管机关的后续动态，希望在《特殊医学用途配方食品注册管理办法》正式实施前，上述问题能够得以妥善解决。

3. 婴幼儿配方食品

"三鹿奶粉"事件发生后，婴幼儿配方食品的质量和安全成为监管的重中之重。2015年《食品安全法》为婴幼儿配方食品的监管提供了一套较为系统的法律制度，具体而言：

（1）要求婴幼儿配方食品生产企业将食品原料、食品添加剂、产品配方及标签等事项向省级食品药品监督管理部门备案；

（2）要求婴幼儿配方食品生产企业实行全过程质量控制，对婴幼儿配方乳粉生产企业实施逐批检验；

（3）对婴幼儿配方乳粉的产品配方实施注册管理；

（4）禁止婴幼儿配方乳粉生产企业以分装方式生产婴幼儿配方乳粉；

（5）禁止婴幼儿配方乳粉生产企业"换汤不换药"，用同一配方生产不同品牌的婴幼儿配方乳粉。

国内婴幼儿配方乳粉生产企业平均拥有的产品配方数量，较国外同类企业而言，是后者的 6~10 倍。[①]产品配方质量良莠不齐，配方与配方之间，可能并不存在实质性差异。大量的产品配方充斥市场，可能只是婴幼儿配方乳粉生产企业为吸引消费者而不断变换的噱头。根据2015年《食品安全法》，办理婴幼儿配方乳粉注册时，申请人应当提交配方研发报告和其他表明配方科学性、安全性的材料。通过审查产品配方的科学性，对于只是改变非必要、非功能性成分的产品配方，主管机关可以决定不予注册。此外，原国家食品药品监督管理总局于2015年9月2日发布的《婴幼儿配方乳粉产品配方注册管理办法（试行）（征求意见稿）》还提出了两套限制企业产品配方数量的方案。

---

① "中国拟对婴幼儿配方乳粉配方实行注册管理"，载中国新闻网，http://www.chinanews.com/gn/2015/04-20/7219005.shtml，2015年6月23日访问。

具体而言，方案一提出，同一企业申请注册的同年龄段产品配方之间应当具有明显差异，食品安全国家标准规定的可选择性成分应当相差6种以上，并有科学依据证实；方案二提出，每个企业不得超过5个系列15种产品配方。以上两套方案皆旨在避免婴幼儿配方乳粉配方泛滥的乱象。

虽然《婴幼儿配方乳粉产品配方注册管理办法（试行）》目前尚未正式出台，但从征求意见稿已能看出主管机关严格把控婴幼儿配方乳粉安全性和科学性的决心。例如，在产品包装和宣传上，征求意见稿规定婴幼儿配方乳粉标注使用进口乳粉、基粉等原料的，应当标注原料真实产地。不得标注"进口奶源"或"源自国外牧场"等模糊性误导消费者的内容。对婴幼儿配方乳粉的产品配方实施注册管理，规范婴幼儿配方乳粉的生产、销售和宣传，有利于确保婴幼儿配方乳粉的质量和安全。

4. 其他合规要求

2015年《食品安全法》实施后，对特殊食品的生产企业而言，新增义务还包括应按照良好生产规范的要求建立与所生产食品相适应的生产质量管理体系，并须定期自检自查，向县级食品药品监督管理部门报告自查情况。

还未建立起有效生产质量管理体系的企业应当尽快建立起有关质量管理制度，已通过质量管理体系认证的企业应核查是否符合良好生产规范的要求。"定期"报告的频率及报告程序等实操问题，有待主管机关进行明确和细化。

（三）网络食品交易第三方平台合规要求

互联网飞速发展的今天，大众的消费习惯早已发生巨大改变，面对日益增长的网络食品交易规模，如何有效监管网络食品交易，确保消费者吃得放心、用得舒心，业已成为食品安全监管者亟待解决的问题。

虽然最高法在《关于审理食品药品纠纷案件适用法律若干问题的规定》中明确了网络交易平台提供者有提供食品、药品的生产者或者销售者的真实名称、地址与有效联系方式的义务；《消费者权益保护法》规定了消费者合法权益受到侵害时，如网络交易平台提供者不能提供销售者或者服务者的真实名称、地址和有效联系方式，消费者可以先向网络交易平台提供者求偿①，但 2009 年《食品安全法》和其他电子商务相关法规并未明确网络交易平台服务提供者对入网食品经营者的审查义务。各大电商平台，如淘宝、京东、1 号店，对入网食品经营者的监督管理往往出于自发，是平台服务提供者为了赢得消费者的信赖而主动进行的管理。当食品安全事件发生时，消费者维权往往缺乏法律制度的保障。

2015 年《食品安全法》首次以法律形式明确了网络食品交易第三方平台提供者的审查义务、制止及报告义务。在 2015 年《食品安全法》框架下，网络食品交易第三方平台提供者负有事前审查义务，即应对入网食品经营者进行实名登记；对依法应当取得资质的，还应审查其资质。此外，网络食品交易第三方平台提供者还负有事中制止和报告义务。具体而言，如第三方平台提供者在运营过程中发现入网食品经营者违反本法规定行为，应及时制止并立即报告所在地县级人民政府食品药品监督管理部门；发现严重违法行为的，应当立即停止提供网络交易平台服务。

2015 年《食品安全法》如此规定的出发点是极好的，但对网络食品交易第三方平台提供者而言，如要切实贯彻上述义务，单凭一己之力，很难取得目标效果。在事前审查环节，网络食品交易第三方平台提供者需要能够及时、有效的从工商、食药监等主管部门获取入网食品经营者的企业信息以及许可登记信息，以便判断真伪。在事中审查

---

① 《消费者权益保护法》第 44 条。

环节，一般违规行为和严重违法行为如何区分，如何评价制止方式的有效性等实操中会出现的问题，需要在实施条例中予以进一步明确规定或作出指引。

四、企业违反食品安全合规要求的法律责任

（一）2015 年《食品安全法》带来的重大变化

提高违法成本、加重法律责任、重罚治乱是 2015 年《食品安全法》的重要思路和特征。加重法律责任突出表现在加大行政处罚力度和完善民事赔偿机制上。

1. 加大行政处罚力度

（1）提高行政处罚金额，最高可达货值的 30 倍。在食品安全环境严峻的当下，重罚成为食品违法处罚的明显趋势。以 2015 年《食品安全法》第 123 条为例，对于用非食品原料生产食品、在食品中添加食品添加剂以外的化学物质和其他可能危害人体健康的物质，或者用回收食品作为原料生产食品的、生产经营营养成分不符合食品安全标准的专供婴幼儿和其他特定人群的主辅食品等情形，2009 年《食品安全法》规定的罚款最高可为货值的 10 倍，而 2015 年《食品安全法》规定的罚款则最高可达货值的 30 倍。相比之下，食品生产经营者的违法成本显著提高。

（2）新增行政拘留和从业限制处罚。除增加罚款金额幅度外，2015 年《食品安全法》还强化了对企业直接负责的主管人员或其他直接责任人员的食品安全责任，在某些严重违法的情形中，对相关从业个人适用行政拘留或限制从业的处罚：

1）行政拘留。行政拘留作为自由罚之一种，是最严厉的行政处罚，相较财产罚更能对食品生产经营者产生威慑作用。2015 年《食品安全法》将其限定于适用最为严重的违法行为，具体而言，5 日以上

15 日以下的拘留仅适用于本法第 123 条所列的违法行为且情节严重情况下涉案企业直接负责的主管人员或其他直接责任人员。

2）限制从业制度。被吊销许可证的食品生产经营者及其法定代表人、直接负责的主管人员和其他直接责任人员 5 年内不得申请食品生产经营许可，或者从事食品生产经营管理工作、担任食品生产经营企业食品安全管理人员。因食品安全犯罪被判处有期徒刑以上刑罚的，终身不得从事食品生产经营管理工作以及担任食品安全管理人员；同时，严禁食品经营主体聘用上述人员，否则将被吊销食品生产经营许可证。

2. 完善民事赔偿机制

（1）新增首负责任制。2015 年《食品安全法》明确规定，消费者因不符合食品安全标准的食品受到损害的，可以向经营者要求赔偿损失，也可以向生产者要求赔偿损失。接到消费者赔偿要求的生产经营者，应当实行首负责任制，先行赔付，不得推诿；属于生产者责任的，经营者赔偿后有权向生产者追偿；属于经营者责任的，生产者赔偿后有权向经营者追偿。

《消费者权益保护法》[①] 及 《产品质量法》[②] 亦有关于首负责任制的规定，即消费者或者其他受害人因商品缺陷造成人身、财产损害的，

[①] 《消费者权益保护法》（2013 年修正）第 40 条："消费者在购买、使用商品时，其合法权益受到损害的，可以向销售者要求赔偿。销售者赔偿后，属于生产者的责任或者属于向销售者提供商品的其他销售者的责任的，销售者有权向生产者或者其他销售者追偿。消费者或者其他受害人因商品缺陷造成人身、财产损害的，可以向销售者要求赔偿，也可以向生产者要求赔偿。属于生产者责任的，销售者赔偿后，有权向生产者追偿。属于销售者责任的，生产者赔偿后，有权向销售者追偿。消费者在接受服务时，其合法权益受到损害的，可以向服务者要求赔偿。"

[②] 《产品质量法》（2009 年修正）第 43 条："因产品存在缺陷造成人身、他人财产损害的，受害人可以向产品的生产者要求赔偿，也可以向产品的销售者要求赔偿。属于产品的生产者的责任，产品的销售者赔偿的，产品的销售者有权向产品的生产者追偿。属于产品的销售者的责任，产品的生产者赔偿的，产品的生产者有权向产品的销售者追偿。"

可以向销售者要求赔偿，也可以向生产者要求赔偿。首负责任制的确立，使得就食品产品而言，2015年《食品安全法》与《消费者权益保护法》及《产品质量法》的规定做到了有机的统一。

（2）扩大第三方连带责任适用范围。在加强食品生产经营者自身责任的同时，2015年《食品安全法》着眼于加强第三方的责任，规定在消费者合法权益受到损害的情况下，相关第三方与食品生产经营者承担连带责任。例如，第三方明知食品生产经营者从事较为严重的违法行为，仍为其提供生产经营场所或者其他条件的，或者网络食品交易第三方平台提供者未对入网食品经营者进行实名登记、审查许可证，或者未履行报告、停止提供网络交易平台服务等义务的，广告经营者、发布者设计、制作、发布虚假食品广告的等。

（3）提高民事惩罚性赔偿标准。2015年《食品安全法》规定，生产不符合食品安全标准的食品或者经营明知是不符合食品安全标准的食品，消费者除要求赔偿损失外，还可以向生产者或者经营者要求支付价款10倍或者3倍损失的赔偿金，增加赔偿的金额不足1000元的，为1000元。价款10倍的赔偿金在2009年《食品安全法》中已有规定，但3倍损失以及增加赔偿的金额不足1000元按1000元计则是基于食品的特性而做出的新规定，这在食品价款较低但造成的损失较高时更能体现惩罚力度。

（二）法律责任盘点

2015年《食品安全法》在2009年《食品安全法》规定的法律责任的基础上，一方面对食品安全违法行为加大处罚力度，另一方面对相关法律责任做出更为全面和完善的梳理。以下就食品生产和经营企业违反主要食品安全合规要求，根据2015年《食品安全法》所可能承担的法律责任按照从重到轻的顺序进行一个简单梳理，以便于理解（见表2－6－3）。

表 2 - 6 - 3

违法行为	可能涉及的行政处罚	法律依据
用非食品原料生产食品、在食品中添加食品添加剂以外的化学物质和其他可能危害人体健康的物质，或者用回收食品作为原料生产食品，或者经营上述食品； 生产经营营养成分不符合食品安全标准的专供婴幼儿和其他特定人群的主辅食品； 生产经营添加药品的食品。	没收：违法所得、违法产品，违法生产经营的工具、设备、原料等物品； 罚款：10 万元以上 15 万元以下（若涉案货值金额不足 1 万元）；或货值金额 15 倍以上 30 倍以下罚款（若涉案货值金额 1 万元以上）； 吊销许可证：情节严重的适用； 行政拘留：情节严重的适用，5 日以上 15 日以下（适用对象：涉案企业直接负责的主管人员和其他直接责任人员）。	第 123 条
用超过保质期的食品原料、食品添加剂生产食品、食品添加剂，或者经营上述食品、食品添加剂； 生产经营超范围、超限量使用食品添加剂的食品； 生产经营标注虚假生产日期、保质期或者超过保质期的食品、食品添加剂； 生产经营未按规定注册的保健食品、特殊医学用途配方食品、婴幼儿配方乳粉，或者未按注册的产品配方、生产工艺等技术要求组织生产； 以分装方式生产婴幼儿配方乳粉，或者同一企业以同一配方生产不同品牌的婴幼儿配方乳粉； 利用新的食品原料生产食品，或者生产食品添加剂新品种，未通过安全性评估； 食品生产经营者在食品药品监督管理部门责令其召回或者停止经营后，仍拒不召回或者停止经营。	没收：违法所得、违法产品，违法生产经营的工具、设备、原料等物品； 罚款：5 万元以上 10 万元以下（若涉案货值金额不足 1 万元）；或货值金额 10 倍以上 20 倍以下罚款（若涉案货值金额 1 万元以上）； 吊销许可证：情节严重的适用。	第 124 条

续表

违法行为	可能涉及的行政处罚	法律依据
生产经营无标签的预包装食品、食品添加剂或者标签、说明书不符合本法规定的食品、食品添加剂①； 生产经营转基因食品未按规定进行标示； 食品生产经营者采购或者使用不符合食品安全标准的食品原料、食品添加剂、食品相关产品。	没收：违法所得、违法产品，违法生产经营的工具、设备、原料等物品； 罚款：5000 元以上 5 万元以下（若涉案货值金额不足 1 万元）；或货值金额 5 倍以上 10 倍以下罚款（若涉案货值金额 1 万元以上）； 责令停产停业：情节严重的适用； 吊销许可证：情节严重的适用。	第 125 条
食品、食品添加剂生产者未按规定对采购的食品原料和生产的食品、食品添加剂进行检验； 食品、食品添加剂生产经营者进货时未查验许可证和相关证明文件，或者未按规定建立并遵守进货查验记录、出厂检验记录和销售记录制度； 食品生产经营企业未制定食品安全事故处置方案； 保健食品生产企业未按规定向食品药品监督管理部门备案，或者未按备案的产品配方、生产工艺等技术要求组织生产； 婴幼儿配方食品生产企业未将食品原料、食品添加剂、产品配方、标签等向食品药品监督管理部门备案； 特殊食品生产企业未按规定建立生产质量管理体系并有效运行，或者未定期提交自查报告； 食品生产企业、餐饮服务提供者未按规定制定、实施生产经营过程控制要求。	责令改正、给予警告 罚款：5000 元以上 5 万元以下（拒不改正的适用）； 责令停产停业：情节严重的适用； 吊销许可证：情节严重的适用。	第 126 条

① 2015 年《食品安全法》第 125 条："生产经营的食品、食品添加剂的标签、说明书存在瑕疵但不影响食品安全且不会对消费者造成误导的，由县级以上人民政府食品药品监督管理部门责令改正；拒不改正的，处二千元以下罚款。"在全篇重典治乱的立法思路下，做此缓和，也可见本次立法之理性。

五、结语

在 2015 年《食品安全法》背景下，食品生产经营活动的监督管理职能集中于食品药品监督管理部门。然而，细数《食品安全法》《产品质量法》及相关法规，不难发现其中存在一定的法条竞合。换言之，企业违反食品安全合规要求，可能引发法律责任竞合。以《产品质量法》第 49 条和 2015 年《食品安全法》第 124 条为例：

《产品质量法》第 49 条规定："生产、销售不符合保障人体健康和人身、财产安全的国家标准、行业标准的产品的，责令停止生产、销售，没收违法生产、销售的产品，并处违法生产、销售产品货值金额等值以上三倍以下的罚款；有违法所得的，并处没收违法所得；情节严重的，吊销营业执照；构成犯罪的，依法追究刑事责任。"

2015 年《食品安全法》第 124 条规定："生产经营不符合法律、法规或者食品安全标准的食品、食品添加剂的，尚不构成犯罪的，由县级以上人民政府食品药品监督管理部门没收违法所得和违法生产经营的食品、食品添加剂，并可以没收用于违法生产经营的工具、设备、原料等物品；违法生产经营的食品、食品添加剂货值金额不足一万元的，并处五万元以上十万元以下罚款；货值金额一万元以上的，并处货值金额十倍以上二十倍以下罚款；情节严重的，吊销许可证。"

显然，若企业生产经营不符合食品安全标准的食品，食品生产经营者将同时触犯上述两项法律规定。质量技术监督部门可以依据《产品质量法》第 49 条之规定予以处罚，食品药品监督管理部门可以依据 2015 年《食品安全法》第 124 条予以处罚，此处即构成了法律责任的竞合。由于 2015 年《食品安全法》是管理食品生产和流通领域的特殊法律，且其制定和修订时间均晚于《产品质量法》，按照《立法法》规定的特殊法优于一般法，新法优于旧法的原则，应优先适用 2015 年《食品安全法》。因此，对于生产经营不符合安全标准的食品的情形，应由食品药品监督管理部门依照 2015 年《食品安全法》进行处罚，这意味着，相比《产品质量法》下最高 3 倍货值金额的罚款，发生违法经营的食品生产经营者将可能面临最高 20 倍货值金额的罚款。

此外，在 2009 年《食品安全法》下，主要的执法监督部门是质量技术监督、工商和食品药品监督管理三个部门，这三个部门为了具体执行该法项下赋予其的相关监管职责，均分别制定了一些在其各自执法权限内涉及 2009 年《食品安全法》相关监管内容的部门规章或规范性文件。2015 年《食品安全法》将主要执法监督部门统一定为食品药品监督管理部门，这种做法无疑将会提高行政执法的效率，避免部门之间职责不清等弊病，但这种改变至少在短期内可能会使食品药品监督管理部门面临配套执法依据方面的一些问题。

例如，如本章第一节所述，2015 年《食品安全法》和 2009 年《食品安全法》对食品标签和标识都只做了原则性和概括性的规定。在 2009 年《食品安全法》的框架下，食品标签和标识监管部门为质量技术监督部门。因此，该部门根据 2009 年《食品安全法》及《产品质量法》等法律依据，制定了《食品标识管理规定》的部门规章，在对食品标识的标注内容和形式做出详细规定的同时，亦规定了细致的法律责任条款。

如今，2015 年《食品安全法》将食品标签和标识监管执法部门变更为食品药品监督管理部门，后者将根据 2015 年《食品安全法》第 125 条规定，对违反食品标签和标识的行为进行处罚。现在的问题是，如果企业违反了《食品标识管理规定》中关于标签或标识要求的相关规定，食品药品监督管理部门能否据此根据 2015 年《食品安全法》进行处罚？

笔者认为，从理论上讲，食品药品监督管理部门应该不能将违反《食品标识管理规定》的规定作为处罚依据。理由是，《食品标识管理规定》是质量技术监督部门制定的部门规章。根据《立法法》第 91 条规定："部门规章之间、部门规章与地方政府规章之间具有同等效力，在各自的权限范围内施行。"因此，《食品标识管理规定》只应在其制定的机关，即质量技术监督部门的权限范围内实施，而食品药品监督管理部门若将其直接作为执法依据将缺乏法律依据。

然而，就此问题，也有部分业内人士认为：食品药品监督管理部门可以将质量技术监督部门制定的《食品标识管理规定》作为处罚依据，理由是 2015 年《食品安全法》将食品安全监管职责划归食品药品监督管理部门，并非简单的职责划分，而是涉及人员、职责的同时划转，应当视为机构的分立与合并，而分立、合并后的机构应当继受分立、合并前的职权。

由此可见，因 2015 年《食品安全法》出台导致相关执法主体的变动而与作为执法依据的部门规章和规范性文件的衔接问题应该进行梳理和澄清。因此，为确保原来一些与 2015 年《食品安全法》不冲突而仍应适用的部门规章可以在新法实施后继续作为新法的配套规定和措施，食品药品监督管理部门应与质量技术监督和工商管理部门共同配合，对受 2015 年《食品安全法》所影响的部门规章及规范性文件进行梳理，并对受执法监督主体变动影响的部门规章及规范性文件进行修订和重新颁布等。

第三部分
网络食品编

网络食品销售监管及平台网规研究

阿拉木斯 邓 燕 慎 凯 刘 颖 胡泽洋[*]

导读

本文首先回顾了我国网络食品销售行业的发展过程和现状，梳理了现有的相关法律法规及网规的规定，并就新的食品安全法对这个领域带来的影响作出了简要的分析。在此基础上，进而探讨了我国网络食品销售领域存在的主要问题和解决方案，重点从网规和平台自治的角度研究了目前的行业自律机制对治理的特殊价值。

随着网络经济时代的到来，电子商务已经向我们展示了其强大的生命力，电子商务的营销模式正在迅速地向各个行业扩散，作为与国民生活息息相关的食品行业，也已经建立起了具有一定规模的电子商务网站，在网上购买食品已成为大众消费的一种时尚和潮流。

一、中国网络食品销售行业概况

2012 年以来，网络食品销售迎来了快速的发展，电商巨头天猫、京东、1 号店、苏宁易购等纷纷发力食品领域。顺丰优选、本来生活等选择跨界经营打造的电商平台，加剧了网络食品销售行业的竞争。

---

　* 阿拉木斯，中国电子商务协会政策法律委员会副主任/网规研究中心主任。邓燕，阿里健康法务总监。慎凯，阿里巴巴集团法务部法务总监。刘颖，网上交易保障中心研究员。胡泽洋，北京大学法学院电子商务法硕士研究生。

随着传统"商超"的市场被不断蚕食，越来越多的线下"商超"也开始打造自己的电商之路。

据统计，2010～2014年，中国网络食品销售交易额均保持逐年增长，年均增长率约45%。2013年，我国食品网购用户规模约为4495万人，同比增长约为60.14%，到2014年网购食品用户规模已经接近5000万人。同时，我国食品网购交易额占电子商务市场规模的比重也呈逐年上升的趋势，2014年，中国网络食品销售总交易金额达400亿元，网购食品在网购市场总交易额中的占比约为2.5%[①]。网络食品销售的品类已涵盖零食、进口食品、生鲜、地方特色产品、保健品等品类，其中，生鲜食品网购增速明显，已逐渐成为食品网购的热门商品。更有分析预测，到2018年，我国食品网购占电子商务的市场份额将在0.5%～0.6%，市场规模将接近1400亿元。[②]

（一）中国网络食品销售的发展历程

民以食为天，消费者最为关注的便是食品领域，网络食品销售这个市场有着巨大的发展空间。伴随着消费者购物习惯的变化、消费需求的提升，网络食品销售行业从蹒跚学步到稳步发展，近年来更是呈现出方兴未艾的发展态势。

中国网络食品销售的发展历程，大致可分为三个阶段：

第一阶段，2005～2012年，网络食品销售初步试水，逐步实现优胜劣汰。2005年，易果网成立；2008年，专做有机食品小众市场的和乐康及沱沱工社上线；2009年，我买网上线，号称"中国最大、最安全、最丰富的食品购物网站"正式面向网购消费者；2009～2012年，市场涌现了一大批网络食品销售企业，模式大多原封不动地模仿普通电商，在资金、供应链等束缚下，许多网络食品销售企业最终倒闭。

---

① "2015～2020年中国食品电商市场全景评估及投资前景分析报告"，载产业信息网。

② "中国食品行业电子商务市场研究与投资预测分析报告"，载前瞻产业研究院。

第二阶段，2012～2013 年，网络食品销售的转折拐点。从 2012 年年底开始，生鲜电商（网络食品销售的子品类）本来生活网开始走红。2013 年，中粮我买网冷链、阳澄湖大闸蟹"触电"等事件营销使得网络食品销售引起人们热议。这期间，社会化媒体及移动互联网的发展让网络食品销售企业们有了更多模式的探索，较第一阶段，其发展更有生命力。

第三阶段，2013 年至今，资本助推，从小而美到大而全。这一阶段，我买网、顺丰优选、一号生鲜、本来生活、沱沱公社等为代表的网络食品销售企业都获得了强大的资金注入。在这期间，B2C、C2C、O2O 等各种模式都被演绎的淋漓尽致，越来越强劲的移动互联网工具也为各商家提供更多的选择。这个阶段，网络食品销售企业们从小而美转变为大而全，人们的对网络食品的消费理念也逐渐接受。"电商大佬"天猫和京东也加入了争斗的阵营①。

（二）中国网络食品销售行业分类

食品按照不同的标准可以分成不同的种类，按照原料种类可分为果蔬制品、肉禽制品、水产制品、乳制品、粮食制品等；按照加工方法可分为焙烤制品、膨化食品、油炸食品等。依据这些食品的分类标准，网络食品销售也相应的会有不同的食品类目。如淘宝平台公布的《淘宝网食品行业标准（2015－03－20）》第 3 条"类目范围"中明确，淘宝平台食品行业一级类目主要包括：零食/坚果/特产、粮油米面/南北干货/调味品、茶/咖啡/冲饮、水产肉类/新鲜蔬果/熟食、酒类、奶粉/辅食/营养品/零食、传统滋补营养品；二级类目包括：保健食品/膳食营养补充食品、孕妇装/孕产妇用品/营养品等。

---

① 王冠雄："食品电商大爆发：从我买网 5 周年说起"，http：//wangguanxiong. baijia. baidu. com/article/26591。

根据运营模式的不同，网络食品销售又可以分为 C2C 模式、B2C 模式、B2B 模式还有最新的 O2O 模式。目前，我国的食品行业的网络销售模式主要包括以下几类。

1. 从淘宝 C2C 集市发展起来的大 C 店

如糖糖屋，淘宝网上销售零食的双金冠卖家。依托淘宝现有的优质客户和客观流量，以销售零食为主。

2. 依托于淘宝的地方特色产品 B2C 平台

如淘宝"特色中国"频道。淘宝于 2013 年在之前推出的特色商品网络平台——"一报一店"的基础上新推出"特色中国"频道。它集合了全国各地食品卖家，通过对当地产品和资源的深入挖掘，从而把各地正宗的特色产品通过亚太最大的网络零售商圈——淘宝网推广开来，让人们真正可以认知和享受到每个地方纯正的商品和文化。

3. 传统线下企业的食品网上商城

如中粮我买网。由线下食品企业自建，以销售本公司的产品品牌建立起来的食品零售网络平台。

4. 线上超市/百货型 B2C 平台

超市型 B2C 平台就是类似传统销售渠道中的超市卖场，网站以零售商的身份采购各类企业的产品，然后在"超市型网站"进行销售。食品企业以产品供应商的身份和此类平台进行合作。这一类网站最具有代表性的网站是"1 号店、京东商城"等。

5. 细分食品行业的品牌 B2C

如 21cake、同源康商城等，这种平台或只出售特定种类的食品，或是只出售全进口食品等。

6. 线上电商与线下服务相结合的创新 O2O

如顺丰优选、未来生活网等，顺丰优选在全国开了 518 家线下网购服务社区店——"嘿客"，在这些嘿客连锁店里，顾客可以代寄、代收快递，费用更便宜。2014 年本来生活网也开始了另类的"O2O 之路"——俱乐部形式的线下用户体验馆"本来厨房"。

二、中国网络食品销售行业立法及监管

网络食品销售是通过虚拟的网络来完成食品的订购、销售，其食品销售、食品经营的本质并没有改变。在我国，《中华人民共和国食品安全法》《中华人民共和国产品质量法》等很多法律、法规都对食品销售行为进行了严格的规范和制约。食品药品监督管理部门、工商部门、出入境检验检疫机构、海关等相关部门都从不同的方面对网络食品销售进行了监管。

近几年出台的一些法律法规，不同程度的开始对网络食品销售有所涉及，特别是2015年《食品安全法》的出台，对网络食品交易第三方平台的法律责任、义务等做出了明确的规定。如强调第三方平台的责任，不仅要审查许可证，对违法商户还要及时制止、报告、停止服务。此后，又陆续发布了一些针对网络食品销售的专门性法规、部门规章等，如《网络食品安全违法行为查处办法》《北京市网络食品经营监督管理办法（试行）》等。

（一）2015年《食品安全法》对网络食品销售行业的影响

1. 网销食品门槛变高

新法规定网络食品交易第三方平台提供者应当对入网食品经营者进行实名登记，明确入网食品经营者的食品安全管理责任；依法应当取得食品生产经营许可证的，还应当审查其许可证。

网购食品安全问题最突出的隐患就是"无照经营"，不少网站平台不审核商户的资质，网络食品商户准入门槛很低，质量也因此良莠不齐。修订后的食品安全法作出的规定，将对电商平台带来更大压力，促使平台加强对商户的审核，进一步提高了食品卖家入驻电商平台的门槛，从源头上减少食品安全隐患。

2. 第三方平台的责任和义务增强

新法通过规定第三方平台提供者的主体审查义务、管理义务以及消费者权益保护义务来规范网络食品交易。

这三项义务，使互联网食品经营中食品安全、消费者权益保护等问题能够落实责任承担者，确保互联网食品交易的安全，同时也保证消费者在互联网食品交易中所产生的交易纠纷，能够迅速得以解决。

3. 平台的运营成本和经营风险增加

新法确定了电商平台的责任机制，要求网络食品的第三方平台提供者如果未履行上述义务使消费者的权益受到损失的时候，应当承担连带责任，并先行赔付。这在无形中增加了平台的运营成本。对于平台"在无责情况下承担连带责任，以及应取得食品生产经营许可"的规定很有可能会增加行业经营风险。如果电商平台有直接侵权的现象发生，例如电商平台作为销售方，售出的食品有质量问题，电商平台的责任是明确的。但是，电商平台既没有直接制造食品，也非直接销售食品，甚至连销售信息也是商家自行发布的。作为交易第三方，在没有直接过错的情况下，电商平台如果也要承担连带责任，对平台来说是不公平的，和国际惯例是也是相违背的①。

（二）我国网络食品交易监管

因为网络食品交易的网络性和无店铺的经营方式等特点，品质、监管和责任承担都比一般的食品交易要复杂。网上食品销售存在着很多监管真空，尤其是食品网商经营资格和食品的来源等无法得到监管，

---

① 在美国的传统法律体系中，线下平台是否需要为平台内容承担责任的标准为平台是否知道（knows）或有理由知道（has reason to konw）其所掌握的是侵权内容。在早期的互联网案件中，法院也采用了这一标准对互联网平台进行责任衡量。但所导致的结果是即使互联网平台履行了过滤、监控等传统线下平台不可能履行的功能，也有可能因为其未监控到足够多的内容而承担责任。因此，"为了促进互联网和其他交互式计算机服务提供者、交互式媒体的进一步发展，保护目前互联网和其他具有活力和竞争力的自由市场"，《通讯品味法》（Comunications Decency Act，CDA）第230条应运而生。

CDA法案第230条规定："交互式计算机服务的提供者或使用者不应当被视为第三方所提供信息的出版者和发言者。"按照该法案对"交互式计算机服务"的定义，各种形式的互联网平台如社交平台、电子商务平台乃至搜索引擎均属于该法调整的范围。两年以后，美国通过《数字千年版权法》（Digital Millennium Copyright Act，DMCA），正式将"避风港"原则吸收进入成文法中。

网购食品的安全问题逐渐显露出来，网购食品的消费投诉也在逐年提升，消费者维权难问题突出。

1. 存在的问题

（1）食品质量无法保证，假冒伪劣和欺诈严重。由于网购不是面对面的经销模式，消费者无法对食品进行真实鉴别，从而产生了食品变质、过期、包装破损、假冒品牌等方面的问题。这样一来很多卖家自制的食品或者是当地的土特产如板栗、核桃等，在品牌、生产日期、保质期等方面都难以保证。为了表示信誉，许多卖家还在网上列出自己的销售记录和消费者的评价记录，但是这种记录很多都是虚假的，即很多卖家雇人去"刷信誉"。

此外，由于网络食品经营者通常会利用消费者对商品信息的不了解，在网上发布虚假的食品介绍及宣传广告；有的交付假冒伪劣、"三无"、有瑕疵、质价不相符的食品，甚至出现订购此食品而交付彼食品的情形。买家购买网购食品风险太大，食品质量根本无法保证。

（2）产品标识不规范，无厂无牌现象突出。网上大量出售的零售散装的或者卖家自制的食品，大多是在不具备消毒、检疫等卫生检测手段，经营条件一般都难以达到卫生、环保部门的许可条件下，简单地自制食品、自行包装。另外，网络食品市场中很多的食品都没有相应的标签，尤其是进口食品没有合格的中文标签，网上销售的多为预包装食品，违反了《食品安全法》明确规定的禁止生产经营无标签的预包装食品。由于缺乏必要的安全卫生检疫和监管，没有注册相应经营公司和品牌，对消费者的安全健康存在着很大的隐患。

（3）维权成本过大，维权保障薄弱。网络食品交易多是通过一些综合性的网络平台，或者一些垂直类的网络食品销售实现交易。一是它的最大特点是要通过网络，这样就增加了交易的虚拟性、隐蔽性、不确定性，这样就使一些非法的网络食品交易有机可乘；二是网店大多没有实体店，网上食品销售准入门槛低，多数网店没有取得工商、卫生、食品、税务等相关部门的许可，无法出示购物发票；三是网店经营普遍简单，很多网店从客服、采购员到老板全是一人担任，经营条件一般都难以达到卫生、环保部门的许可条件，进货来源很难保障，且在经营过程中所购食品大多未建立台账，进销货情况混乱，一旦发生食品安全事故，消费者因为没有消费凭证很难得到赔偿，经营户的赔偿能力也没有保障。

同时，网络交易多涉及异地维权，有的甚至涉及境外经营者，消费者所在地监管部门不具有管辖权，异地维权难度加大①。

2. 解决方案探讨

尽管网络食品交易问题隐患多，但对于这种新兴的食品交易模式，其发展潜力巨大，政府相关部门应积极规范和完善，促其良性发展。而网络食品销售本身也应加强行业自治，通过建立自律组织或制定平台网规等形式，有针对性地解决目前网络食品交易中存在的问题。

（1）加强网络食品销售行业相关立法，完善网络食品销售法律体系。我国应当加快对网络食品销售相关的立法进程，在2015年《食品安全法》的基础上，进一步制订相关法律、法规、规章互补。首先，对于电商主体、经销商主体、物流及仓储服务商主体的责任认定还需要进一步细化；其次，进一步提高消费者维权的便利性，明确补偿措施；最后，进一步加强对网络食品交易不同方面的监管力度及对商家违规违法行为的惩罚力度，规范平台及商家的行为。

（2）探索建立更为有效的监管模式，强化监管效能。探索授予电子营业执照。在登记程序和方式上作出改变，探索开展电子营业执照副本登记受理。工商部门可逐步为所有的市场经营主体建立唯一的电子数字身份证明，健全完善营业执照电子副本的防伪性及全系统查询验证体系，实现网络交易真实身份的确认。

---

① 中国电子商务研究中心："网络食品安全监管问题探究"，http：//b2b. toocle. com/detail - - 6037427. html。

3. 鼓励和引导网络食品销售行业的自治和自律

鼓励网络食品交易平台做好经营者发布商品信息时的网上备案工作，保留网上经营者档案和交易历史数据，并定期向食药部门备案；对交易的食品信息、售假信息进行审查和监督管理，发现问题应及时采取措施，并及时向食药等部门报告；加强对网络食品经营者相关食品信息的检查，确保网络食品经营会员如实、规范标注食品相关的安全和管理信息；建立和健全平台的网规体系，加强对网络食品交易参与者的管理，加大对违规商家的处罚力度，同时，为消费者自助维权提供最大便利。

三、中国网络食品销售行业自治和网规

（一）网规相关问题探讨

网规是由互联网电子商务参与者制定的，在特定范围内普遍适用的网络规则。[①] 这些规则一般表现为网站协议、用户服务协议、网站管理公约等。网规不是法律，不具有国家强制力，更谈不上和法律法规去比较位阶的问题。但是，网规却表现出许多法律的特点。

首先，网规表现为一种契约。网规用类似"格式条款"的方式，事先制定好契约条款，契约相对人不参与制定契约条款，只是选择接受或不接受。

其次，网规具有一定的意思自治。成为该平台用户，就要遵从平台制定的规则。虽然其中也有意思自治，但这种意思自治的范围过于狭窄，只能全"是"或全"否"。即表现为：要么全部遵从平台的规定，从而成为平台用户；要么全否平台的规定，从而放弃成为平台用户的资格。

再次，特定范围内的规范性。网规虽具有一定的规范性，但其范围只限于平台内部，不能跨越平台的界限。

---

① 聂东明："网规与法律衔接问题之初探"，http://www.docin.com/p－884374330.html。

最后，诚信、自治、公平、责任。网规强调个体自律，注重社会责任，担当社会正义，帮扶弱势群体。消除信息不平等、经济不平等、社会地位不平等，使最弱势群体都有商业机会、商业权利，获得商业自由，使得中小企业甚至个人更多地参与到经济贸易中来。①

那么，网规作为一种不具有强制执行力的非公权力，是如何在网络交易过程中发挥其特定范围内的规范性作用的呢？

1. 网商个人的职业道德

任何一种现代职业都有其职业伦理，自治性越强的行业，职业伦理越是发达，约束力也越强。职业伦理一方面可以建立起网商的职业自豪感，唤起内在的道德情感；另一方面职业伦理又可以发展出一套细致、灵活的职业操守准则。违反职业伦理的网商，不仅会受到自我良心上的谴责，也会遭到其他网商、网民的唾弃。

2. 规则的约束力

网商一旦接受平台的规则，就必须遵从。使用者如果不同意或不遵守网规，则不能成为平台注册用户或受到站内"处罚"。

3. 信用评价机制的作用

通过信用评价建立声誉来约束电子商务交易参与者（特别是网商）的行为。信用评价机制为网络交易建立起了一个重复博弈的机制，网商和消费者在交易时，不仅只考虑单次交易的得失，还必须考虑到单次交易评价给以后交易带来的影响。从网络交易的实践来看，信用评价机制在减少违规行为、维护网络交易秩序、促使交易方面发挥了巨大的作用。

4. 商盟的自律

商盟发挥作用的实质是建立一种集体声誉，以这种集体声誉为组织中个人的交易行为进行担保，商盟为了维持其声誉，则必然对

---

① 聂东明："网规与法律衔接问题之初探"，http：//www. docin. com/p-884374330. html。

商盟成员的行为进行控制：设置入盟条件，设置商盟成员行为准则，设置惩罚机制，严重违反商盟行为准则，损害商盟声誉的成员为被驱逐。

5. 平台运营商的惩罚

平台运营商为保障网络交易的进行，会对违反网规的交易者（主要是网商）采取惩罚措施，包括如删除违规商品、限制账户登录和使用、要求网商返还商品价款及邮费、扣分等。[①]

（二）网络食品销售行业自治和网规

目前，国内的各大电商平台针对网络食品销售问题都制定有不同的管理政策。

天猫规定，经营食品类的商家在提交企业营业、法人、店铺负责人等基础信息后，根据其申请店铺的类型不同还需要提供《食品流通许可证》《食品生产许可证》《食品卫生许可证》等证件并通过天猫的审核。

本来生活网的做法是，围绕生产者、职能部门、认证标准、监控、检测、消费者等环节设立了 6 道安全屏障；坚持对每一批次的农产品进行 43 项常规项目抽检，将最常见、最易添加的重金属、农药残留、添加剂等危害拒之门外。

1 号店所有自营商品在入库前都有严格质检流程，入库后会有定期抽检，比如与国际权威第三方检测机构 ITS 合作，每月由其对 1 号店生鲜仓产品进行随机抽检，现场进行危害物筛选甄别并出具结果，将不合格产品杜绝在仓储环节。而对入驻 1 号店商城的其他食品类销售商家，国产蔬果要提供近一个批次的《农产品检测报告》或《农药残留检测报告》，进口蔬果要提供近一年的商品出入境检验检疫合格证明或卫生证书复印件。经营母婴奶粉、辅食品牌的专营店，需提供以品牌商为源头出发的完整链条等。

---

① 姚志伟："'网规'若干问题初探"，载《法律与科技》2012 年第 2 期。

此外，为配合国家相关法律法规的实施，进一步规范平台内的食品交易行为，保障网规食品消费者的合法权益，各大电商平台也都尝试制定了相关的网规。

1. 《淘宝网食品行业标准》

《淘宝网食品行业标准》在遵照《中华人民共和国产品质量法》《中华人民共和国食品安全法》《中华人民共和国消费者权益保护法》等相关法律法规的基础上，进一步对淘宝平台上的食品交易进行全面规范，包括淘宝网食品行业卖家发布食品类商品的要求、淘宝网食品行业卖家相应食品商品争议处理的原则等。

2. 《淘宝禁售商品管理规范》

2015年3月，淘宝平台对《淘宝禁售商品管理规范》中食品相关部分做出相应变更。

主要变更点如下：

（1）将过期、失效、变质商品、含罂粟籽的调味品等调整至其他类第2目中；

（2）淘宝网食品（含保健食品）抽检严重违规12分处罚增加添加违禁成份、冒用批准文号等情形；

（3）明确不合格的天猫食品（含保健食品）按照《天猫食品管理规范》的相应规定处理；

（4）明确其他类第6目标识标签不合格与其他类第2目质量不合格的区别。

3. 《1号店保健食品质量规范》

1号店在保健食品质量规范中明确，商品质量必须符合《保健（功能）食品通用标准》《保健食品注册管理办法（试行）》等相关国家标准/行业标准，如标准更新，则符合新标准，商品标注的执行标准应符合或高于国家标准/行业标准。1号店会不定期对在售保健食品类商品做抽检工作；食品添加剂必须符合 GB 2760—2011《食品添加剂使用标准》；保健食品禁止添加如西布曲明、酚酞等不能作为保健食品原料的违禁成分。

（三）阿里巴巴平台的食品监管

目前，在网络食品销售行业自治这方面阿里巴巴平台做了较多尝试，已基本建立起了针对食品安全相关的专项监管体系，结合相关法律法规制定了各项网规及监管措施，可供其他网络食品销售平台借鉴，某些管理思想或措施甚至可以为相关立法工作提供参考。以阿里巴巴平台食品专项监管体系为例。

阿里巴巴的食品安全"4S"专项监管体系是针对平台上的食品行业的用户、商家及消费者的义务和权利进行严格规范，以平台准入、信息规范，消费保障、安全监测四大体系来构建平台式的互联网食品行业专项管控体系。该监管体系坚持"严格准入、分类监管、数据驱动、精进不休"的原则。其最终监管目标就为网购食品消费者"舌尖上的安全"护航。

1. 加强卖家管理

（1）实名认证。自2014年7月开始，淘宝网开始对食品卖家实名登记情况再次排查，对于未通过排查无法确认真实身份的一律停止其经营活动。

（2）审查证照。自2014年7月开始，淘宝网成立食品行业经营准入项目组，并采取了如下措施宣导从事食品经营的卖家上传营业执照和流通许可证。

1）确定证照审核原则。①有效原则。确保所提供的各种资料都是有效，处于有效期以内，凡是无效或过期的材料均无法通过审核（流通许可证有效期只有一个月内的需用户提供新证）。②信息一致原则。其所提供的证照各项材料中的相关信息都是一致的，凡是不能一致的均无法通过审核。③不作假原则。所有提交的材料需审核是否有作假（如 PS 姓名，公司名称，有效期等），对提交假证的用户做权限控制。④清晰可看原则。请确保所要提交的证件清晰可读，凡是无法正常阅读的材料均无法通过审核。

2）组建专业审核团队。投入专人、专业技术团队支持审证工作，开发完成了淘宝网食品行业资质上传审核产品并向卖家开放。

3）设立科学审查方法。主动对接全国工商网，同时采用图像识别、技术排查加小二人工审查的方式，确保审证真实性、准确性。

2. 强化商品管理

（1）确定食品分层分类管理原则。在商品管理上，根据食品类型和风险程度实行分层分类管理，目前将食品分为食用农产品、预包装食品、散装食品、乳制品、酒类、保健食品、地方特色食品这几类。每一类商品制定不同的管理要求，比如对于预包装食品，强制要求卖家填写 QS 号，并与国家数据库打通，锁定数据库中对应的生产厂家、厂址等信息，不允许卖家编辑，确保商品信息准确。

（2）规范食品信息发布。建立平台的商品信息规范体系，规范平台商品的信息，强化食品安全的特殊标识信息管理。

第一，规范商品发布。如《关于淘宝网食品行业优化商品发布要求的公告》分别对国产零食、进口正规报关商品、进口代购商品的包装图、广告图、产品图、宣传图等规定了不同的商品发布要求。且规定所有商品信息审核通过后必须在指定的位置展示，披露给消费者。

第二，强化特殊标识信息管理。以《产品质量法》第 27 条的规定为标准。根据产品的特点和使用要求，需要标明产品规格、等级、所含主要成分的名称和含量的，用中文相应予以标明；需要事先让消费者知晓的，应当在外包装上标明，或者预先向消费者提供有关资料；具有使用期限的产品，应当在显著位置清晰地标明生产日期和安全使用期或者失效日期；使用不当，容易造成产品本身损坏或者可能危及人身、财产安全的产品，应当有警示标志或者中文警示说明；裸装的食品和其他根据产品的特点难以附加标识的裸装产品，可以不附加产品标识。

（3）做好食品日常品控管理。除了通过实物抽检、神秘购买人进行日常管控外，还进一步加强通过政府协查、媒体曝光、esu 升级事件暴露的不合格商品紧急事件处理。

3. 制定管理规范

2015 年《食品安全法》公布后，在淘宝基础规则的基础上，根据 2015 年《食品安全法》的要求修改《淘宝网食品行业标准》及《天猫食品管理规范》，增加若消费者要求赔偿的，赔偿金额不足 1000 元的，赔偿 1000 元等内容。

4. 积极宣导督促办证

2015 年 1 月，淘宝网设立食品安全专题页面向广大卖家、公众宣导 2015 年《食品安全法》修订内容，并多轮征求卖家意见。

2015 年《食品安全法》公布后，淘宝网先后多次通过旺旺弹窗、卖家中心吊顶、体检中心发送警告提醒等方式，向近百万卖家发送通知，对于行业重点卖家，还采用电话的方式逐一通知。

2015 年 8 月开始，淘宝网制定规则禁止无证卖家报名参加聚划算，或参加平台组织的包括"双十一""双十二"在内的任何营销活动。

2015 年 9 月开始，对于未通过食品资质审核的商家，将不定期禁止其发布/编辑食品类商品。

2015 年 4 月，阿里巴巴正式宣布启动"满天星"农产品溯源计划，全力推进农产品防伪溯源进程。作为第一家农产品试点县，辽宁省大洼县政府以淘宝网特色中国频道"大洼馆"为销售平台，以阿里"满天星"农特溯源计划全品赋码原则为保证，全力配合启动当地 10 款地标性优质农产品的信息追溯，实现大洼农产品"一品一码"线上销售模式，让消费者对产品信息全程可追溯。

"满天星"计划主要以"码"作为链接，为厂商提供从生产数据管理、产品溯源、防伪验真、产品说明、用户互动的一整套解决方案。"满天星"计划所采用的"码"采用了目前国际先进的二维码技术，通过个人秘钥数字签名加密、与线下离线 SDK 数据验证相结合等方式，确保每一件商品上的二维码都是独一无二的。

若有不良商家复制个别二维码进行造假售假，厂家在通过阿里大数据对二维码做出扫码次数判断，以及打假雷达自动追踪扫码地理位置后，也可迅速排查出假冒产品售假地址，从生产源头截断不良商家造假售假行为。

接下来"满天星"农特溯源计划还将走进更多县域，从农产品原产地着手，全力解决农产品防伪溯源问题。同时，对消费者全面开放溯源过程，给消费者带来更高层次的食品安全保障，创建更加良好的农产品网购环境。

四、结语

当前，我国 2015 年修订的《食品安全法》已实施，配套《食品安全法实施条例》也拟出台，国家应尽快修订相关的法律，出台网络食品销售方面的具体管理办法或实施细则等。各地方政府也可在国家法律法规的基础上制定适合地方网络食品销售发展的规范性文件或指导意见，有经实践证明切实有效可行的措施，可尽快将其上升为法律法规。建立起以《食品安全法》为基本法，以其他相关法律为专项法，形成基本法统筹专项法的基本法律格局，确保网络食品销售监管工作在真正意义上的有法可依。

在完善立法的同时，也可充分发挥网规在网络食品销售中的协助治理作用。法律除了可以借鉴和吸纳网规在平台治理中的丰富经验外，也可优势互补，利用网规自身所具有的灵活性等特点和其软规则属性，同传统法律通过强制力保障实施的"硬"治理达成互补，可从根源上弥补"硬"治理"治标不治本"的不足。

网络订餐第三方平台的侵权责任研究

刘　标　肖平辉[*]

导读

随着计算机技术的成熟和网络技术的迅速发展，网络订餐作为一种新型的餐饮模式已经在人们的生活中扮演着越来越重要的角色。由于网络订餐具有低成本、高效、便捷等诸多优势，极大地满足了城市快节奏生活人群的需求，从而迅速地发展起来。但是，网络订餐在给人们带来极大便利的同时，也出现了诸多的问题。许多商家无证经营、订餐平台对入驻商家的身份信息审核不到位、商家卫生环境脏乱差、食品质量不合格等问题给消费者的健康和安全带来了威胁。法律具有滞后性，因此新事物的产生往往对旧的制度带来挑战。为了能够更深入地透析订餐平台的法律地位、侵权责任，更好地与实践相结合，本文除了对传统的民法理论在网络订餐领域的适用进行了阐述，还结合目前网络订餐实际存在的问题、订餐平台的盈利模式、主要的纠纷类型等对订餐平台的法律责任展开讨论，这对于解决网络订餐交易中产生的纠纷，规范网络订餐市场以及促进网络订餐行业健康发展具有重要的意义。

＊　刘标，中国人民大学食品安全法方向研究生；肖平辉，任教于广州大学法学院，原国家食品药品监督管理总局高级研修学院博士后（已出站），南澳大利亚大学法学博士。

一、网络订餐的现状

网络订餐，是随着计算机、互联网技术的发展以及人们生活节奏的转变而产生并高速发展起来的新型的商业模式。网络订餐是指消费者用户通过互联网，在订餐平台上选择自己需要的餐饮产品，比如各类的面食、米饭、糕点、日韩料理，甚至高档一点的海鲜外卖、龙虾鲍鱼等也可以在网上预订成功。网络订餐采用 Online to Offline（O2O）商务模式，"Online to Offline 泛指通过有线或无线互联网向用户提供商家信息，消费者在线预订线下商品或服务，再到线下去享受服务的一种商务模式。"① 即在网络平台上进行推广宣传，在线下实体店里完成交易。O2O 的主要特点是一定要有实体店的存在，并且消费者要去实体店消费。同样地，网络订餐平台中入驻商家在现实中都需要存在实体店铺，完成消费的过程也都是在线下进行的，唯一不同的就是消费者不是到实体店进行消费而是由平台或者第三方完成配送，但是，这种配送模式并不影响订餐后在线下完成交易的本质。由于网络订餐方便、快捷并且价格便宜，因此迅速在大中型城市居民的餐饮消费中占据了重要的角色，形成一道亮丽的新兴产业风景线。

（一）促进网络订餐发展的政策背景

国家主席习近平指出，"十三五"时期，经济社会发展要努力在保持经济增长、转变经济发展方式、调整优化产业结构、推动创新驱动发展、加快农业现代化步伐、改革体制机制、推动协调发展、加强生态文明建设、保障和改善民生、推进扶贫开发等方面取得明显突破。李克强总理在 2015 年政府工作报告中首次提出"互联网＋"行动计划。2015 年 7 月 4 日，国务院印发《关于积极推进"互联网＋"行动的指导意见》，使"互联网＋"成为全局性的经济政策。据不完全统

---

① 李普聪、钟元生："移动 O2O 商务线下商家采纳行为研究"，载《当代财经》2014 年第 9 期。

计，从 2013 年 5 月至今中央层面已经出台至少 22 份相关文件促进创业创新。国务院先后出台了《国务院办公厅关于发展众创空间推进大众创新创业的指导意见》和《国务院关于大力推进大众创业万众创新若干政策措施的意见》。利用互联网发展已经成为社会经济与科技发展的必然结果。[①] 李克强总理在 2016 年 2 月国务院常务会议中将网络订餐誉为 "新经济业态"。[②] 互联网订餐第三方平台无论在促进经济发展，还是在拓展就业渠道和就业规模方面均值得重视。

（二）网络订餐的行业现状

餐饮 O2O 起源于美国，点评网站 Yelp、团购网站 Groupon、餐厅预订网站 OpenTable 和在线外卖平台 GrubHub 先后在纳斯达克上市。2009 年饿了么网站正式上线，网络订餐行业正式拉开大幕。随着网络订餐业务疯狂增长，美团网于 2013 年 11 月推出美团外卖，阿里巴巴于 2013 年 12 月推出淘点点，百度也于 2014 年 5 月推出外卖服务，腾讯、京东、大众点评、滴滴出行等纷纷注资外卖订餐平台，几家订餐平台的行业巨头为抢占市场，掀起网络订餐业务的烧钱大战，由于其给消费者带来切实的优惠，订餐用户迅速扩增，行业规模也迅速扩大。根据易观智库发布的外卖市场研究报告，外卖市场 2015 年全年交易额达457.8 亿元，2015 年较 2014 年全年增长 2 倍，由于白领市场渗透率依然比较低，未来 3~5 年网络订餐市场规模依然有望保持高增长率。

目前，餐饮 O2O 已经吸引了大量的创业团队和产业资本的进入，市场也更加看好餐饮 O2O。从市场角度看，网络订餐这一行业迅速崛起的原因有：

1. 餐饮行业市场规模足够大

国家统计局数据显示，2014 年我国餐饮行业市场规模 2.79 万亿

---

① 王淑翠："促进互联网平台型公司和生态型公司发展"，见《平台经济》，机械工业出版社 2015 年版，第 102~103 页。

② "大力发展 "新经济" 李克强给外卖软件平台 '点赞'"，载凤凰科技，http：//tech. ifeng. com/a/20160205/41548949_ 0. shtml，2016 年 2 月 5 日访问。

元，艾瑞咨询测算 2014 年国内餐饮 O2O 收入规模接近 1000 亿元，渗透率仅为 3.5%，随着餐饮 O2O 渗透率的提升和整个餐饮行业的回暖，预计未来 3 ~ 5 年餐饮 O2O 市场规模有望维持 30% 以上的年增长。

2. 给海量商家带来了巨大的经济利益

网络订餐平台通过平台化的建设，不仅从技术上对商家的网上订餐提供了支持，而且还从经济角度解决了由于商家堂食场地有限，无法在特定时间为众多消费者同时提供服务的问题。通过使用网络第三方平台，商家仅需扩大厨房面积，提高餐饮成品的供应量，就可以带来巨大利益。恰恰是因为网络订餐平台可以很好地满足商家快速发展可能面临的场地不足、技术不足、提供服务的工作人员不足等问题，才能发展如此迅速。

3. 整合碎片化资源，符合经济发展趋势

外卖配送作为网络订餐服务中的必要环节，由配送人员接受商家、网络订餐平台或者其他第三方的委托提供送餐服务，"众包服务"因为满足分享经济整合碎片化资源的特征，不仅有效的解决了商家服务人员数量不足导致的产能服务受限，而且也为配送人员提供充分的工作机会，有效地增加了配送人员收入，为第三方订餐平台发展提供了人力基础。

4. 餐饮消费属于必需消费，且消费频次高

一日三餐是人的基本需求，也是人们日常进行社交的载体，与购物相比，餐饮的消费更加地频繁，为餐饮 O2O 的发展提供了有利的发展基础。

5. 消费习惯正在养成

从点评到团购再到外卖，利用互联网辅助餐饮消费的习惯正在被大多数消费者所接受，随着近年来生活节奏的加快和 80 后、90 后人群消费能力的提升，外出就餐和外卖叫餐人群已经颇具规模。从外卖 O2O 订单情况来看，2014 年 2 季度的订单规模只有 6600 万个，而

2015 年 2 季度订单大幅增长到 2.63 亿个，同比增长 298.5%，环比增长 52%，外卖 O2O 热度可见一斑，详见图 3 - 2 - 1、图 3 - 2 - 2。

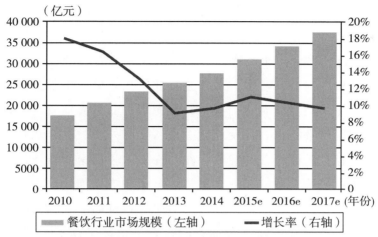

图 3 - 2 - 1　2010～2017 年中国餐饮行业市场规模

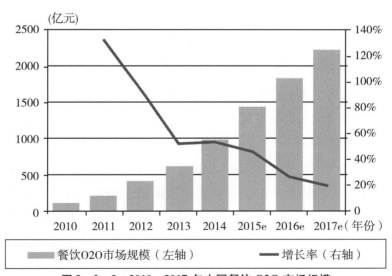

图 3 - 2 - 2　2010～2017 年中国餐饮 O2O 市场规模

资料来源：国家统计局　艾瑞咨询。

（三）网络订餐的问题现状

网络订餐行业发展状况比较乐观，但是实际中，网络订餐依然存在着许多问题与风险，不但对于网络订餐第三方平台的发展带来一定的不确定性，也给消费者的健康和安全带来隐患。通过网络相关报道及文献检索，笔者归纳现阶段网络订餐存在的主要问题如下。

1. 订餐平台存在无证经营者

网络订餐平台无证经营的乱象伴随网络订餐行业的起步就一直存在，随着入驻商家增多，无证经营现象甚至呈现出了愈演愈烈之势。据《上海质量》杂志的报道，上海市食品药品监管局对网络订餐第三方平台进行抽查，发现饿了么、美团外卖、大众点评以及外卖超人均存在无证经营的现象存在，许多入驻商家的营业许可证和营业执照在网页上显示都是"上传中"的状态，而实地考察中却发现根本不存在，还有许多许可证是借用或者过期的。① 北京、深圳、杭州的食品监管部门在进行抽查的过程中也都发现了相同的问题，因此，无证经营的乱象是目前诸多平台、诸多地区普遍存在的一个问题。

2. 实际经营地址与公布信息不符

根据 2015 年《食品安全法》的规定，订餐平台需要提供入驻商家真实的姓名、地址以及有效的联系方式，而食品监管部门在抽查的过程中发现，根据订餐平台提供的地址根本无法找到商家，商家身份信息严重失真。

3. 部分实体店卫生状况令人担忧

我们在订餐网站上看到一张张精美的美食图片，却不知制作的环境和过程令人生寒，"网上高大上，网下脏乱差"的状况正威胁着订餐用户的身体健康。《首都食品与医药》杂志的记者调查发现，许多商家店铺狭小，环境简陋，污渍遍布，食材胡乱摆放，导致损害订餐用户身体的例子比比皆是②。

---

① 寅晋："今天，我们怎么网络订餐"，载《上海质量》2015 年第 12 期。
② 马昊楠："网络订餐平台情况调查"，载《首都食品与医药》2015 年 9 月上半刊。

二、订餐平台的法律地位

(一) 目前关于订餐平台法律地位的几种学说

在 O2O 网络订餐蓬勃发展起来的同时，订餐平台的法律地位目前在法律上并没有一个清晰的界定。近几年的立法中，对网络交易平台的法律责任规定散见于《侵权责任法》《消费者权益保护法》及《食品安全法》等特定的法律条文中，也无法给出一个确切的法律地位。因此对于网络订餐第三方平台的法律地位，我们这里从学术界的理论观点进行全方位的探讨。

1. 电子代理人

电子代理人的理论并不是中国法学界的首创，而是一个"舶来品"。无论是网络购物的出现时间，还是网络技术的成熟程度，欧美国家都更胜一筹，乃至在中国已经发展地如火如荼的餐饮 O2O，成熟度相比欧美国家也是略逊一筹。因此他们的网络交易平台相关法律规定对于确定订餐平台的法律地位有相当重要的借鉴意义。

计算机和网络信息技术发展使得网络交易成为一种更加快捷而便利的交易方式，网络交易平台（如 B2B、B2C、C2C 以及 O2O 等）和网络支付平台（如网上银行）等网上自动交易系统的出现使得现代交易的效率发生了质的飞跃。欧洲和美国的法律规定，以及这些地区的商业协会行业组织等，将这种新型的交易系统命名为"电子代理人"（electronic agent）①。但是，世界各国的法律都不承认电子代理人属于传统民法意义上的代理人。首先来讲，电子代理人是不具备独立人格的；其次，电子代理人没有独立的财产，也无法独立行使民事权利和

---

① 美国《统一电子交易法》第 1 条第 6 款规定，电子代理人指"不需要人的审查或操作，而能用于独立地发出、回应电子记录，以及部分或全部的履行合同的计算机程序、电子的或其他自动化手段"。原文是"Electronic agent means a computer program or an electronic or other automated means used independently to initiate an action or respond to electronic records or performances in whole or in part, without review or action by an individual"。

履行义务。它只是在计算机上预先设定的一种程序，该程序包括了当事人预先设定的合同成立的条件、履行合同的方式等。

电子代理人理论最大的特色在于"不具有法律人格导致的最终法律责任承担问题"，电子代理人是一种智能化的网络交易工具，但是通过其达成的合同在现实中仍与现实签订的合同具有等同的法律效力，那么如果是由于电子代理人发生错误而产生的法律后果，如订餐过程由于平台数据电文传输错误导致订餐未成功或者种类不符等，最终结果也终将归属于网络交易平台提供者。电子代理人由于其不具备法律人格、无法成为民事法律关系的主体，这种法律定位在确定合同的效力上具有很强的借鉴意义但是却无法解决最终的法律责任承担问题。

2. 柜台出租者

"柜台出租者"是一种很多人认可的学说，因为租赁柜台和订餐平台在表征上有非常强的相似性，订餐平台就像是一个食品销售的集中市场，而入驻商家就是一个个店铺，订餐平台给入驻商家提供一个让买卖双方交易的空间，并不实际参与商家与顾客之间的交易，而是仅仅提供一些辅助的服务。

2014 年 3 月 15 日实施的新《消费者权益保护法》就柜台出租者和网络交易平台在侵犯了消费者合法权益的情形下，分别应当承担怎样的法律责任作出了规定。《消费者权益保护法》对这两大责任主体的法律责任规定在顺序上紧紧衔接在一起①，两大责任主体承担的法律责任也非常相似。首先，消费者在租赁柜台或网络交易平台上购买商品，当其合法权益受到侵害的时候，应当先要求销售者进行赔偿；其次，柜台出租者和网络交易平台提供者所承担的都是"附条件的不真正连带责任"②；最后，柜台出租者和网络交易平台提供者在承担了赔偿之后，都有权向商品销售者进行追偿。基于以上相似性，很多人

---

① 《消费者权益保护法》第 43、44 条。
② 杨立新、韩煦："网络交易平台提供者的法律地位与民事责任"，载《江汉论坛》2014 年第 3 期。

认为立法过程中，对网络交易平台提供者的责任是参考柜台出租者的责任制定的，所以就把网络交易平台提供者的法律地位认定为柜台出租者，认为《消费者权益保护法》对网络交易平台责任的规定就是柜台出租者说的依据之所在。

笔者认为，将网络订餐平台的法律地位定位成柜台出租者是欠妥当的。商家入驻订餐平台一般通过签订《服务协议》，订餐平台提供给入驻商家的是一个虚拟的网络空间，如果是出租的性质，承租人是否可以将这个空间进行转租，出租的这个虚拟的网络空间是一种物权、债券又或是知识产权呢？目前学界尚无定论。柜台出租者所要承担的合同义务是提供一个适格的场所，而在订餐服务中，订餐平台不仅要为用户提供信息储存空间服务，还要及时更新商家信息，发布配送信息，提供网上支付等服务，因此将订餐平台定位成柜台出租者是欠妥当的。

3. 居间人说

所谓居间，是指居间人向委托人报告订立合同的机会或者是提供订立合同的媒介服务，委托人支付报酬的一种制度。[①] 对于订餐平台而言，居间人说指出在订餐交易的过程中，订餐平台在买卖双方通过网络完成订餐交易，起到了实质意义上的中介效果。在线上进行交易时，商家与消费者是一种"双盲"的状态，商家通过入驻订餐平台发布餐饮信息，同时消费者也是在订餐平台上浏览自己需要的餐饮信息，因此订餐平台就解决了买卖双方信息传达障碍的问题，从而为潜在的买卖双方提供了交易机会或媒介服务，而在买卖双方进行接洽并最终达成合意的过程中，订餐平台提供商并没有实际地参与到交易谈判的过程中，因此在一定程度上符合居间的特征。

但是这又区别于传统意义上的居间。首先，现实中的居间存在一个委托关系，但是订餐平台与买卖双方都不存在委托关系，商家与消

---

① 王利明：《民法》，中国人民大学出版社 2010 年版，第 489 页。

费者都没有同订餐平台签订居间合同，因此这里仅仅是借用"居间"一词来类比订餐平台与现实中的居间人在角色上的相似性。并且，现实中的居间合同要求居间人不仅仅要求居间人要向委托人报告订约的机会，而且要求居间人积极的寻找潜在客户，周旋于委托人与第三人之间，努力促成合同的成立。显然，订餐平台并没有主动的去寻找消费者，在商家与消费者达成买卖合同的过程中也并没有实际参与和努力促成合同成立，因此订餐平台的法律责任和法律地位与现实中的居间人是不可能等同的。

4. 合营者说

合营者说是将订餐平台视作通过平台进行交易的买卖双方的一方当事人，一般情况下是将其视作卖方的合营者，其基本理由是"消费者借助于订餐平台完成交易，因此订餐平台的提供者应当被认为是销售者，或者至少应当被认为是卖方的合营者"。合营者说实际上是将入驻商家与电商平台视作一个"利益共同体"，他们共同经营、共同盈利，因此应当共同承担责任。目前的多数人对此观点持怀疑态度，认为"买卖合同是双务合同，只约束买卖双方的当事人，而订餐平台是一个独立于交易双方的个体，因此平台提供商不是销售者"。[①]首先，订餐平台是一个独立于买卖双方的个体，独立进行经营；其次，订餐平台的盈利模式与卖方大相径庭，提供的也只是网络技术服务，订餐平台在自己的职责范围内承担责任，不应当与卖方责任混同。

笔者认为，由于订餐平台在创立初期为了迅速增加入驻商家的数量，采取主动寻找线下实体店加盟，给予诸多利好的方式，以求迅速增加市场占有率，此时入驻商家与电商平台实际上已经构成一定意义上的"利益共同体"，从而符合了合营者的一些特征。例如，笔者曾

---

① 苏添："论网络交易平台提供商的民事法律责任"，载《北京邮电大学学报（社会科学版）》2005 年第 7 卷第 4 期。

实际走访过位于北京市海淀区万泉庄路紧挨小南庄39号楼的一家云南过桥米线店铺，该商家同时在实体店和订餐平台进行经营，在访谈中该店的老板告诉笔者，一开始商家自己并无入驻订餐平台的想法，而是订餐平台的工作人员主动上门与商家进行洽谈，并介绍了入驻平台的诸多利好，商家老板感觉有利可图，遂同意了加盟。从这种经营方式而言，这一类入驻的商家是订餐平台主动介绍给消费者的，商家与平台的关系可以看成是"商家只提供食品，平台积极推广出去"的类似于生产者与销售者的角色，此时订餐平台也就具备了某些合营者的特征。但是这种经营模式只出现在创立初期，订餐平台为了推广业务，提高市场占有率的初期发展阶段。随着订餐平台入驻商家迅速增多，市场竞争增强，网络订餐业务不断成熟，供需关系转变，订餐平台不再需要自己主动去寻找商家入驻，而只需要坐等商家上门然后对其资质进行审核，其合营者特征不断淡化消失。

5. 技术服务提供者说

技术服务提供者说是目前各订餐平台最希望给自己的一个法律定位。订餐平台建立了一个技术服务平台，然后分别与买卖双方签订服务协议协议（如饿了么网提供的《使用条款和协议》，美团外卖提供的《美团网用户协议》，百度外卖提供的《百度用户协议》等），此时卖家就可以借助于订餐平台发布餐饮供应信息，买家也是在订餐平台上浏览自己感兴趣的餐饮信息，于是双方就借助订餐平台完成了交易，此时交易的双方都使用了订餐平台提供的技术服务。因此，电商平台认为自己所提供的是技术服务，只需要按照在《服务协议》中同买卖双方约定的条款来履行义务和承担责任。

订餐平台的基础服务实质上就是为买卖双方的网络交易提供信息交换的技术服务，提供信息分享的平台。若发生商家提供的食品侵害消费者合法权益的情况，应当根据《食品安全法》第131条及《侵权责任法》第36条的规定，要求订餐平台承担相应的责任。根据北京电子商务法律与发展研究基地出具的《第三方网络销售平台责任研究》

收集的大量国外案例显示，在司法实践中法院也多遵循此学说进行审判，笔者也赞同这一学说。

（二）基于盈利模式的电商平台的法律地位分析

电商平台的责任应当同其在交易中的地位，享有的权力以及获得的利益相匹配。[①] 对于订餐平台而言，对权利义务的考察离不开它的业务范围、经营方式和盈利模式，以更加准确地反映出订餐平台在交易过程中的角色定位。目前，几大订餐平台盈利模式并没有完全成熟，主要有以下几种：

1. 收取佣金

按照每一单订餐的价格，根据平台与入驻商家确定的比例，向入驻的商家收取一定数额的佣金是订餐平台的主要盈利模式之一。"饿了么向商户收取佣金的标准，原本是收取交易额的 8%"。[②] 这种向入驻商家收取一定比例佣金的盈利模式与传统民事法律关系中收取居间费用具有一定程度的相似性，因此订餐平台法律地位的"居间人说"存在一定程度的合理性。

2. 收取服务费

2010 年，饿了么的盈利模式是"将收取佣金与向商家收取服务费结合在一起"。[③] 在发展的过程中，同时收取佣金和服务费的模式逐渐被收取固定的服务费所取代。如果按照传统民法观点，就单纯收取服务费的行为来看，订餐平台向商家收取的服务费在某种程度上可以理解为"柜台出租费"，也可以理解成"技术服务费"，因此"柜台出租者说"和"技术服务提供者说"就盈利模式分析下也是具有一定合理性的。

---

① 黄成方："薛军教授做客华润雪花论坛 主讲电子商务法立法的若干问题"，http：//www. law. ruc. edu. cn/article/？49020. html，2016 年 3 月 4 日访问。

② 任玺言："借鉴再创新——浅析'饿了么'订餐平台盈利模式"，载《新闻研究导刊》2015 年第 6 卷第 19 期。

③ 夏宏："饿了么，外卖订餐领域的'淘宝'"，载《商场现代化》2014 年第 34 期。

3. 竞价排名费用

竞价排名，就是指商家通过竞争出价来获得在某个网站的有利排名位置。① 竞价排名首先在搜索引擎上开始使用，到后来天猫、1 号店、亚马逊、苏宁易购等电商巨头也纷纷采用了这种模式，在订餐平台领域，随着入驻商家增多，不同商家的地理位置不同、菜系种类不同等诸多差异导致各种细分出现，商家为了使自己的界面位置更加靠前，提高订单数量必将导致订餐领域竞价排位，竞价排名的费用也将给订餐平台带来不菲的收入。针对竞价排名是否属于广告，目前也存在不同的观点，有学者认为，根据《广告法》对广告的定义以及《北京市网络广告管理办法》对网络广告的概念界定，订餐平台可以通过收费的方式将商品排位提前，因此消费者更容易、更有机会接触到某个商品销售信息，因此竞价排名完全是一种广告行为。② 订餐平台的竞价排名与搜索引擎的竞价排名性质上属于同质服务，在 5 月的"魏则西事件"后，由国家网信办、国家工商总局、国家卫生计生委和北京市有关部门成立联合调查组出具的调查结果显示，根据目前法规并未将竞价排名视为广告，而是认定为一种商业推广③。最高院在 4 月公布的《关于涉及网络知识产权案件的审理指南》中也将竞价排名服务，认定为信息检索服务④，而未认定其为互联网广告。即将生效的《互联网信息搜索服务管理规定》也未将其认定为广告。笔者认为，竞价排名根据目前法律规定，仍未被认定为商业广告，未来是否会适用广告的管理规定，有待国家在法律法规及司法实践中进一步厘清。

---

① 胡丹："'搜索引擎竞价排名'的法律规制"，载《北京邮电大学学报（社会科学版）》2009 年第 6 期。

② 周明勇、刘标："论网络食品销售中电商平台的法律责任"，载《现代管理科学》2015 年第 12 期。

③ "百度竞价排名结果对魏则西就医产生影响，须立即整改"，http://news.ifeng.com/a/20160509/48735089_0.shtml。

④ 《关于涉及网络知识产权案件的审理指南》第 39 条规定："搜索引擎服务提供者提供的竞价排名服务，属信息检索服务。"

4. 物流配送费用

消费者通过网络进行订餐时，通常需要支付 5～10 元的配送费，有时候配送费甚至达到几十元，有些订餐平台通过自建的物流进行配送，赚取其中的物流费用。2015 年 11 月 25 日，滴滴出行对饿了么的 G 轮融资宣布成功，双方将会在物流配送的业务方面开展合作，搭建一种同时使用汽车和电动车的同城配送体系，这也表现了订餐平台在建设自己的物流体系的努力与决心，而物流配送收入也将成为订餐平台的主要盈利模式之一。从这个层面来看，订餐平台承担着"物流配送者"的角色。

（三）电商平台是一种新型的平台经济

在中国，网络购物是进入新世纪以来一种新兴的交易方式，网络订餐更是近五年来迅速发展并逐渐成熟的新的饮食方式。网络交易平台是一个新出现的概念，网络交易平台提供者的法律地位也只停留在学说阶段，尚无定论。订餐平台作为网络交易平台的一种，是更加新颖的一个概念，在以上论述的诸多学说的分析之中我们可以看到，电子代理人说、合营者说、柜台出租者说、居间人说、技术服务提供者说等都具有其内在的合理性，从各大订餐平台的盈利模式来看，在一定程度上符合现在学界关于电商平台的法律地位的学说，而且，由于订餐平台不断创新出其他业务及新的盈利模式，又渐渐符合新的角色定位，因而目前的每一种学说都无法完全囊括订餐平台的特征。

笔者认为，订餐平台是随着网络技术发展和新的交易方式的出现，它在网络订餐交易过程中是多种角色的集合体，我们不能总是试图用传统的民法观念和目前已经存在的、研究成熟的概念来解释和认定电商平台的法律地位。阿拉木斯老师主张，"考虑平台责任时，应意识到互联网经济、电子商务同传统经济活动相比发生了很大变化，相应的治理也应改变"。[①] 笔者更加赞同杨立新老师和韩煦老师的观点，

---

① 阿拉木斯："信息化、政府治理与平台责任"，见《平台经济》，机械工业出版社 2016 年版，第 87 页。

"应当根据在网络交易中的客观实际，实事求是地将其界定为一种新型的交易中介"。① 订餐平台需要承担的民事法律责任，则是应当根据订餐平台"在其中参与的程度和身份来界定"。②

三、网络订餐第三方平台承担侵权责任的依据

订餐平台是一种新型的平台经济，在买卖双方的信息交流中处于中立的位置，它几乎不会直接参与和实施侵权行为，那么其承担侵权责任的依据何在呢？要求订餐平台承担侵权责任主要有以下依据。

（一）获利报偿理论

获利报偿理论是在社会危险控制理论的基础上发展起来的，根据收益与风险相一致原则，"从危险源中获得经济利益者也经常会被视为是具有制止危险义务的人"。③ 订餐平台作为经营者，应当负有安全保障义务，这不仅仅是因为其制造了危险，同时也是由于它是经营活动的利益获得者。

虽然订餐平台对订餐消费者来说是免费的，甚至在发展初期对于入驻商家都是免费的，但订餐平台依然是营利性的平台，作为整体的网络订餐平台是从事营利性活动的市场主体。订餐平台虽然不是危险的源头，但根据获利报偿理论，让获利者承担一定的风险也是为了符合公平正义的要求，④ 因此，订餐平台有责任提醒每一位消费者用户注意，并提供合理的安全保护。⑤

---

① 杨立新、韩煦："网络交易平台提供者的法律地位与民事责任"，载《江汉论坛》2014 年第 3 期。

② 张琼辉："立法明确电商平台定义及其责任"，载《法制日报》2015 年 2 月 7 日第 003 版。

③ 张新宝：《互联网上的侵权问题研究》，中国人民大学出版社 2003 年版，第 46 页。

④ 王泽鉴：《侵权行为法（第一册）》，中国政法大学出版社 2001 年版，第 16 页。

⑤ 张新宝：《互联网上的侵权问题研究》，中国人民大学出版社 2003 年版，第 46 页。

（二）企业社会责任理论

企业社会责任是一个经济法概念，它首先是由英国学者欧利文·谢尔顿（Oliver Shelton）提出的，他认为，"企业的社会责任需要与公司的经营者满足产业内外和人类各种需要的责任联系，并认为包括道德因素。"[①] 哈佛大学法学院的多德（E. M. Dodd）教授认为公司的经营者应当树立起对"职工、消费者以及社会公众的社会责任"。[②] 中国人民大学刘俊海教授在《公司的社会责任》中也对公司的社会责任做出界定，他指出"公司社会责任，是指公司不能以股东最大限度地谋求经济利益作为公司存在和经营的唯一目的，还应当负担起维护和增进社会中其他主体利益的义务。"[③] 同时，我国《公司法》第5条也规定了公司"承担社会责任"。[④]

企业社会责任包含了对自己的职工、对自己的消费者以及对环境保护、行业发展的责任等诸多方面，其中必然包括着消费者生命健康权。人权是法律的终极价值的追求，2004年宪法修改规定国家尊重与保障人权，因此对人权的保护越来越深入人心。而食品安全权是人类最基本、最重要的人权。食品是直接关系人的生命健康权的商品，因此订餐平台联系着订餐交易的买卖双方，作为社会经济发展中扮演越来越重要作用的平台企业，应当由其承担起相应的社会责任，减少侵害消费者利益的行为发生。

（三）社会成本控制理论

从理论上讲，如果某项活动存在发生损害的风险，那么活动的各方参与主体都有可能或者是有能力采取一定的措施、方案来避免此损

---

① 刘俊海：《公司的社会责任》，法律出版社1999年版，第2页。

② 郑祝君："公司与社会的和谐发展——美国公司制度的理念变迁"，载《法商研究》2004年第4期。

③ 刘俊海：《公司的社会责任》，法律出版社1999年版，第2页。

④ 《公司法》第5条第1款规定："公司从事经营活动，必须遵守法律、行政法规，遵守社会公德、商业道德，诚实守信，接受政府和社会公众的监督，承担社会责任。"

害的发生，但是不同的主体由于其经济实力、技术技能、掌握的信息量等资源不同，防止损害发生的成本是不同的，因此，"哪一方主体避免损害所付出的成本是最小的，则由该方主体承担避免损害发生和防止损害结果出现的义务"。① 这样，便有利于节约有限的社会资源、控制防止损害发生的社会成本，从而实现法律的效率价值。

与一般的入驻商家和消费者相比，订餐平台作为新型的交易平台，他们对网络服务设施、网络信息传播技术以及相关的法律法规、行业政策等更加了解，而且他们拥有专门的技术人员和后台服务人员，掌握着更多的商户信息和消费者的信息，在长期的服务过程中掌握更多的统计数据信息，积累了丰富的经验。因此，订餐平台更有能力对危险的发生作出预判以及对已经发生的危险进行有效的遏制，更有能力采取必要的技术措施防止损害发生或防止损失扩大，也就是说，网络订餐交易中由订餐平台承担避免损害发生的责任所付出的社会成本是最小的。但是我们也不能对订餐平台苛以过于严苛的责任，效率是法的价值的追求，但"这个概念一般是指不浪费，或尽可能地应用可以资源"，② 如果规定的责任过于严苛，订餐平台投入大量的人财物防止侵权行为发生，这将导致社会资源的浪费，也违背了法律的公平这一价值。

四、网络订餐第三方平台应当承担有条件的责任

（一）网络订餐第三方平台侵权责任在立法过程中的转变

2015 年《食品安全法》对"网络食品交易平台提供者"的责任从无到有作出了规定。此时，专门针对网络食品交易的规范才正式产生。但是，该法规定的网络食品交易平台提供者的民事责任规定只是对《消费者权益保护法》规定普通商品或服务的网络交易平台提供者

---

① 张新宝：《互联网上的侵权问题研究》，中国人民大学出版社 2003 年版，第 46~47 页。

② 李龙、汪习根：《法理学》，人民法院出版社、中国社会科学院出版社 2008 年版，第 241 页。

责任的一种重复和强调性的规范。《食品安全法》与《消费者权益保护法》规定的网络交易平台提供者承担的是一种"附条件的不真正连带责任",只有网络交易平台提供者在不能提供销售者真实的名称、准确的地址或者有效的联系方式的情况下,也就是说消费者向平台提供者请求赔偿是有条件的。① 从《食品安全法》制定的历程来看,国家从政策层面鼓励互联网经济创新,不对电商平台苛以重责,因此,从立法进程来看,电商平台需要承担的责任在减弱。

《食品安全法》修订草案送审稿(以下简称送审稿)主要在第59条中规定了网络交易平台提供者的责任,该条文分别从平台自身需要食品生产经营许可、平台对入驻商家的安全管理责任、平台积极制止违法行为和报告制度、平台的主要监督管理部门以及民事责任五个方面做出了规定。② 其中,消费者在合法权益受到侵害之时,平台承担连带赔偿责任并"先行赔付"的义务,即作出了"网购食品出问题,网站先赔"的规定;但是《食品安全法》修订草案二次审议稿删除了平台的"先行赔付"义务,而只保留了在平台违反对入驻商家的合理审查义务和发现违法行为的合理制止、报告义务时与入驻商家承担连带责任的条款;目前正式实施的《食品安全法》在条文的位置上作了调整,而对其民事责任的规定并依然沿用了修订草案二次审议稿的规

---

① 《食品安全法》第131条规定:"违反本法规定,网络食品交易第三方平台提供者未对入网食品经营者进行实名登记、审查许可证,或者未履行报告、停止提供网络交易平台服务等义务的⋯⋯使消费者的合法权益受到损害的,应当与食品经营者承担连带责任。"

② 《食品安全法(修订草案送审稿)》第59条规定:"网络食品交易第三方平台提供者应当取得食品生产经营许可。网络食品交易第三方平台提供者应当查验入网食品经营者的许可证或者对入网食品经营者实行实名登记,承担食品安全管理责任。网络食品交易第三方平台提供者发现入网食品经营者有违反本法规定的行为的,应当及时制止,并立即报告网络食品交易第三方平台提供者食品生产经营许可证颁发地食品药品监督管理部门。网络食品交易第三方平台提供者未履行规定义务,使消费者的合法权益受到侵害的,应当承担连带责任,并先行赔付。网络食品交易第三方平台提供者食品生产经营许可证颁发地食品药品监督管理部门负责对网络食品交易第三方平台提供者实施监督管理。"

定，并未多作改动。此外，送审稿第 59 条第 2 款规定网络食品交易平台承担"食品安全管理责任"，而在后来的修改中，此条文未出现在 2015 年《食品安全法》中。

（二）附条件不真正连带责任的承担

确定网络订餐第三方平台承担的责任，应当从其在网络订餐交易中的角色和承担的义务为基准，网络订餐第三方平台的责任标准和范围不仅关系到消费者合法权益的保护，也关系到网络交易的健康发展。

在理论学界和司法实务中，关于网络订餐第三方平台的责任认定，学者们各自从不同的角度和立场出发得出了不同的结论。有部分学者基于消费者的弱势地位和食品安全的重要性，认为食品安全关乎人类健康，其监管应当严于其他商品。人的生命健康权相比网络平台的经济利益更应该受到保护，在网络食品销售法律制度的完善的基础上，应当明确规定电商平台承担连带责任。[①] 通常情况下，消费者选择网络订餐第三方平台来订餐，主要是基于对平台的信任，并不会实际了解餐饮服务提供者的情况。让网络订餐第三方平台对入网食品经营者侵犯消费者合法权益的行为承担连带责任，能够倒逼其主动尽到良好的监督和审查义务，从而切实保障好消费者的合法权益。网络订餐平台利用互联网手段，将各地餐饮商家集中向全国各地的消费者推介，并从中获得利益，其就应承担行业自治管理者的职责。[②] 但是，也有学者从客观角度出发，实际考察网络订餐第三方平台在网络订餐交易中的地位，认为应当立足其在网络交易中的角色，不能盲目追求消费者权益的保护，却导致网络订餐第三方平台由于负担了过重的义务和责任，影响网络交易的健康发展，进而提出了不同的观点。从近期的一些法律制度建设来看，网络交易平台提供者的责任越来越面临异化

---

① 周明勇、刘标："论网络食品销售中电商平台的法律责任"，载《现代管理科学》2015 年第 12 期。

② 付金："外卖平台应担食品安全责任"，载《北京日报》2016 年 2 月 3 日第 018 版。

的风险。其从私法主体承担的第三方责任逐步扩大至公法上的巡查发现并制止违法行为的责任，日益承担了与其法律地位不相适宜的越来越繁重的法律责任，私法被公法不合理遁入。① 网络订餐第三方平台作为技术服务提供者，起到的是中介作用，应当对消费者合法权益的损害承担不真正连带责任，而且这种不真正连带责任还应当附一定的条件。针对附条件不真正连带责任而言，无论是法定的还是约定的，被侵权人主张行为人承担赔偿责任须具备法定的或者约定的条件，不具有这样的条件，就只能向主行为人请求赔偿，不能向从行为人主张权利。② 附条件不真正连带责任更加有利于保护从行为人，即网络订餐第三方平台，限制其责任承担，只有在达到一定条件时才承担不真正的连带责任，一定程度上降低了对受害人的保护。

笔者更加赞同后一种观点，通过前文对网络订餐第三方平台的经营模式和法律地位的分析，可得出其提供的是技术服务，一定程度上独立于消费者和入网经营者之间的订餐交易，因为尽管订餐以及支付订餐费等行为是在线上完成，但是会发生损害消费者合法权益的事实通常发生在线下的送餐以及消费者食用食品的过程中。网络订餐第三方平台是无法监管到商家的实际经营，没有义务来负责确保商家的食品安全，也不能要求其对不知情且不可预见的侵权行为承担赔偿责任。但若是网络第三方平台本身具有过错，没有履行法定的监管义务，则应当对消费者合法权益受到的损害承担连带责任。

网络订餐第三方平台的责任应在保护消费者合法权益和保障网络交易健康发展之间寻求平衡。在现有技术基础上对网络交易平台的审核和监督能力以及在损害结果发生后所能采取的相关措施等多种因素，寻求网络交易平台提供者与买卖双方间的利益平衡点，合理分担交易

---

① 丁道勤：“网络交易平台提供者第三方责任及其异化研究——基于私法被公法不合理遁入的考察”，载《电子知识产权》2015 年第 6 期。

② 杨立新：“网络平台提供者的附条件不真正连带责任与部分连带责任”，载《西北政法大学学报》2015 年第 1 期。

风险，实现各民事主体间的和谐互动，发挥法律制度的作用和价值。①
网络订餐第三方平台的责任的确立应坚持以下原则：

1. 保护消费者合法权益原则

保护消费者合法权益，是维护社会正常经济秩序、促进生产发展以及提高人民物质文化生活水平和精神生活品质的需要。从法律地位上来看，网络订餐第三方平台、消费者和入网经营者是平等的，三者在民事活动中平等的享有权利，其权利享受平等的保护。但是在现实的商品交易过程中，消费者往往处于弱势的地位，容易受到权利侵害，所以才会有《消费者权益保护法》的出台来保护消费者的合法权益。在网络订餐交易中，消费者最经常受到侵犯的合法权益就是生命权、身体权、健康权，而生命权、身体权、健康权作为人身权中的人格权，直接关系到人的身体建康，同财产权利等其他权利相比，具有保护上的优先性。只有让消费者的合法权益得到应有的保护，才能保障消费者的消费热情，才能促进网络交易不断向前发展，促进我国市场经济更加繁荣。

2. 保障网络交易健康发展原则

网络订餐作为一种新型的餐饮模式，具有低成本、高效、便捷等诸多优势，为人们的生活带来了极大的便利，极大地满足了城市快节奏生活人群的需求，这要归功于网络交易平台的创新和发展。因此，为了保证网络交易的蓬勃发展，应当对网络交易平台提供者的民事责任范围进行适当限制，而不宜让其承担相对过重的法律责任。这就要求我们在完善网络交易立法时需要考虑到合理规制网络交易平台提供者的民事责任，否则，必将严重打击网络订餐第三方平台的积极性和创新性从而影响人们的日常生活需要，也不利于网络交易的长足发展。当然，限制平台提供者的民事责任并不等于损害消费者和经营者的利

---

① 齐爱民、何培育："论我国网络交易的法律规范——兼评《网络商品交易及有关服务行为管理暂行办法》"，载《中国工商管理研究》2010 年第 9 期。

益，而是要在确定网络订餐第三方平台承担法律责任或损害赔偿时，适当考虑网络交易平台提供者的经济承受能力，对潜在交易风险的预见能力。

3. 意思自治原则

意思自治原则，又称私法自治原则，是民法主体在法律规定的范围内，按照自己的意志从事民事活动，管理自己的事务，创设自己的权利和义务，不受国家和他人的非法干涉。当事人的意志不仅是权利义务的渊源，而且是其发生根据。① 意思自治作为近代民法的基本原则之一，是近现代私法制度的重要基石，有着深刻的法哲学基础，在网络订餐交易的责任承担中，依然是网络交易活动进行的普遍依据。与其他民事活动相同，网络订餐交易活动中的主体，无论是网络订餐第三方平台提供者还是入网经营者和消费者，都有权基于自己的真实意愿享有选择纠纷处理的方式及造成损害的赔偿数额等权利。网络订餐第三方平台可以依据自己的意思表示来处分自己的权利，可以作出更加有利于消费者的承诺来保护消费者的合法权益，并依据诚实信用原则，切实地履行其作出的承诺。

以上，是网络订餐第三方平台承担侵权责任的基本原则，只是就责任承担上应当考虑上述几个方面进行分析，具体在司法实务和纠纷处理中，还是应当以现行有效的具体法律规定为基准。目前，我国网络交易处于蓬勃发展的阶段，但是却没有一套较成熟的规范电子商务活动的法律、法规体系，关于各种电子商务的法律规定散见于法律、法规以及地方性法规中。在实际的纠纷处理中，可以依据的法律规定为《消费者权益保护法》第 44 条和《食品安全法》第 131 条。根据对两条法条进行分析，两者规定的责任形态的性质是相同的，可以说《食品安全法》第 131 条是对《消费者权益保护法》第 44 条的重复和强调，都是在竞合侵权行为中的间接侵权人承担不真正连带责任的基

① 尹田："论意思自治原则"，载《政治与法律》1995 年第 3 期。

础上，附加了限定条件，只有限定条件成就时，才能构成侵权行为，承担不真正连带责任。这种制度设计既保护了受害者的合法权益，也为网络交易平台的健康发展营造了宽松的环境。

首先，网络订餐第三方平台承担的不真正连带责任。从严格意义上来说，网络订餐第三方平台并没有直接实施侵害消费者合法权益的行为，消费者合法权益受到的损害是由入网经营者的侵权行为导致的。消费者因合法权益受到损害，应当向造成其损害的直接侵权人即入网食品经营者来请求赔偿，但是由于消费者在网上订餐，并没有实际接触到入网食品经营者，所以只能从网络订餐第三方平台来查询入网食品经营者的基本信息，若不能提供，则就由网络订餐第三方平台承担不真正连带责任，先对消费者所受损害进行赔偿，之后有权向入网食品经营者追偿。网络交易平台提供者之所以须对在网络交易平台上遭受交易损害的消费者承担附条件的不真正连带责任，原因在于网络交易平台提供者提供平台服务的行为与网络交易中的商品销售者致害消费者的行为，构成了竞合侵权行为。① 由于网络订餐第三方平台的服务行为与网络交易环境下入网食品经营者造成消费者损害行为的原因竞合程度更为轻微，因而承担不真正连带责任。

其次，网络订餐第三方平台承担的不真正连带责任是附条件的。当网络食品交易第三方平台提供者不能提供入网食品经营者的真实名称、地址和有效联系方式的，由网络食品交易第三方平台提供者赔偿，承担不真正连带责任。网络订餐第三方平台提供者的责任主要是一种协助处理义务，仅应承担起与其能力范围相当的线上审查责任，不应也不能监管线下的实体交易。如果网络第三方订餐平台良好地履行了其法定义务，那么在销售因合法权益收到侵害请求网络订餐第三方平台提供入网食品经营者的基本信息时，就能准确予以提供，也就不会

---

① 杨立新：“网络交易平台提供者为消费者损害承担赔偿责任的法理基础”，载《法学》2016 年第 1 期。

出现需要承担赔偿责任的情形了。关于提供入网食品经营者的真实名称、地址和有效联系方式这一要件，也有主张这应当指的是消费者能够凭借这些信息获得赔偿，若不能获得赔偿，那么网络订餐第三方平台仍然应当对消费者所受损害进行先行赔偿，再向入网食品经营者追偿。对于这一观点，笔者不能认同，这显然是对法律进行了扩大解释，是应当被禁止适用的。网络订餐第三方平台只要能够切实履行提供入网食品经营者的真实名称、地址和有效联系方式这一法定义务，就可以认定其已经履行了相应的协助义务，使其得以从责任承担中脱离出来。

最后，网络订餐第三方平台可以作出并履行更加有利于消费者的承诺。是指网络交易平台的提供者事先作出更有利于消费者承诺的，消费者的合法权利因交易平台上进行的网络交易受到损害后，可向与之交易的商品销售者或者服务提供者请求赔偿，也可以向网络交易平台的提供者要求赔偿的违约责任。约定不真正连带责任的所附条件是网络交易平台的提供者作出了更有利于消费者权益保护的承诺，例如先行赔付的承诺等。[①] 这样的约定优于法律的要求，应当充分尊重民事主体自由的意思表示，这是意思自治原则的体现。在网络订餐第三方平台事先作出先行赔付等一系列有利于消费者承诺的情况下，入网食品经营者并非找不到，这时候即使网络订餐第三方平台事先有承诺，具备了承担不真正连带责任的条件，消费者对两个承担责任的主体都能够找到，因而有权进行选择，或者选择入网食品者承担赔偿责任，或者选择网络订餐第三方平台承担赔偿责任。尽管在这种情况下，消费者主张网络订餐第三方平台承担责任更为有利，但仍不能排除入网食品经营者承担赔偿责任的可能性。

---

① 杨立新、韩煦："网络交易平台提供者的法律地位与民事责任"，载《江汉论坛》2014 年第 5 期。

五、结语

在我国网络订餐行业迅猛发展的同时也出现了诸多的问题，给消费者的健康和安全带来了威胁。在这种状况下，应当明确订餐平台的法律地位。但是目前的每一种学说都无法完全囊括订餐平台的特征，我们根据在网络交易中的客观实际，实事求是地将订餐平台界定为一种新型的交易中介也具有一定的理论依据，如获利报偿理论、企业社会责任理论以及社会成本控制理论等都对其提供了一定的支持。综合来看，网络订餐第三方平台应该承担附条件的不真正连带责任。

"微商"视角下的网络平台
民事责任研究

杨　乐[*]

导读

　　本文从媒体广泛关注的"微商"入手，分析了所谓"微商"的发展、特征，创造性总结出移动化电商、模块化电商、碎片化电商的三类形态；并从互联网发展的历史阶段提炼出网络信息平台、网络交易平台两大类型化，分析两类平台的法律性质本质区别，进而导致法律责任的不同。网络信息平台、网络交易平台有历史的先后关系，发展到如今，如何界定法律责任，前提是如何科学的分清两类平台的法律性质。网络信息平台按照《侵权责任法》第36条，网络平台应当承担共同侵权责任，网络交易平台按照《消费者权益保护法》第44条，网络平台应当承担代位赔偿的连带责任。按照这个逻辑分析，"微商"其实是普通用户之间利用了网络信息平台从事了网络交易行为，因此产生了权益纠纷，网络信息平台应当承担怎样的法律责任呢。单从民事责任角度看，回归到网络平台的法律性质本身来看，网络信息平台与用户之间并没有就交易行为达成合同意愿，是用户之间自发、自主的进行了交易行为，而网络信息平台处于中立地位，因此对这个交易而产生的纠纷不承担民事责任。除非网络信息平台具有主观上的过错，

---

　　* 杨乐，腾讯研究院副秘书长，中国社会科学院法学所博士后。

或者为交易提供了具体交易支持，因为这个支持行为，网络信息平台就转化为网络交易平台，因此要承担网络交易平台的法律责任。在厘清网络平台的法律责任后，我们仍然不能忘记，在"微商"这一生态圈下，有真正的商品销售者、服务提供者、消费者，还有管理部门和消费者协会，围绕消费者权益保护这一课题，单靠某一方的力量显然不能实现，协作共治是必然的选择。

自 2015 年年初，媒体上关于对"微商"的各类负面报道扑面，诸如"微商不是法外之地"[①]、"朋友圈微商呈'传销化'趋势"[②] 等报道，不约而同地将"微商"与"微信"联系到一起，似乎，"微商"就是微信的附属产品，"微商"引发的负面问题理所当然应当由微信来承担。在央视进行"揭秘微传销，月入数万'微商女神'致富不是梦？"[③] 的报道中，甚至直接使用了微信的 logo，对受众引导的倾向性非常明确。面对这样的媒体报道，我们不禁困惑，微信和"微商"到底是什么关系？消费者在微信朋友圈买到了假货，发生了人身或者财产损失，应当找谁负责？在"微商"的视角下，微信平台究竟应当承担什么样的法律责任？为了厘清这一问题，我们可以从微商的发展特征、网络平台性质的界定、网络平台的民事责任及消费者权益保护等几方面入手分析。

一、微商的发展和特征

（一）发展

截至目前，学界、业界对"微商"还没有一个统一成熟的定义，

---

① "微商不是法外之地"，载《人民日报》，http：//tech. 163. com/15/0506/17/AOUTLGSK000915BF. html，2015 年 5 月 8 日访问。

② "朋友圈微商呈'传销化'趋势"，载人民网，http：//ah. ifeng. com/news/wangluo/detail_ 2015_ 04/08/3760188_ 0. shtml，2015 年 5 月 8 日访问。

③ "揭秘微传销，月入数万'微商女神'致富不是梦"，http：//tv. cntv. cn/video/C10616/8a45a7a4a5d44ea6a07538b4738365fa，2015 年 7 月 4 日访问。

普通用户会简单认为"微商"就是微信上卖东西的人。最早微商起源于微博时代的"微营销",借助了最火的社交平台,利用超高的人气和熟人、明星、大V等人际背书,增强受众对商品或服务的信任感,从而产品的提高知名度和销量。在目前应用比较广泛的各个移动社交产品中,都有"微商"的痕迹,如微信、微博、陌陌、易信等。

在移动互联网时代,传统电商有了新的发展样态,笔者将其总结为以下三种趋势:

1. 移动化电商

随着移动互联网技术的飞速发展,以及移动智能终端的大量普及,传统电商平台从PC端自然延伸、移植到移动端,产生了移动电商活动。其中,常见的包括手机淘宝、手机天猫、手机京东等,以及最近新兴的口袋购物等独立的APP应用,都属于这一类型。根据艾瑞统计,2014年中国移动购物交易额在整个网络购物市场中占比33%。在具体企业份额中,阿里无线(包括手机淘宝、手机天猫)、手机京东、手机唯品会占据前三位,分别是86.2%、4.2%、2.1%。其中,阿里无线一家独大,占比86.2%,其无线端通过"淘宝+天猫"提供平台服务,再由交易入口向无边界生活圈转型。而京东仅占到了4.2%的市场份额,与阿里相去甚远。

2. 模块化电商

模块化电商,是指除了传统电商公司自己开发的独立移动应用外,其他的移动APP应用(如打车软件、影评软件等)为了充分利用其所拥有的用户资源,所做的一些商业化尝试,在APP中增加电商模块,通过移动支付获取增值服务收益。这一类情况在借助LBS(位置定位服务)的O2O的商业模式中尤为普遍,充分体现了互联网的跨界融合特点,以及"基础服务免费,增值服务收费"的互联网赢利模式。类型多样,以下为几种典型体现:

(1)新浪微博中的"微卖"。该产品由北京优舍科技有限公司基于新浪微博这一社交网络传播媒介而开发,为商品销售经营者提供商品售卖平台，帮助用户在微博中与好友分享自有商品，促进用户间的商品交易。任何人都可以使用"微卖"平台，利用社交信息的共享优势售卖各种商品。但基于移动互联网的发展趋势，该产品限制卖家只能通过手机端应用软件进行订单等销售管理。

（2）豆瓣电影。本来是电影评论的 APP 应用，现在已经加入在线购买电影票模块，与支付宝打通，支持移动在线购票、选座。利用移动互联网技术，把线上工具和线下实体店连接起来，有助于吸引更多的线上客户到线下实体店去体验和消费。

此外，美国的移动社交应用 Twitter，也在与加拿大电子商务软件开发商 Shopify，以及其他电子商务软件公司进行合作，把"Buy"按钮推广给更多的商户。据悉，单是 Shopify 目前在美国便拥有约 10 万商户，使用该公司的软件运营自己的网店。通过与 Twitter 的合作，这些商户便能够使用 Shopify 软件在 Twitter 消息中销售自己的商品。Twitter、Facebook 和 Pinterest 去年均在平台中植入了购买按钮"Buy"，以尝试着通过庞大的受众群体以及利用用户通过平台购买商品的兴趣，获得新营收来源。Facebook 目前也在同 Shopify 进行独家合作，测试该公司的购买按钮"Buy"。[①] 这意味着 Twitter 也在移动社交应用中加入了电商模块。

3. 碎片化电商

碎片化电商，是指这类电商呈现出充分碎片化状态，从货品展示、沟通、支付到物流的交易各环节，用户可以充分利用各类工具（互联网工具或传统工具），根据自身需求，自主选择、自由组合，最终完成整个交易行为。此类电商具有显著的交易流程碎片化、交易工具碎片化、交易信息碎片化和交易证据碎片化的特点。作为某一个工具提供者，只能被动地参与到某一个或某几个环节中，无法了解交易流程

---

① "Twitter 推出'Buy'按钮 正式进军电子商务领域"，http：//it. sohu. com/20140909/n404157218. shtml，2015 年 10 月 11 日访问。

的全貌。交易的证据和留存记录也是碎片化的，是互相割裂的。例如，一个卖家可以利用微博、朋友圈、淘宝、百度贴吧等进行商品展示，通过短信、电话、微信甚至线下进行议价，再通过银联、网银或者支付宝转账完成支付，通过快递完成物流。每一个环节都有若干种选择。具体详见表 3 - 3 - 1：

表 3 - 3 - 1

交易环节	可选工具
展示	线上：朋友圈、陌陌、微博、博客、论坛等； 线下：店面展示、纸质传单等
沟通	线上：短信、电话、微信、易信、陌陌、QQ 等； 线下：当面交流
支付	线上：支付宝、微信支付、银联、网银等； 线下：现金支付、易货
物流	卖家送货、买家自提、快递、邮政、地铁站口提等

（二）特点

"微商"为什么会在短短几年内迅速发展壮大，笔者归纳了以下几点原因，这也是"微商"的特点所在：

1. 借助了最热门的互联网应用

从诞生开始，营销人员就在借势各种热门、聚人气的互联网应用，从微博到微信、从陌陌到易信，可以想象，如果有一天微信过气又有其他取代产品时，微商们也一定会迁移到新的营销渠道。因此，"微商"一词中，"商"是本质，是核心，而所谓的"微"只是渠道，是手段，微信也好、微博也罢，无非是一种新的营销渠道和营销方法。

2. 分别借助两类传播优势

移动互联网特别是移动社交网络的兴起，为营销活动提供了新的传播方式，并且以微博为代表的公共传播领域和以微信为代表的私人传播领域成为微营销的两大主阵地，各自功能有所侧重。

微博与微信的传播属性不同，微博是单方关注跟随就可以关注对方发言的模式，产品设计理念是发送者为中心，典型的自媒体属性，属于弱关系型社交，目的是向不特定多数人发布信息，便于形成以话题、事件、大 V 等的传播中心，有对热点话题的聚合，可以进行议程设置，因此最适合进行商业事件营销、话题营销以及以明星、网络红人、大 V 等为代言人的广告宣传。

微信是从接受者的需求出发，用户需要加对方为好友，才可接收信息，如果不愿接收还预设了很多方便的拒绝方式，属于强关系型社交，微信中的点对点聊天、群组以及朋友圈都属于此类性质，目的是向特定人发送特定信息，因此不属于公共传播的范畴，更多属于公民私人通信自由的领域。这里没有话题议程的设置、不便于开展话题营销，但用户之间的熟人背书和口碑传播为营销活动提供了新的沃土。熟人间的推荐、朋友间的买卖会增强对产品或服务的信任程度。但微信中的公众号功能上线后，性质变得复杂了。公众号采取的是类似微博单方关注就可以接受信息的方式，目的是公共传播让更多的人看到、接受信息，因此公众号属于公共传播范畴。

微博史上最早的营销事件，当数"后宫优雅"事件。2009 年年底，一个名为"后宫优雅"的微博突然火了，她自称美女一枚，有私人飞机，与许多大牌艺人私交甚好，还投资了电影《阿凡达》。三个月后，"后宫优雅"声称要代言一款网络游戏，停止更新微博，事件落下帷幕①。

3. 轻量级应用，降低进入门槛

在网络交易平台上开设网店，都需要一定的准入门槛，例如提交商品销售者的身份信息、营业执照、特殊行业的特殊许可，甚至有的还需要一定金额的资金保障，等等。但在微博、微信等网络信息平台

---

① "藏匿幕后的网络推手：水军的前世今生"，http：//news. sina. com. cn/m/wl/2015 - 10 - 06/doc - ifximeyv 2809448. shtml，2015 年 10 月 11 日访问。

私自进行商业活动、交易活动，平台没有义务审核商业性身份信息，因此给了部分商家以可乘之机。

（三）弊端

微商发展中遇到的很多问题，并不是微商所特有的，而是在传统商务领域或者传统电子商务领域中就长期存在的顽疾，例如：

1. 商品或服务质量无保障，对消费者合法权益造成侵害

此类问题为工商监管部门多年以来监管和查处的重点，是线下实体经营、传统电子商务领域的老大难问题，到了"微商"领域也不例外。例如近两年在朋友圈内被诟病最多的"三无面膜"问题。

2. 虚假宣传

据金山毒霸 2012 年发布的统计数据①，当时新浪微博上约有 8 万个微博大号从事虚假广告营销，平均每天转发 18 万条，每 1 秒钟就有 5 人因为微博虚假广告而买到假货，平均每天造成网民损失高达千万元。此类虚假广告虚假宣传问题，是此次 2015 年《广告法》规制的重点问题。

3. 涉嫌传销

借助熟人社交圈的特点，杀熟、骗熟更为方便，通过传播致富神话，吸引下线，传统的传销行为借助移动互联网扩散，行为更加隐蔽，取证更为困难，却成为很多人获益的新手段。包括已经发生的"误信女网友陷传销私信警方微博获救"、"合肥微信传销案"②等几起案件，这其实是传销产业链选择新技术新工具的必然结果。解决这类问题的关键应从源头做起，打击传销行为。

---

① "微博推广名牌 90% 是假货　金山毒霸首创微博广告打假"，载金山网络，http：//www.ijinshan.com/news/20121115001.shtml。

② 2014 年 7 月合肥警方就破获一起微信传销案："自 2014 年以来，有人对外以上海某企业咨询有限公司名义，伙同他人在某市各中小酒店，以发展'徽商城'的不同级别'代理商'为名，要求参加者缴纳费用获得加入资格，并按照一定顺序组成层级，直接以发展人员的数量作为计酬或者返利依据，引诱、胁迫参加者继续发展他人参加、骗取财物，初步估算涉案价值 50 万元以上。"

（四）优势

"微商"的优势也很明显，因此才迅速吸引大批人员的加入。据易观智库统计数据，目前全国从事"微商"的人员已经超过1500万。在缩简交易成本，提交交易效率；创造了就业机会，盘活闲置资源；帮助原产地农民增收等方面有显著促进作用，符合大众创业、万众创新的社会需求。

因此，如何科学利用互联网平台，认真探讨"微商"中的法律关系与法律责任，明确各方权利义务，有重要的现实意义和理论意义。

二、网络平台性质的界定

移动化电商、模式化电商，仍然没有脱离电子商务的本质，由网络企业承担起网络交易平台的地位，而在碎片化电商中，交易的货品展示、沟通、转账支付、物流等各个环节都是通过不同的平台完成，无法在某一个平台上形成一个完整的交易闭环，而且这里的每个平台都不是专门为促进网络交易而设立的，用户在自己的平台上进行交易活动，已经超出了平台的主观意愿，在这种情况下，当消费者的权益发生损害，应当如何保护呢？

如何保护消费者的合法权益，首先要先对网络平台的性质进行准确的区分界定，才能进一步明确各个主体的法律责任。

回顾互联网的发展历史，最初的互联网就是一个信息发布的渠道和平台，双方或多方用户通过互联网进行信息交流与信息传输。随着互联网的深入发展，越来越多的商户开始利用网络销售商品或提供服务，从而演化出专门设立的为商品销售者和服务提供者提供网上交易服务的平台。前者我们叫做网络信息平台，后者叫做网络交易平台。准确区分这两类平台，是确定法律责任的前提。

（一）定义

1. 网络信息平台

网络信息平台是互联网诞生起最原始的作用，就是为了方便用户之间交流传递信息，平台本身不进行任何的信息加工和编辑。用户之间的互联网信息传输过程可以描述为：信源→信道→信宿。其中，"信源"是信息的发布者，即上载者；"信宿"是信息的接收者，即最终用户；"信道"是信息发布的平台、通道，即网络信息服务提供者。因此网络信息平台，可以简单表述为为用户提供信息发布服务的平台，如我们最常使用的网站、论坛、博客、微博、微信等。

2. 网络交易平台

通常也叫做第三方交易平台，这里的"第三方"是针对于交易的买卖双方而言，平台不是买方、也不是卖方，只是为促成交易而提供交易服务的中间平台。根据商务部《第三方电子商务交易平台服务规范》规定："第三方电子商务交易平台第三方电子商务交易平台（以下简称第三方交易平台）是指在电子商务活动中为交易双方或多方提供交易撮合及相关服务的信息网络系统总和。"工商总局《网络交易管理办法》第22条规定："第三方交易平台经营者应当是经工商行政管理部门登记注册并领取营业执照的企业法人。前款所称第三方交易平台，是指在网络商品交易活动中为交易双方或者多方提供网页空间、虚拟经营场所、交易规则、交易撮合、信息发布等服务，供交易双方或者多方独立开展交易活动的信息网络系统。"如我们常用的淘宝、天猫、京东、唯品会等。

（二）区分标准

1. 设立的主观意愿不同

网络信息平台经营者设立网络信息平台的主观意愿就是为了提供一个用户间信息交流的场所，例如论坛、博客、微博、微信等。而网络交易平台经营者设立网络交易平台的主观意愿就是为了撮合网络交易活动，为交易双方提供交易活动的支持。如果用户在网络信息平台从事了网络交易活动，就完全超出了网络信息平台经营者的主观意愿。

2. 服务的对象不同

网络信息平台连接的是普通用户，即一般的民事活动主体，因此应当适用民事法律规则；而网络交易平台连接的是商品销售者、服务提供者和购买者，即商事活动主体，因此适用的是商事活动的特殊规则。

3. 依托用户协议形成的法律关系不同

网络信息平台和网络交易平台与用户之间本质上都是通过用户协议形成了服务合同，区别在于网络信息平台与用户之间签订的是网络信息服务合同；而网络交易平台与用户之间签订的是网络交易服务合同，网络交易平台不直接参与交易，但要为交易双方顺利进行交易提供服务。

4. 提供服务的内容不同

这是两个平台区分的最核心标准。网络信息平台要为用户提供顺畅的发布信息、接收信息的服务；而网络交易平台要为交易双方提供安全稳定的技术服务、市场准入审查、交易记录保存、个人信息保护、不良信息删除、协助纠纷解决、信用监督等义务，以及信息流、资金流和物流等服务系统，以保障交易安全进行。按照《网络交易管理办法》第 22 条的规定，网络交易平台要"为交易双方或者多方提供网页空间、虚拟经营场所、交易规则、交易撮合、信息发布等服务，供交易双方或者多方独立开展交易活动"。因此在交易平台上可以完成全部交易行为，形成完整的交易闭环，而网络信息平台只是提供开放的空间供网络用户适用，并无上述商业服务的功能。

这两类性质的平台划分，既体现了互联网发展的历史沿革，有诞生时间先后的历史阶段性，也可能是同一个互联网企业的不同网络产品上的横向划分，甚至是同一款产品中不同功能模块的同时并存。对同一家互联网企业来说，可能同时既是网络信息平台又是网络交易平台。例如天涯社区是中国最早的网民言论论坛，是网络信息平台，但天涯论坛也开设了"购物街"版块，其中的"涯叔农场"是天涯社区采用众筹方式建立的农电商平台，又同时具备了网络交易平台性质。

现阶段的互联网产业发展呈现两大分化，一类是针对某些细分行业、垂直领域做深做精，例如电商中专门做母婴电商的红孩子、专门做化妆品的聚美优品、专门做品牌打折的唯品会，等等，我们可以把它概括为"分业经营"。另一类是坚持做平台，在平台上通过免费服务和具体增值服务的商业模式。例如谷歌，既有搜索引擎、浏览器等互联网产品，又在开发谷歌眼镜等实体产品，还有虚拟现实等最新科技的开发；例如腾讯，既有微信移动社交软件，又有腾讯网、腾讯游戏等产品服务模式，这种我们可以把它概括为"混业经营"。两种商业模式本身没有优劣之分，只是我们在判断某一种产品下的法律责任划分时，应当结合具体情况，才能准确判断平台的性质。

三、网络平台民事法律责任的界定

因为网络信息平台和网络交易平台的根本性质不同，那么互联网企业作为网络信息平台和做为网络交易平台时承担法律责任的规则也就有着很大不同。

（一）网络信息平台的民事责任

当互联网企业作为网络信息平台时，网络用户在该平台发布信息，侵害了他人的民事权益，在符合法律规定的情形下，网络信息平台提供者即互联网企业应当承担侵权责任。这就是《侵权责任法》第36条规定的内容，即"网络用户、网络服务提供者利用网络侵害他人民事权益的，应当承担侵权责任"。"网络用户利用网络服务实施侵权行为的，被侵权人有权通知网络服务提供者采取删除、屏蔽、断开连接等必要措施。网络服务提供者接到通知后未及时采取必要措施的，对损害的扩大部分与该网络用户承担连带责任。""网络服务提供者知道网络用户利用其网络服务侵害他人民事权益，未采取必要措施的，与该网络用户承担连带责任。"

这里，互联网企业作为网络信息平台承担民事责任的情况有三种：

第一，网络用户或者网络信息平台提供者的单独侵权，利用网络侵害他人民事权益的，要单独承担民事责任。比如版权领域中，网络信息平台的提供者利用平台发布了侵害其他用户版权的信息内容，就构成了单独侵权，这个责任与他人无关，因此要由网络信息平台单独承担侵权的民事责任。

第二，网络用户利用网络服务实施侵权行为，被侵权人通知网络信息平台提供者采取必要措施，平台提供者接到通知应当采取措施而未及时采取的，对损害扩大的部分与该用户承担连带责任。这里的连带责任是共同侵权导致的连带责任，是平台提供者与该侵权用户之间的按份承担，且承担后不得追偿。

第三，网络服务提供者知道网络用户利用网络服务侵害他人民事权益，未采取必要措施的，因为有了主观过错，因此要与该用户承担连带责任[①]。

（二）网络交易平台的民事责任

网络交易平台，也有立法称为"网络交易第三方平台"，应当区别于经营者的自建网站。例如《网络食品安全违法行为查处办法》第2条规定"在中华人民共和国境内网络食品交易第三方平台提供者以及通过第三方平台或者自建的网站进行交易的食品生产经营者违反食品安全法律、法规、规章或者食品安全标准行为的查处，适用本办法。"本文这里仅指第三方交易平台。

当互联网企业作为网络交易平台，这里的交易对象，既包括买卖有形的商品，也包括了提供服务，比如现在火爆的O2O家政、美甲、洗车、餐饮等各类服务。正如2014年原工商总局《网络交易管理办法》第3条第1款所规定，"本办法所称网络商品交易，是指通过互联网（含移动互联网）销售商品或者提供服务的经营活动"。

---

① 杨立新："网络平台提供者的附条件不真正连带责任与部分连带责任"，载《法律科学（西北政法大学学报）》2015年第1期。

网络交易平台要对进场的经营者设立一定的准入门槛和审核制度，要记录销售者或服务者的真实名称、地址和有效联系方式。根据《食品安全法》第62条规定，网络食品交易第三方平台提供者应当对入网食品经营者进行实名登记，明确其食品安全管理责任；依法应当取得许可证的，还应当审查其许可证。

消费者在平台进行交易，其合法权益受到网店商品的销售者或者服务提供者的侵害，具备法定条件时，网络交易平台也应当承担相应的赔偿责任。这就是2013年《消费者权益保护法》第44条规定的内容："消费者通过网络交易平台购买商品或者接受服务，其合法权益受到损害的，可以向销售者或者服务者要求赔偿。网络交易平台提供者不能提供销售者或者服务者的真实名称、地址和有效联系方式的，消费者也可以向网络交易平台提供者要求赔偿；网络交易平台提供者作出更有利于消费者的承诺的，应当履行承诺。网络交易平台提供者赔偿后，有权向销售者或者服务者追偿。""网络交易平台提供者明知或者应知销售者或者服务者利用其平台侵害消费者合法权益，未采取必要措施的，依法与该销售者或者服务者承担连带责任。"

这里，互联网企业作为网络交易平台承担民事责任的情况也可以分为三种讨论：

第一，商品的销售者或者服务者、入网的食品经营者是第一责任人，当消费者通过网络交易平台交易，合法权益受到损害，第一选择就是向销售者或者服务者、入网的食品经营者要求赔偿，点明了销售者或者服务者才是赔偿责任的第一责任人。

第二，网络交易平台承担不真正连带责任，又可以具体细分成两类情形，一种是法定的不真正连带责任，即当网络交易平台提供者不能提供销售者或者服务者的真实名称、地址和有效联系方式时，要承担连带责任；另一种是约定的不真正连带责任，即当网络交易平台提供者做出更有利于消费者的承诺的，也要承担连带责任。

这里与网络信息平台按照《侵权责任法》第36条承担的连带责任不同，网络交易平台承担的连带责任是不真正的连带责任，是赔偿后有权向销售者或者服务者行使追偿权的，而网络信息服务平台承担连带责任后不能向侵权的网络用户追偿。

此外还应当注意的一点是，网络交易平台必须提供"有效"的联系方式，这样规定的目的，是出于保护商事活动的市场秩序，帮助消费者明确最终的责任承担方，在立法原则上选择了维护消费者权益至上的立场。《消费者权益保护法》第43条规定的"消费者在展销会、租赁柜台购买商品或者接受服务，其合法权益受到损害的，可以向销售者或者服务者要求赔偿。展销会结束或者柜台租赁期满后，也可以向展销会的举办者、柜台的出租者要求赔偿。展销会的举办者、柜台的出租者赔偿后，有权向销售者或者服务者追偿。"其目的也是确保消费者在线下购物环境中的权益损害时，能找到明确的赔偿者与责任承担人。因此网络交易平台必须做好销售者的准入登记制度，如果提供的联系方式无效，或是无法联系到销售者或服务者，则网络交易平台仍然要承担连带责任。

这里还应注意的一点是，除了法定的不真正连带责任外，还有一种约定的不真正连带责任。网络交易平台出于市场竞争、行业自律、企业宣传、形象树立等目的，有时候会做出比法律要求更为严格、更有利于消费者的承诺，比如法律要求7天无理由退货，而网络交易平台可以做出10天无理由退货的承诺，这时就要依照这个约定来承担连带责任。

第三，网络交易平台在明知、应知情况下，未采取必要措施的，依法与该销售者或者服务者承担连带责任。

（三）用户利用网络信息平台从事网络交易活动引发的民事责任承担问题

随着微博、微信、陌陌、易信等移动社交平台的兴起，越来越多人利用社交平台中的口碑传播效果和人际背书增强信服力的特点，在移动社交平台内开展营销活动、发布广告，或者推销商品、推荐服务，也发生了消费者权益受到损害的情况，在维权中却遇到重重困难，引发了消费者和媒体的关注，因此才有了本文开头所说的情况。

这背后其实是当用户利用了网络信息平台（网络非交易平台）从事网络交易活动后，消费者权益如何维护、民事责任如何承担的问题。这也是《消费者权益保护法》没有规定的法律空白，我们有必要结合前面对于网络信息平台、网络交易平台的性质界定、责任界定，进行以下分析：

第一，网络信息平台通过网站的用户协议，与用户之间形成的是网络信息服务合同，目的是向用户提供信息发布、信息接收的服务，应当适用一般的民事规则；而网络交易平台通过用户协议，与用户之间形成的是网络交易服务合同，目的是向用户提供网络交易的支持服务，真正达成交易的还是交易双方，网络交易平台提供了用户市场准入登记、为交易双方或者多方提供网页空间、虚拟经营场所、交易规则、交易撮合、订单生成、订单管理、支付结算等支持服务，从而帮助交易双方完成全部交易行为，形成完整交易闭环，这里应当适用的是商事规则。

第二，网络信息平台的用户利用网络信息平台发布交易信息、从事商事交易活动，已经超出了网络信息平台的主观意愿，属于用户自主、自发的行为，超出了用户协议的范畴，在这一点上网络信息平台与用户之间没有达成合意，也就没有成立网络交易服务合同。

第三，因此如果双方用户通过网络信息平台进行网络交易活动，本质上属于用户间的自主自愿行为，与网络信息平台提供者无关。

第四，在网络信息平台没有提供交易帮助的情况下，平台处于超然地位，一旦发生消费者权益受损的情况，网络信息平台不承担赔偿责任。

四、"微商"视角下的消费者权益保护问题

经过以上分析，我们的思路基本清晰了。那就是首先要判断"微

商"利用了什么平台，再看平台是否提供了具体相应支持，是否有主观过错，从而确定消费者权益受损害时应当向谁主张权利。

（一）利用网络交易平台的

在移动化电商、模块化电商的情况下，平台的本质是网络交易平台。网络交易平台设立的主观意愿就是为了促进网络交易，以商品经营者或服务提供者是第一责任人，消费者合法权益受损的，可以依据《消费者权益保护法》第44条向"销售者或者服务者要求赔偿，网络交易平台提供者不能提供销售者或者服务者的真实名称、地址和有效联系方式的，消费者也可以向网络交易平台提供者要求赔偿；网络交易平台提供者作出更有利于消费者的承诺的，应当履行承诺。网络交易平台提供者赔偿后，有权向销售者或者服务者追偿"。"网络交易平台提供者明知或者应知销售者或者服务者利用其平台侵害消费者合法权益，未采取必要措施的，依法与该销售者或者服务者承担连带责任。"

（二）利用网络信息平台的

在碎片化电商的情况下，从货品展示、沟通、支付到物流的交易各环节，都被碎片化到不同平台的不同应用中，为了满足用户随时随地的交易需求，用户在碎片化时间内可以充分利用各类工具（互联网工具或传统工具），根据自身需求，自主选择、自由组合，最终完成整个交易行为。在此过程中使用了若干个平台，可以利用微博、朋友圈、淘宝、百度贴吧等进行商品展示，通过短信、电话、微信甚至线下进行议价，再通过银联、网银、财付通或者支付宝转账完成支付，通过快递完成物流。整个流程没有在任何一款产品中形成完整闭环。在这种交易模式中，无论哪一个单独的工具都无从了解和控制整个交易过程。

这里的微博、朋友圈、贴吧、短信、电话等网络信息平台设立的主观意愿都不是为了促成网络交易，没有撮合交易的目的，也没有完整的订单管理系统，他们与用户签订的用户协议也不是网络交易服务合同，属于是用户自发、自主地利用了若干个网络信息平台最终完成交易活动。网络信息平台在交易双方的网络交易行为中没有提供具体的交易支持，处于超然中立的地位。因此消费者合法权益受到损害时，网络信息平台不承担赔偿责任。

当然，消费者的权益也不是没有保障。按照源头管理的原则，商品的销售者或服务提供者是比交易第三方平台更为靠前的责任主体。通过现有的民事纠纷解决机制，消费者权益可以得到保护。销售者销售商品的，消费者可以按照《侵权责任法》第 43 条要求商品的生产者、销售者承担产品责任；服务者提供服务的，消费者可以按照《消费者权益保护法》第 40 条第 3 款规定，"消费者在接受服务时，其合法权益受到损害的，可以向服务者要求赔偿。"在食品领域，《食品安全法》第 4 条规定，"食品生产经营者对其生产经营食品的安全负责。"

（三）利用网络信息平台，而平台明知应知的

商品销售者或服务提供者利用网络信息平台开展交易活动，而网络信息平台提供者明知或者应知，却没有及时采取必要措施，因此造成的消费者权益损害，要依照《侵权责任法》第 36 条第 3 款，与侵权人承担连带责任。

因为网络信息平台对销售者或服务提供者利用其平台实施侵权行为，已经明知或应知，有了主观过错而没有制止，就会形成共同侵权，因此承担连带责任来弥补被侵权人的损失是合理的。

另外，当网络信息平台为网络交易活动提供了交易闭环的支持，其提供服务的内容、主观意愿、服务对象都发生变化时，其身份就发生了转变，就成为网络交易平台，因此此时就要承担网络交易平台的法律责任。

（四）网络信息平台的社会责任

尽管《消费者权益保护法》中对网络信息平台向消费者承担的民

事责任未作出规定，但网络信息平台也应当积极履行社会责任，协助消费者保护自身合法权益。

第一，建立完善用户风险提示制度。为了避免用户在微信中遭受资金转账、交易受骗等各类损失，在工具软件内置风险提示模块，预设大量账号安全、财产安全等方面的相关关键词。只要用户聊天内容包括相应关键词，即自动触发该提示功能，从各个角度对消费者进行风险提示。

第二，畅通用户举报渠道。广大的消费者在遭受不法侵害时，往往难以找到举报途径，作为工具提供者，可以在其工具内，提供多种举报途径，不断完善举报流程，并及时对消费者的举报进行处理回复。

第三，对恶意网址进行拦截与提示。作为工具提供者，可以凭借其技术优势，充分利用恶意网址数据库，为消费者提供网址拦截及提醒的功能。同时，还可以对在工具中将要打开的链接加入专门的安全扫描，并使用专门的恶意网址检测系统进行风险评估，对于在数据库中已确定为恶意的网址进行阻止访问处理，对于无法确定风险的网址给予安全提示，可以有效阻止恶意网址的扩散传播。

第四，积极配合政府部门，针对部分"微商"中存在的侵害消费者合法权益的违法行为，建立起重大专项行动的联动机制。针对专项行动目标，发现疑似问题，及时向政府部门举报线索，并根据政府部门的认定结果配合执法。

第五，积极配合消费者协会，开展各类对消费者的宣传教育活动，宣传重大、典型案例，使消费者不断提高自我保护意识。

（五）其他主体的责任

在"微商"治理的视角下，除了网络平台，还包括了"微商"经营者（商品销售者或服务提供者）、消费者以及政府、行业组织这几类主体。除了互联网企业按照网络交易平台、网络信息平台的不同角色承担不同法律责任外，其他主体也都是"微商"法律关系下的局内人，都各自发挥各自的作用。单纯依靠政府监管或者加重互联网企业的法律责任、或者依靠消费者的私力救济，都不能有效解决问题，多方参与下的协同治理，是各方博弈后的最佳选择。

1. 政府

互联网商业模式的复杂化程度和层出不穷的新问题，不断挑战政府的监管思路、监管手段、监管方式，人力资源、技术水平都面临严重不足，需要互联网企业和第三方的外部支持。此外，在市场监管中，政府部门应当集中行政资源，加强研究，划清市场运行的底线。第一，要对违法信息和违法行为制定明确标准；第二，在具体的个案中对是否属于违法进行判定；第三，对违法信息和违法行为进行依法处理；第四，在以上过程中，坚持对公民合法权利的保障。

2. 消费者

提高风险意识，学会保护自己合法权益。在购物时，首先要充分了解经营者的基本信息，这是安全购物的第一步。在付款方式上，尽量选用安全中立的第三方支付平台，在确认货物质量无误后，再行确认付款。还要注意妥善保管交易凭证，包括经营者通过各类工具发布的商品信息、沟通记录、汇款凭证及用途等，以便在纠纷发生时，能够提交充足证据证明。在提高风险意识的同时，还要增强监督意识，加大对于"微商"中侵害消费者权益的不法经营者的举报力度，一旦发现经营者有类似行为，积极主动进行举报，全力维护自身合法权益。

3. "微商"经营者

包括了商品销售者或服务提供者，他们是"微商"视角下消费者权益保护的第一责任人，正如前面分析，销售者销售商品的，消费者可以按照《侵权责任法》第43条要求商品的生产者、销售者承担产品责任；服务者提供服务的，消费者可以按照《消费者权益保护法》第40条第3款规定："消费者在接受服务时，其合法权益受到损害的，可以向服务者要求赔偿。"当然在特定的食品、药品等领域，还要遵守特殊法的规则。此外，还要遵守"网购七日无理由退货""网购经营者的特别提示义务"等责任。

五、结语

综上，本文在消费者权益保护的视角下，分析了互联网企业（网络信息平台、网络交易平台）、"微商"经营者的民事责任、消费者、政府以及消费者协会的各自立场与责任。应该说确立一个科学、合理的平台义务责任制度，除了私法领域的民事法律责任研究外，还应当包括平台的行政法律责任、以及整个制度框架的设计问题，相对于较为清晰的民事责任，互联网企业所承担的行政责任则更为复杂。对互联网企业而言，过轻的责任起不到约束规制作用，过重的责任又会抑制整个行业的创新发展。美国版权保护领域确立的网络信息平台"避风港"原则，某种程度上可以看做是对美国互联网企业乃至国家创新能力的预设保护，预留了发展空间。因此任何一项网络法律制度的确立，都需要从私法、公法乃至国际战略的层面进行充分考量，这一点是立法者、执法者和互联网法律的研究者们都应具有的大局意识。

"互联网+"背景下食品小微业态
监管的实践与反思[*]

——以北京市为例

肖平辉　陈　叶　丁　冬[**]

导读

《食品安全法》对地方政府"赋权",将食品小微业态交由地方立法决定,但这也使得食品小微业态监管也面临着各地监管规则不统一甚至规则冲突等问题。本文重点考察了北京食品小微业态监管中探索实施的"准许证及登记制度""清单目录管理制度""生产经营空间限制制度"等特殊监管制度,并特别分析了以分享经济背景下的网络家厨的出现给北京网络小微业态带来的挑战。文章分析发现,"互联网+"时代的到来,对监管规则的地区协同性提出了更高的要求,一定程度上已经超越了单一地方政府治理的能力范围。文章最后提出中央层面或可借鉴联邦制国家如澳大利亚的适度"软性集权",在放权的同时通过示范法、模范法的方式引导食品小微业态在一些关键问题的处理上趋同,减少地方政府在小微业态治理上各自为政甚至冲突,拥抱国务院"互联网+"行动计划。

---

　　* 本文首发于《人大法律评论》,文章有改动。

　　** 肖平辉,任教于广州大学法学院,原国家食品药品监督管理总局高级研修学院博士后(已出站),南澳大利亚大学法学博士。陈叶,北京大学法学院硕士研究生。丁冬,美团点评集团法务部高级研究员。

一、背景

随着我国城市化进程的不断推进和人口流动性的日趋增强，大量外来户籍人口进入大中城市，这已经成为中国社会发展过程中一个不可逆的趋势。食品小微业态在吸纳外来人口就业，提供更加多样化、更具特色的饮食服务方面发挥着重要作用。食品小微业态的存在具有现实必然性和合理性。比较来看，包括香港等在内的国际大型城市也同样为食品小微业态的存续和发展提供必要的制度环境和生存空间。① 因此，尊重食品小微业态从业者的从业权利首先是小微业态监管必须树立的理念。但必须同时看到，中国食品小微业态总体上仍处于待规范化发展阶段。特别是在传统行业与互联网技术深度融合的当下，食品小微业态通过第三方平台的销售流通范围更广，其潜在的风险波及面也就更广。

2015 年新修订的《食品安全法》沿袭了旧法的地方"赋权"思维，将食品小微业态的具体治理权限交由地方立法决定。这主要是考虑到小餐饮、小作坊、小摊贩等食品小微业态所具有的从业人员多、业态种类丰富且具有一定地域性特征等诸多因素。至 2015 年 10 月 1 日新法施行前，全国共有 14 个省区市开展了食品安全地方配套立法。② 其中有关食品小微业态的立法基本上形成了两种模式，一种是在综合性的食品安全地方立法中以专门章节进行规范，另一种是针对食品小微业态进行单独立法。前者典型的如上海市在制定实施食品安全法办法中以专章对食品小微业态进行规范。后者如宁夏等地针对食

---

① 周剑："香港：法治框架下的小贩管理"，载《经济日报》，http：//rules. cityofnewyork. us/content/food – units –0。

② 李文阁："对新《食品安全法》关于食品生产加工小作坊和食品摊贩等规定的几点认识"，载《中国食品安全报》，http：//www. cfsn. cn/2016 – 01/21/content _ 276825. htm，2016 年 4 月 20 日访问。

品摊贩和小作坊的专门性立法。强化食品小微业态的治理和规范，虽然属于从中央到地方的一致共识。但是各地对食品小微业态的具体表现形式有不同的划分和理解。比如，2012 年国务院发布的《关于加强食品安全工作的决定》（国发〔2012〕20 号）对食品小微业态就提到了食品生产加工小作坊、食品摊贩、小餐饮单位、小集贸市场及农村食品加工场所这"五小"。而陕西省人大常委会 2015 年 7 月通过的《食品小作坊小餐饮及摊贩管理条例》则将食品小微业态划分为小作坊、小餐饮、小摊贩。河南则在对小作坊、小餐饮、小摊贩的划分基础上将小摊贩又细分为流通类食品摊贩和餐饮类食品摊贩。① 各地对小微业态的不同划分，一定程度上反映出食品小微业态的典型地域性特征。但仔细观察，我们也可以发现各地对食品小微业态的大体表现形式有一定共识，也即在各地在本质上对小微业态的划分离不开小作坊、食品摊贩和小餐饮这三种基本形式。

为了讨论的便利和有效性，本文将对食品小微业态的观察限定在这三种基本形式。这也是目前包括北京在内的全国大部分地区食品小微业态主要的存在形式。在"互联网 +"的时代，线下的食品小微业态也以网络零售、网络餐饮等形式呈现出来，本文一并纳入讨论的范围。

本文以北京食品小微业态的治理实践为观察视角，在对比其他典型省份的小微业态监管的基础上，对互联网时代食品小微业态的监管提出相关政策建议。

二、北京食品小微业态概况及存在问题

以小餐饮为例，北京市的小餐饮经营范围集中在早餐、快餐、小吃等，多由下岗职工、失业、农村人口、外来务工人员经营，产业规

---

① 但也有地方对"三小"有不同的解读。如济南《关于进一步加强食品生产加工小作坊监管工作的指导意见》将"三小"界定为小作坊、小食杂店、小餐饮。

模小，设备投入少，技术含量低，就餐人员流动性大，人数众多，以经营限制现售食品为主，是国民经济种类住宿餐饮业的重要组成部分。① 根据对北京市选择小餐饮顾客的调查，经常前往（每周 > 2 次）的占 41.0%，一般前往（1 ~ 2 次/周）的占 33.3%，极少前往（每周 < 1 次）的占 25.7%。对小餐饮选择考虑到餐馆加工内环境卫生情况的市民比例达 40.0%，关注经营者餐饮服务许可证和营业执照的顾客比例高达 50.0%。② 根据调查还发现，选择小餐饮的消费群体是中低收入人群，就餐顾客中本市户籍人员略高于非本市（52.9% > 47.1%）。选择小餐饮就餐的人群以 20 ~ 50 岁的人居多。以小餐饮为代表的食品小微业态，具有低价、便捷的特性，极大地便利了群众的日常生活。而食品小微业态具有的投入少、技术含量不高等低门槛特征，在吸纳大量底层劳动力，解决就业问题上也具有不少优势。

但与此同时，食品小微业态也具有不少待解决的问题：

第一，主体小、散、乱。根据原国家食品药品监督管理局办公室《关于开展小餐饮食品安全整规试点工作的通知》要求，2011 年北京市选取东城、朝阳、海淀、顺义、怀柔区和密云县作为无证小餐饮食品安全整规试点，在这六个试点中，有证与无证的小餐饮数量比为 2∶1。③

北京市对食品生产加工小作坊的界定为"食品生产加工小作坊是指具有营业执照、卫生许可证和固定生产场所，以手工制作为主或者有少量简单的生产加工工具和简单生产设备，直接销售给本村、本街区（社区）消费者的食品生产加工单位（店堂制作、现场加工的食品，以及农村即产即售即食的固定食品摊点、后院加工前院销售的

---

① 徐亚东等："建立小餐饮整规食品安全长效监管机制的探索"，载《中国卫生监督杂志》2011 年第 5 期。

② 冯悦红等："北京市小型餐饮单位现状调查研究"，载《中国卫生监督杂志》2012 年第 5 期。

③ 李亚京等："浅析北京市无证小餐饮主要成因及应对措施"，载《中国卫生监督杂志》2012 年第 2 期。

食品加工点不在此范围内）。凡涉及生产许可证管理的食品纳入监管范畴。"①

我国食品生产加工水平相对较低且发展参差不齐，食品生产加工小作坊大量存在，从业人员知识水平不高，生产设施和设备简陋，广泛分布在农村和城乡结合部，呈现多、小、散、乱、差的特点，短时间内难以提高生产水平，是食品质量安全的重大隐患。

第二，食品卫生条件简陋，存在安全隐患。典型的比如制作环境脏乱差，无法做到生熟分开或者靠近厕所、宠物店等污染源，制作设施没有达到安全标准，食品从业人员健康状况、卫生规范等较差。此外，还有大量食品小微业态存在无证经营问题。比如因房屋拆迁、规划、违章等问题无法办理小餐饮服务许可证，其中怀柔、密云还有水资源保护的规定②，一级保护区内禁止从事"餐饮、住宿"经营。造成保护区内的民俗户不能取得工商营业执照、餐饮服务许可证。③

三、北京食品小微业态监管新政

北京 2012 年修订《北京市食品安全条例》将两类小微业态即小作坊和食品摊贩纳入监管，并配套相关管理办法细化对小微业态的监管。创设三大特殊监管制度：准许证及登记制度、清单目录管理制度、生产经营空间限制制度。

（一）准许证及登记制度

对食品生产加工作坊实施作坊准许证制度。④ 相当于小微业态版生产许可证，食品摊贩也纳入登记监管。从事食品摊贩经营的，按照区、县人民政府规定的程序和要求，向所在地乡镇人民政府或者街

---

① 《关于加强北京市食品生产加工小作坊监管的指导意见（施行)》。
② 《北京市密云水库怀柔水库和京密引水渠水源保护管理条例》。
③ 李亚京："浅析北京市无证小餐饮主要成因及应对措施"，载《中国卫生监督杂志》2012 年第 2 期。
④ 《北京市食品安全条例》（2012 年修订）第 11 条。

道办事处申请登记。乡镇人民政府或者街道办事处对符合规定条件的申请人发放食品摊贩经营证，并应当将登记信息及时通报城市管理综合行政执法部门。食品摊贩经营证载明经营者姓名、经营食品的品种、经营地点、监督电话等事项。城市管理综合行政执法部门负责对经批准设立的食品摊贩实施监督管理，并负责查处流动无证照生产经营食品行为。①

食品生产加工作坊实施的工作坊准许证制度的特殊之处在于北京将小作坊的从业范围直接界定为北京传统特色食品，但现行立法对北京传统特色食品的定义及界定语焉不详。② 有一些相近的概念如北京特色的传统产品、北京特产等可以找到相应的法律依据，这些概念彼此相互穿插或并行，也使得小作坊界定复杂化。如《北京市促进私营个体经济发展条例》③ 第 20 条规定："鼓励和扶持私营企业、个体工商户继承和发展具有北京特色的传统产品和服务、开发、培育名牌产品，争创驰名商标。"北京市经济和信息化委员会发布的《促进北京食品工业健康发展的意见》提到要"做好'老字号'食品的传承与创新，开发新北京特产"。④ 有观点认为北京特色食品是根据北京特定的地理空间和自然资源特点，经过长期历史发展而来，具有稳定质量和鲜明特色，为公众普遍认定而闻名的富有北京地方色彩的食品。⑤ 特色食品还有一个近义词特产，即"特色产品"，产品的内涵范围大于食品，特色食品是特产的一个分支。本文的"特产"一词特指为食品药品监管部门的监管对象，即"特色食品"。由于特产具有鲜明的文

---

① 《北京市食品安全条例》（2012 年修订）第 16 条。

② 《北京市食品生产加工作坊监督管理指导意见》。

③ 北京市人大（含常委会）2001 年 8 月 3 日发布，2001 年 10 月 1 日实施，发文字号：市人大常委会公告第 44 号，现行有效。

④ "北京将构建特色食品安全监管体系"，载 http://www.eduienet.com/xdsys/news/view.asp? id=28466，2016 年 1 月 31 日访问。

⑤ 叶雅萍、陈黎琴："浅谈北京特色食品专卖超市的市场前景"，载《消费导刊》2009 年第 15 期。

化底蕴承载，在旅游城市具有较大的销量，也往往乱象丛生，因此也成为监管重点。2016 年春运期间，北京市食品药品监管部门就以北京特产作为重点监管对象，严厉打击违法生产、违法经营等行为。在铁路车站区域开展对重点食品的快速检测工作，尤其是以北京特产为重点品种，有针对性地开展春运食品安全快速检测。① 北京的特色食品除依靠铁路车站销售外，主要销售渠道其实有三个，一是专卖店，如稻香村；二是普通超市，北京是文化旅游胜地，来北京旅游休闲的外地群众经常会选择北京特色食品作为礼物送给家人朋友，在普通超市卖的特色食品，往往和普通产品摆放的位置不同，不与其他食品混同，有专门的货架。

（二）清单目录管理制度

北京的小作坊生产加工的食品品种实行目录管理，目录由区县政府决定。② 北京的食品摊贩经营的食品品种也实行目录管理，品种目录、经营条件和要求以及申请登记程序由区、县人民政府制定并公布。③ 清单目录管理制度弥补了小作坊准许证制度中对北京传统特色食品定义不明的缺陷。北京的小作坊实行负面及正面双清单制。负面清单是依据现有法律法规的规定不允许生产加工的食品种类，主要包括：属于国家和本市明令禁止生产的食品；纳入国家产业政策目录的产品，如白酒、葡萄酒、乳制品等；不具备本市传统特色的食品或者仅对食品进行分装的；其他法律法规及市人民政府有关文件明确规定不属于食品生产加工范畴的。

正面清单解决什么样的食品可以成为小作坊生产加工的目录。对于这个问题，北京将小作坊能进行生产加工的品类限定为北京传统特色食品。所以，正面清单要解决的任务就是将北京传统特色食品进行

---

① "北京春运期间严厉打击特产、保健食品等违法生产经营行为"，载 http://finance. ifeng. com/a/20160204/14208629_ 0. shtml，2016 年 2 月 23 日访问。
② 《北京市食品安全条例》（2012 年修订）第 13 条第 2 款。
③ 《北京市食品安全条例》（2012 年修订）第 15 条第 2 款。

列举，而这个任务交给了各区县人民政府，由其出具具体指导意见。①
正面清单和前面提到的准许登记制度是相互关联的。发放小作坊准许
登记证的只能是生产北京传统特色食品，但由于北京传统地方特色食
品缺乏定义进行归纳或演绎，使得这里的正面清单又有某些不确定性。

（三）生产经营空间限制制度

2007 年 6 月，原国家质检总局下发的《关于进一步加强食品生产
加工小作坊监管工作的意见》对小作坊销售区域做了两种限制，即限
制超出本县级行政区域销售，限制进入商场超市销售。山西省也在同
年做了相似的规定，食品小作坊生产加工的食品不得超出所在地县级
质监部门规定的销售区域销售，并不得进入商场、超市销售。② 但
2010 年原国家质检总局发布《食品生产加工领域中小作坊监管工作专
题座谈会会议纪要》又废除了这项制度。指出限制食品生产加工小作
坊食品销售范围，不合法也不合理，不具备可操作性。可以是从尊重
和保障消费者知情权出发，由市场和公众自主选择。比如考虑设计专
用于食品生产加工领域中小作坊食品的独特标识，以区别正常通过食
品生产许可生产加工的食品。从现有的地方立法来看，除散装食品外，
小作坊生产加工食品并没有做销售区域的特别的限制。如陕西规定，
食品小作坊生产加工的散装食品，仅限在本生产加工点进行销售。③
广东则明确规定，小作坊生产加工的食品在提供登记证和食品检验合
格证明文件基础上可以进入商超销售。④

上述做法实际上是对小微业态生产经营做人为的空间限制，以控
制风险。北京的小作坊、食品摊贩的生产经营也做了空间限制生产经
营制度性的尝试，比如鼓励实施划定区域集中片区生产经营的尝试。
主要是方便管理，便于控制风险，但是基于这些业态本身的特点，集

---

① 《北京市食品生产加工作坊监督管理指导意见》。
② 《山西省人民政府关于加强食品小作坊监督管理工作的意见》。
③ 《陕西省食品小作坊小餐饮及摊贩管理条例》第 24 条第 2 款。
④ 《广东省食品生产加工小作坊和食品摊贩管理条例》第 12 条。

中片区生产经营只是鼓励，无法强制执行。比如各区、县人民政府可以根据实际需要统筹规划、合理布局，建设适合食品生产加工作坊从事食品生产加工活动的集中区域；鼓励食品生产加工作坊进入集中区域从事食品生产加工活动。① 另外，区、县人民政府也可以根据实际需要，按照方便群众、合理布局、保证安全的原则，划定临时区域、规定时段供食品摊贩从事经营活动，并向社会公布。划定临时区域应当在幼儿园、中小学校门口 200 米范围以外，并不得占用道路、桥梁、过街天桥、地下通道以及其他不宜设摊经营的场所。食品摊贩不得在临时区域和规定时段外经营。②

四、北京网络食品小微业态治理实践及挑战

2015 年两会提出"互联网 +"行动计划出后，国务院紧接着出台了电商国八条，接着是国务院办公厅发布《关于促进跨境电子商务健康快速发展的指导意见》，被业界称为"电子商务 +"时代已经到了。当传统的食品行业与新兴的互联网行业联姻，也产生了挑战。随着中国食品安全法修订及一系列配套法规规章的出现，网络食品这一新业态也从最初的野蛮生长开始走向规范守序。数据显示，2015 年北京在阿里巴巴零售平台的农产品交易名列全国三甲，2015 年全国百佳电商城市排行中，北京也名列前五。③ 网络餐饮前三甲的两大平台美团、百度外卖总部均设在北京。

（一）网络食品小业态各地各法

各地对网络小微业态的监管存在不同的理解。有的主张全面放开，有的则全面禁止。河北对网络小微业态包括小作坊、小摊贩和小餐饮

---

① 《北京市食品安全条例》（2012 年修订）第 13 条第 1 款。
② 《北京市食品安全条例》（2012 年修订）第 15 条第 1 款。
③ "阿里研究院：阿里农产品电子商务白皮书（2015）"，载 http://www. aliresearch. com/blog/article/detail/id/20993. html。

全面放开。小作坊、小餐饮、小摊点经网络食品交易第三方平台提供者进行实名登记后可以入网经营。① 广东对小作坊的网售则做了全面禁止性的规定。② 北京与各地或全面放开或绝对禁止都不一样，对网络小微业态监管有收有放，所以北京实际上是折中路线。这也使得地方小业态的法律适用更加的复杂化。《北京市食品安全条例》第 28 条第 3 款提到采用无店铺从事食品经营的……不得经营散装食品。本款所指的"无店铺经营"包括互联网业态。小作坊是含有预包装生产散装食品的。2016 年 3 月北京市食品药品监督管理局发布了《北京市网络食品经营监督管理办法（暂行）》（以下简称"管理办法"），管理办法网络经营的食品又做了一定限缩。规定除了不得网售《北京市食品安全条例》规定的散装食品外，散装熟食也不得网售。③ 管理办法规定，食品生产经营者既可以自行设立网站从事食品经营的也可以通过第三方平台进行。但是对于自行设立网站，需要满足五个条件：比如应具有网上查询、订单生成、合同签订、网上支付等交易服务功能；建立食品经营电子数据备份和管理制度等。这些对于小微业态来说具有较大成本，所以网络小微业态更多是在第三方平台上运营。另外，管理办法也规定个人通过网络经营自产食用农产品的，必须通过第三方平台进行，平台应当对其真实身份信息进行审查和登记，对通过平台销售食用农产品的企业、个体工商户、农民专业合作经济组织，还应当审查其营业执照等资质证明材料，并及时更新。④ 这就是说，农民网售自产食用农产品必须通过第三方平台。第三方平台提供者应当记录食用农产品销售的主要品种及进货渠道、产地等信息，保证食用农产品交易全程可追溯。

　　而管理办法在第三章专章规定了第三方平台提供者的义务和责任。

---

① 《河北省食品小作坊小餐饮小摊点管理条例》第 17 条。
② 《广东省食品药品监督管理局食品生产加工小作坊登记管理办法》第 5 条。
③ 《北京市网络食品经营监督管理办法（暂行）》第 12 条第 1 款。
④ 《北京市网络食品经营监督管理办法（暂行）》第 36 条。

这些法律义务责任与新食品安全法的规定是一致的。比如要求第三方平台提供者要建立并执行经营主体审查登记，对销售食品信息审核，还要对进入平台经营者的资质进行审查和登记，还要建立网络食品安全自查制度，设置专门的网络食品安全管理机构或者指定专制管理人员制止平台内经营食品的违法行为。第三方平台还负有协助食品药品监督管理部门对平台内销售的食品事实监督抽检的义务。这些也都适用于网络小微业态。①

（二）网络家厨的兴起

中国继 2009 年类似"饿了么""百度外卖""大众点评外卖"等第三方网络订餐平台兴起之后，2015 年前后，餐饮业又出现基于分享经济模式下所谓的网络家厨新业态，特别是在一线城市如北京上海等受到热捧。这是继交通出行之后，分享经济拓展到餐饮行业，主要表现为分享厨房模式，通过整合有空闲时间、热爱烹饪且乐于分享的社会闲置生产力，打造网络家庭厨房分享平台。②

网络家厨与普通网络订餐平台下的专业餐饮店家不同，平台直接连接千万家无证家庭厨房，在"互联网+""家的味道""安全卫生""分享经济下的资源再分配"等时下流行且打动人心的营销概念成为时下追捧的话题。然而中国的食品安全监管者却对基于分享经济的网络家厨有巨大不信任，认为网络家厨模式有较大安全隐患，因此不支持其发展。③ 家厨多为临时性营业，无证经营者居多。而且，在现有的订餐平台上充斥着大量实际经营地址与公布信息不符的线上餐厅，实体店卫生状况不达标，脏乱差。④ 但这并未阻止网络家厨探索发展

---

① 《北京市网络食品经营监督管理办法（暂行）》第 41 条。

② 沙水："共享经济领域 2016 年最值得期待的三家企业百度百家"，载 http://shashui. baijia. baidu. com/article/326759。

③ 陆悦："第三方平台扎紧制度管理的笼子"，载《中国医药报》2016 年 8 月 4 日。

④ 张然： "首批 30 家网络订餐问题店铺被通报"，载京华网，http://news. jinghua. cn/guonei/20160826/f215835. shtml。

步伐，回家吃饭、好厨师、吃几顿等网络家厨平台依旧占有网络食品市场一席之地。①

分享经济一方面促进就业激活经济，② 另一方面也产生了负外部性、市场失灵问题，比如隐私泄露、交通安全、食品安全等，使得法律责任成为一个急需解决的问题。建立在互联网基础上的分享经济方兴未艾，引起全球学者的广泛关注。欧盟议会 2016 年曾发布报告，认为分享经济是建立在使用数字平台（the use of digital platforms or portals）基础上经济领域的新现象。③ 欧盟进一步将现有的数字平台细分为三类：纯粹信息交换的信息平台、浅度交易的平台、深度交易的平台。④ 第一种平台只提供信息，没有实际交易产生。第二种平台促成交易，但没有其他更多介入。第三种平台则提供全方位的交易服务，从信息、支付、交易完成后服务等一揽子的服务。在美国，有不少基于分享经济模式下的网络家厨模式平台出现（如 Eatwith、Feastly），并有大量的商业实践。⑤ 但美国的分享经济平台倾向于将自己定性为线上匹配服务（online matching service），强调平台上的使用者有义务提供真实信息，保证交易合法性，否则平台可请出平台入网用户。⑥ 而上面提到的欧盟报告认为，其所提到三种平台的法律责任依次递增，

---

① 孙杰："互联网餐饮监管难 私厨平台还在接单"，载《北京日报》2016 年 4 月 8 日，http：//bjrb. bjd. com. cn/html/2016－04/08/content_ 23885. htm。

② 分享经济发展报告课题组："中国分享经济发展报告：现状、问题与挑战、发展趋势"，载《电子政务》2016 年第 4 期。

③ Pierre Goudin, The Cost of Non－Europe in the Sharing Economy：Economic, Social and Legal Challenges and Opportunities ,European Parliamentary Research Service, 2016,I－46.

④ Ibid, II－184.

⑤ See e. g., Glenn Carter, Meal Sharing：A Foodies Guide To The Sharing Economy Casual Capitalist ,http://www. thecasualcapitalist. com/the－sharing－economy/meal－sharing－economy－for－foodies/；Amanda Balagur, Can the Sharing Economy Work When It Comes to Home Cooking? Craving Boston ，http://cravingboston. wgbh. org/article/20151022/can－sharing－economy－work－when－it－comes－home－cooking.

⑥ Balagur, Can the Sharing Economy Work When It Comes to Home Cooking? Craving Boston ,http://cravingboston. wgbh. org/article/20151022/can－sharing－economy－work－when－it－comes－home－cooking.

但如何区别这些平台以及对不同类型平台如何苛以具体的法律责任还存在争议，基于传统业态的现行法律并没有提供现成的答案。① 报告进一步提出平台的自我规制（Self - regulation）作为共享经济治理的解决方案，根据平台性质分别考虑引入第三方认证和政府许可机制，引入规制理论优化分享经济顶层制度设计。②

（三）北京网络食品小微业态治理实践及面临的挑战

北京市食品药品监督管理局在 2014 年成立了网监中心，利用现代搜索技术发掘网络卖家的违法线索，并成立了稽查总队网监大队，严厉打击未经许可从事互联网经营、网上销售假劣食品药品。但网络食品作为新兴业态，食品安全法在国家层面也才建立相关制度，而且这种制度更多是针对大中型业态而设立的，缺乏对小微业态制度建构和相关机制的考量，所以这个对北京作为一级地方政府在管理小微业态上是一大挑战。

2015 年《食品安全法》实际上是将食品小微业态的立法下放到各省、直辖市。即食品安全治理的某种意义上的地方"自治"。理论上说，A 省和 B 省对食品小微业态的监管可以完全不一样。这可以理解为中国在食品安全食品小微业态治理的"联邦制"，但是网络业态又天然地厌恶"联邦制"。实践中，我们也确实看到比如广东省和河北省在网络小业态的规制上出现截然对立的地方立法。

网络经营是打破地域界限的，这与法律的集中统一规定是一个冲突。目前，网络小微业态的治理有一些潜在问题值得注意。比如 A 省小作坊生产的地方特色食品通过网络食品交易第三方平台销售到 B 省，面临两大难题。第一，A、B 两省各自是否认定小作坊生产合法

---

① 报告没有提到网络家厨的案例，但有提及 AirBnB、Uber 等民宿、网络约车等分享经济典型案例。See Goudin, The Cost of Non - Europe in the Sharing Economy: Economic, Social and Legal Challenges and Opportunities, European Parliamentary Research Service, 2016.

② Ibid, II - 186 - 88.

以及在什么条件下合法？第二，A、B两省是否互认对方小作坊生产销售的产品合法并接受在对方市场合法销售？

对于第一大难题，需要回答的问题非常具体。例如什么条件下小作坊合法，这个可以小作坊雇佣的人数作为衡量标准。但是各个省的经济发展水平不一，同时又各具地方特色，这很可能会出现不一样的答案。

第二大难题，可以通过省间合作备忘录的方式解决，建立互认机制，这个方式费时费力；另一种方式是由中央层面重新介入，通过柔性立法的方式，如出台指导意见、模范法、示范法的方式。

目前，还没有全国性立法明确小微业态是否能够在网上经营。北京市作为一级地方政府实际上要面对全国开放的网络市场。大量无生产许可的非标食品在网上售卖，这些食品可以是来自全国并流向全国包括北京。所以，网络天生的开放性与食品小微业态的地方立法相对封闭性存在不协调。如果将北京和河北及广东三地对网络小微业态的监管政策进行对比研究，就会发现确实一些相互冲突之处。河北因为对网络小微业态全面放开，但河北境内的小微业态如果在河北其网售是合法的，卖到北京却可能变成不合法。北京并没有禁止小作坊网售，但广东禁止。所以北京的小作坊生产的食品网售到广东可能会被广东查处。这些产品可以包括未取得食品生产许可深度加工的农村土特产、特色食品等，它们对一些小手工业者、农民等弱势群体来说或是较大的收入来源。这些现实问题怎么去解决，显然在"互联网＋"背景下，北京市作为一级地方政府面对互联网食品小业态治理有些力不从心。

按《网络食品安全违法行为查处办法》的设计，网络食品安全被查处的对象主要包括两大类：网络食品交易第三方平台提供者和入网食品生产经营者，后者又可细分为通过平台交易的生产经营者和通过自建网站交易的生产经营者。相应地，《网络食品安全违法行为查处办法》主要规范两种网络业态模式：自建网站的自营模式和通过第三方平台的平台模式。①

　　互联网给平台经济注入了无限活力和想象力。食品也成为平台经济一个非常大的类目。最早是淘宝这样的 C2C 平台实现了食品在个人之间的远程交易。中国互联网的纵深发展又使得业态发展演进为基于互联网的分享精神的分享经济模式。这是一种公众将闲置资源通过社会化平台与他人分享，进而获得收入的经济现象。餐饮领域正是当中极具特色的一个典型，主要表现为分享厨房模式。但共享经济定义的缺陷在于，它只有经济价值判断，缺乏社会价值向度。而无论收入高低，平台和入网家厨都要面对食品安全这个社会价值向度的考量，这给食品安全带来较大的挑战。网络家厨多为个人，一般只能通过平台，不太可能自建网站来经营。因此，平台和介于平台两端的入网家厨、消费者加上政府主管部门，四方之间形成的较为复杂的法律关系。食品安全的要求会带来成本，合规成本虽然最终会转嫁到消费者，但它是以中间态的形式存在于入网家厨身上，对其形成成本和心理压力。一旦平台和政府部门开始严格监管入网家厨的各项标准，就可能导致其成本压力的上涨，目前这种处于探索期的网络家厨如何存在下去，就有很大的不确定性。所以，网络家厨属于监管敏感型网络食品小微业态。总体来说，基于分享经济的网络家厨在发达国家和地区都允许存在的新的模式，而且往往在特大型城市越有兴盛的土壤，并将之作为某种意义上提振经济的一种出路。② 因此，对于北京市而言，对网络家厨的监管还涉及对新业态全球政策的借鉴学习，既要管住风险，还要保证不落入阻碍新兴业态发展的骂名。但是，《北京市网络食品经营监督管理办法（暂行）》规定，未取得食品经营许可的个人，不

---

　　① 《网络食品安全违法行为查处办法》第 2 条。

　　② Goudin, The Cst of Non – Europe in the Sharing Economy: Economic, Social and Legal Challenges and Opportunities, European Parliamentary Research Service, 2016.

得通过互联网销售自制的食品。① 严格意义上说，北京现行有关网络食品的立法对基于分享经济模式下的网络家厨是附加条件的允许，要求其获得许可才能上线。

五、结语

北京作为中国城市化最高的一线城市之一，80％粮食由外地供应，所以食品以外地输入为主。② 北京对食品小微业态引入的准许证及登记制度等三大新政，目的是尽量压缩北京市的食品小作坊等小微业态的生存空间，使其往做大做强方向发展。但另一方面我们又要看到，互联网时代的到来，食品成为天然的一体化市场，跨省便捷流动，外地的某些可能不符合北京小作坊标准的食品很可能通过网络途径进入到北京，从而实际上是架空了北京给本地食品小微业态设置准入及监管标准。食品小微业态目前还是一个新生有活力，给基层带来就业创富的渠道。③ 目前《食品安全法》中的食品小微业态地方赋权管理思维，虽然具有一定的合理性，却容易产生不同省市的规则割裂与冲突，尤其对网络食品业态的发展产生一定冲击。

全球食品安全治理从中央和地方权力关系上基本可以分为中央集权和联邦/省分权模式，两种模式直接源于各个国家选择的政治体制。但两种模式的分野不是绝对的，今天有相互融合和学习的趋势。比如在实行联邦制的澳大利亚，食品安全监管一直按宪法分权属于各州/区事务。但后来澳大利亚发现，这样出现各州/区立法不统一，带来食品各州/区间商贸上的壁垒，最典型的就是食品安全标准各自冲突。后来澳联邦政府介入制定模范食品法（仅为软法，没有法律效力）供各州/区参照立法，同时抓住食品技术标准这个主要矛盾，由联邦建制的

---

① 《北京市网络食品经营监督管理办法（暂行）》第 12 条第 2 款。
② 周清杰："论食品安全监管中的北京模式"载《中国工商管理研究》2009 年第 2 期。
③ 张琳："食品小作坊存在的问题及原因分析"，载《中国食品药品监管》2016 年第 1 期。

澳新食品标准局（FSANZ）来建立标准，地方自愿采纳。澳大利亚现今的食品安全治理格局实际上依旧是遵循当初宪法中央地方分权体制，食品安全监管依旧是地方政府的权力。虽然因为联邦制关系，联邦政府没有权力介入食品安全（内销）监管，但是联邦通过模范食品法以及与州/区之间央地合作机制介入食品安全标准制定，达到了某种意义上的中央集权。所以，总体来说，澳大利亚的食品安全监管体制呈现联邦制学习中央集权制的趋势。① 中国在食品小微业态食品安全治理上，呈现中央集权向联邦制学习的趋势。这是一种良好的互动，但存在着集权和分权如何拿捏得当的问题。在食品安全治理上，集权有利于统一，但整齐划一也可能把行业管死了。分权把经济搞活，但过分放开也可致乱。如何在集权中适度分权；在分权中再度收权，这是中国食品小微业态治理需要思考的战略性问题。

我国食品小微业态治理总体上是中央放权的倾向，北京在食品小微业态包括网络食品小微业态监管的探索是一个好的开端，但中央层面或可借鉴澳大利亚的适度"软性集权"，通过示范法、模范法的方式引导食品小微业态治理在新经济背景下面对网络食品新业态下，在一些关键问题的处理上趋同，这样也符合李克强总理 2015 年提出的"互联网＋"行动计划推动互联网业态发展的精神。

---

① 肖平辉："澳大利亚食品安全管理历史演进"，载《太平洋学报》2007 年第 4 期。

附录一：网络食品安全
违法行为查处办法

国家食品药品监督管理总局令

第 27 号

《网络食品安全违法行为查处办法》已于 2016 年 3 月 15 日经原国家食品药品监督管理总局局务会议审议通过，现予公布，自 2016 年 10 月 1 日起施行。

局长：毕井泉

2016 年 7 月 13 日

第一章 总 则

第一条 为依法查处网络食品安全违法行为，加强网络食品安全监督管理，保证食品安全，根据《中华人民共和国食品安全法》等法律法规，制定本办法。

第二条 在中华人民共和国境内网络食品交易第三方平台提供者以及通过第三方平台或者自建的网站进行交易的食品生产经营者（以下简称入网食品生产经营者）违反食品安全法律、法规、规章或者食品安全标准行为的查处，适用本办法。

第三条 国家食品药品监督管理总局负责监督指导全国网络食品安全违法行为查处工作。

县级以上地方食品药品监督管理部门负责本行政区域内网络食品安全违法行为查处工作。

第四条 网络食品交易第三方平台提供者和入网食品生产经营者应当履行法律、法规和规章规定的食品安全义务。

网络食品交易第三方平台提供者和入网食品生产经营者应当对网络食品安全信息的真实性负责。

第五条 网络食品交易第三方平台提供者和入网食品生产经营者应当配合食品药品监督管理部门对网络食品安全违法行为的查处，按照食品药品监督管理部门的要求提供网络食品交易相关数据和信息。

第六条 鼓励网络食品交易第三方平台提供者和入网食品生产经营者开展食品安全法律、法规以及食品安全标准和食品安全知识的普及工作。

第七条 任何组织或者个人均可向食品药品监督管理部门举报网络食品安全违法行为。

第二章 网络食品安全义务

第八条 网络食品交易第三方平台提供者应当在通信主管部门批准后 30 个工作日内，向所在地省级食品药品监督管理部门备案，取得备案号。

通过自建网站交易的食品生产经营者应当在通信主管部门批准后 30 个工作日内，向所在地市、县级食品药品监督管理部门备案，取得备案号。

省级和市、县级食品药品监督管理部门应当自完成备案后 7 个工作日内向社会公开相关备案信息。

备案信息包括域名、IP 地址、电信业务经营许可证、企业名称、法定代表人或者负责人姓名、备案号等。

第九条 网络食品交易第三方平台提供者和通过自建网站交易的食品生产经营者应当具备数据备份、故障恢复等技术条件，保障网络食品交易数据和资料的可靠性与安全性。

第十条 网络食品交易第三方平台提供者应当建立入网食品生产经营者审查登记、食品安全自查、食品安全违法行为制止及报告、严重违法行为平台服务停止、食品安全投诉举报处理等制度，并在网络平台上公开。

第十一条 网络食品交易第三方平台提供者应当对入网食品生产经营者食品生产经营许可证、入网食品添加剂生产企业生产许可证等材料进行审查，如实记录并及时更新。

网络食品交易第三方平台提供者应当对入网食用农产品生产经营者营业执照、入网食品添加剂经营者营业执照以及入网交易食用农产品的个人的身份证号码、住址、联系方式等信息进行登记，如实记录并及时更新。

第十二条 网络食品交易第三方平台提供者应当建立入网食品生产经营者档案，记录入网食品生产经营者的基本情况、食品安全管理人员等信息。

第十三条 网络食品交易第三方平台提供者和通过自建网站交易食品的生产经营者应当记录、保存食品交易信息，保存时间不得少于产品保质期满后6个月；没有明确保质期的，保存时间不得少于2年。

第十四条 网络食品交易第三方平台提供者应当设置专门的网络食品安全管理机构或者指定专职食品安全管理人员，对平台上的食品经营行为及信息进行检查。

网络食品交易第三方平台提供者发现存在食品安全违法行为的，应当及时制止，并向所在地县级食品药品监督管理部门报告。

第十五条 网络食品交易第三方平台提供者发现入网食品生产经营者有下列严重违法行为之一的，应当停止向其提供网络交易平台服务：

（一）入网食品生产经营者因涉嫌食品安全犯罪被立案侦查或者提起公诉的；

（二）入网食品生产经营者因食品安全相关犯罪被人民法院判处刑罚的；

（三）入网食品生产经营者因食品安全违法行为被公安机关拘留或者给予其他治安管理处罚的；

（四）入网食品生产经营者被食品药品监督管理部门依法作出吊销许可证、责令停产停业等处罚的。

第十六条 入网食品生产经营者应当依法取得许可，入网食品生产者应当按照许可的类别范围销售食品，入网食品经营者应当按照许可的经营项目范围从事食品经营。法律、法规规定不需要取得食品生产经营许可的除外。

取得食品生产许可的食品生产者，通过网络销售其生产的食品，不需要取得食品经营许可。取得食品经营许可的食品经营者通过网络销售其制作加工的食品，不需要取得食品生产许可。

第十七条 入网食品生产经营者不得从事下列行为：

（一）网上刊载的食品名称、成分或者配料表、产地、保质期、贮存条件，生产者名称、地址等信息与食品标签或者标识不一致；

（二）网上刊载的非保健食品信息明示或者暗示具有保健功能；网上刊载的保健食品的注册证书或者备案凭证等信息与注册或者备案信息不一致；

（三）网上刊载的婴幼儿配方乳粉产品信息明示或者暗示具有益智、增加抵抗力、提高免疫力、保护肠道等功能或者保健作用；

（四）对在贮存、运输、食用等方面有特殊要求的食品，未在网上刊载的食品信息中予以说明和提示；

（五）法律、法规规定禁止从事的其他行为。

第十八条 通过第三方平台进行交易的食品生产经营者应当在其经营活动主页面显著位置公示其食品生产经营许可证。通过自建网站交易的食品生产经营者应当在其网站首页显著位置公示营业执照、食品生产经营许可证。

餐饮服务提供者还应当同时公示其餐饮服务食品安全监督量化分级管理信息。相关信息应当画面清晰，容易辨识。

第十九条 入网销售保健食品、特殊医学用途配方食品、婴幼儿配方乳粉的食品生产经营者，除依照本办法第十八条的规定公示相关信息外，还应当依法公示产品注册证书或者备案凭证，持有广告审查批准文号的还应当公示广告审查批准文号，并链接至食品药品监督管理部门网站对应的数据查询页面。保健食品还应当显著标明"本品不能代替药物"。

特殊医学用途配方食品中特定全营养配方食品不得进行网络交易。

第二十条 网络交易的食品有保鲜、保温、冷藏或者冷冻等特殊贮存条件要求的，入网食品生产经营者应当采取能够保证食品安全的贮存、运输措施，或者委托具备相应贮存、运输能力的企业贮存、配送。

第三章 网络食品安全违法行为查处管理

第二十一条 对网络食品交易第三方平台提供者食品安全违法行为的查处，由网络食品交易第三方平台提供者所在地县级以上地方食品药品监督管理部门管辖。

对网络食品交易第三方平台提供者分支机构的食品安全违法行为的查处，由网络食品交易第三方平台提供者所在地或者分支机构所在地县级以上地方食品药品监督管理部门管辖。

对入网食品生产经营者食品安全违法行为的查处，由入网食品生产经营者所在地或者生产经营场所所在地县级以上地方食品药品监督管理部门管辖；对应当取得食品生产经营许可而没有取得许可的违法行为的查处，由入网食品生产经营者所在地、实际生产经营地县级以上地方食品药品监督管理部门管辖。

因网络食品交易引发食品安全事故或者其他严重危害后果的，也可以由网络食品安全违法行为发生地或者违法行为结果地的县级以上地方食品药品监督管理部门管辖。

第二十二条 两个以上食品药品监督管理部门都有管辖权的网络食品安全违法案件，由最先立案查处的食品药品监督管理部门管辖。对管辖有争议的，由双方协商解决。协商不成的，报请共同的上一级食品药品监督管理部门指定管辖。

第二十三条 消费者因网络食品安全违法问题进行投诉举报的，由网络食品交易第三方平台提供者所在地、入网食品生产经营者所在地或者生产经营场所所在地等县级以上地方食品药品监督管理部门处理。

第二十四条 县级以上地方食品药品监督管理部门，对网络食品安全违法行为进行调查处理时，可以行使下列职权：

（一）进入当事人网络食品交易场所实施现场检查；

（二）对网络交易的食品进行抽样检验；

（三）询问有关当事人，调查其从事网络食品交易行为的相关情况；

（四）查阅、复制当事人的交易数据、合同、票据、账簿以及其他相关资料；

（五）调取网络交易的技术监测、记录资料；

（六）法律、法规规定可以采取的其他措施。

第二十五条 县级以上食品药品监督管理部门通过网络购买样品进行检验的，应当按照相关规定填写抽样单，记录抽检样品的名称、类别以及数量，购买样品的人员以及付款账户、注册账号、收货地址、联系方式，并留存相关票据。买样人员应当对网络购买样品包装等进行查验，对样品和备份样品分别封样，并采取拍照或者录像等手段记录拆封过程。

第二十六条 检验结果不符合食品安全标准的，食品药品监督管理部门应当按照有关规定及时将检验结果通知被抽样的入网食品生产经营者。入网食品生产经营者应当采取停止生产经营、封存不合格食品等措施，控制食品安全风险。

通过网络食品交易第三方平台购买样品的，应当同时将检验结果通知网络食品交易第三方平台提供者。网络食品交易第三方平台提供者应当依法制止不合格食品的销售。

入网食品生产经营者联系方式不详的，网络食品交易第三方平台提供者应当协助通知。入网食品生产经营者无法联系的，网络食品交易第三方平台提供者应当停止向其提供网络食品交易平台服务。

第二十七条 网络食品交易第三方平台提供者和入网食品生产经营者有下列情形之一的，县级以上食品药品监督管理部门可以对其法定代表人或者主要负责人进行责任约谈：

（一）发生食品安全问题，可能引发食品安全风险蔓延的；

（二）未及时妥善处理投诉举报的食品安全问题，可能存在食品安全隐患的；

（三）未及时采取有效措施排查、消除食品安全隐患，落实食品安全责任的；

（四）县级以上食品药品监督管理部门认为需要进行责任约谈的其他情形。

责任约谈不影响食品药品监督管理部门依法对其进行行政处理，责任约谈情况及后续处理情况应当向社会公开。

被约谈者无正当理由未按照要求落实整改的，县级以上地方食品药品监督管理部门应当增加监督检查频次。

第四章 法律责任

第二十八条 食品安全法等法律法规对网络食品安全违法行为已有规定的，从其规定。

第二十九条 违反本办法第八条规定，网络食品交易第三方平台提供者和通过自建网站交易的食品生产经营者未履行相应备案义务的，由县级以上地方食品药品监督管理部门责令改正，给予警告；拒不改正的，处5000元以上3万元以下罚款。

第三十条 违反本办法第九条规定，网络食品交易第三方平台提供者和通过自建网站交易的食品生产经营者不具备数据备份、故障恢复等技术条件，不能保障网络食品交易数据和资料的可靠性与安全性的，由县级以上地方食品药品监督管理部门责令改正，给予警告；拒不改正的，处3万元罚款。

第三十一条 违反本办法第十条规定，网络食品交易第三方平台提供者未按要求建立入网食品生产经营者审查登记、食品安全自查、食品安全违法行为制止及报告、严重违法行为平台服务停止、食品安全投诉举报处理等制度的或者未公开以上制度的，由县级以上地方食品药品监督管理部门责令改正，给予警告；拒不改正的，处 5000 元以上 3 万元以下罚款。

第三十二条 违反本办法第十一条规定，网络食品交易第三方平台提供者未对入网食品生产经营者的相关材料及信息进行审查登记、如实记录并更新的，由县级以上地方食品药品监督管理部门依照食品安全法第一百三十一条的规定处罚。

第三十三条 违反本办法第十二条规定，网络食品交易第三方平台提供者未建立入网食品生产经营者档案、记录入网食品生产经营者相关信息的，由县级以上地方食品药品监督管理部门责令改正，给予警告；拒不改正的，处 5000 元以上 3 万元以下罚款。

第三十四条 违反本办法第十三条规定，网络食品交易第三方平台提供者未按要求记录、保存食品交易信息的，由县级以上地方食品药品监督管理部门责令改正，给予警告；拒不改正的，处 5000 元以上 3 万元以下罚款。

第三十五条 违反本办法第十四条规定，网络食品交易第三方平台提供者未设置专门的网络食品安全管理机构或者指定专职食品安全管理人员对平台上的食品安全经营行为及信息进行检查的，由县级以上地方食品药品监督管理部门责令改正，给予警告；拒不改正的，处 5000 元以上 3 万元以下罚款。

第三十六条 违反本办法第十五条规定，网络食品交易第三方平台提供者发现入网食品生产经营者有严重违法行为未停止提供网络交易平台服务的，由县级以上地方食品药品监督管理部门依照食品安全法第一百三十一条的规定处罚。

第三十七条 网络食品交易第三方平台提供者未履行相关义务，

导致发生下列严重后果之一的，由县级以上地方食品药品监督管理部门依照食品安全法第一百三十一条的规定责令停业，并将相关情况移送通信主管部门处理：

（一）致人死亡或者造成严重人身伤害的；

（二）发生较大级别以上食品安全事故的；

（三）发生较为严重的食源性疾病的；

（四）侵犯消费者合法权益，造成严重不良社会影响的；

（五）引发其他的严重后果的。

第三十八条 违反本办法第十六条规定，入网食品生产经营者未依法取得食品生产经营许可的，或者入网食品生产者超过许可的类别范围销售食品、入网食品经营者超过许可的经营项目范围从事食品经营的，依照食品安全法第一百二十二条的规定处罚。

第三十九条 入网食品生产经营者违反本办法第十七条禁止性规定的，由县级以上地方食品药品监督管理部门责令改正，给予警告；拒不改正的，处 5000 元以上 3 万元以下罚款。

第四十条 违反本办法第十八条规定，入网食品生产经营者未按要求进行信息公示的，由县级以上地方食品药品监督管理部门责令改正，给予警告；拒不改正的，处 5000 元以上 3 万元以下罚款。

第四十一条 违反本办法第十九条第一款规定，食品生产经营者未按要求公示特殊食品相关信息的，由县级以上地方食品药品监督管理部门责令改正，给予警告；拒不改正的，处 5000 元以上 3 万元以下罚款。

违反本办法第十九条第二款规定，食品生产经营者通过网络销售特定全营养配方食品的，由县级以上地方食品药品监督管理部门处 3 万元罚款。

第四十二条 违反本办法第二十条规定，入网食品生产经营者未按要求采取保证食品安全的贮存、运输措施，或者委托不具备相应贮存、运输能力的企业从事贮存、配送的，由县级以上地方食品药品监督管理部门依照食品安全法第一百三十二条的规定处罚。

第四十三条　违反本办法规定，网络食品交易第三方平台提供者、入网食品生产经营者提供虚假信息的，由县级以上地方食品药品监督管理部门责令改正，处 1 万元以上 3 万元以下罚款。

第四十四条　网络食品交易第三方平台提供者、入网食品生产经营者违反食品安全法规定，构成犯罪的，依法追究刑事责任。

第四十五条　食品药品监督管理部门工作人员不履行职责或者滥用职权、玩忽职守、徇私舞弊的，依法追究行政责任；构成犯罪的，移送司法机关，依法追究刑事责任。

第五章　附　　则

第四十六条　对食品生产加工小作坊、食品摊贩等的网络食品安全违法行为的查处，可以参照本办法执行。

第四十七条　食品药品监督管理部门依法对网络食品安全违法行为进行查处的，应当自行政处罚决定书作出之日起 20 个工作日内，公开行政处罚决定书。

第四十八条　本办法自 2016 年 10 月 1 日起施行。

附录二：网络餐饮服务
食品安全监督管理办法

国家食品药品监督管理总局令

第 36 号

《网络餐饮服务食品安全监督管理办法》已于 2017 年 9 月 5 日经原国家食品药品监督管理总局局务会议审议通过，现予公布，自 2018 年 1 月 1 日起施行。

局长：毕井泉

2017 年 11 月 6 日

第一条 为加强网络餐饮服务食品安全监督管理，规范网络餐饮服务经营行为，保证餐饮食品安全，保障公众身体健康，根据《中华人民共和国食品安全法》等法律法规，制定本办法。

第二条 在中华人民共和国境内，网络餐饮服务第三方平台提供者、通过第三方平台和自建网站提供餐饮服务的餐饮服务提供者（以下简称入网餐饮服务提供者），利用互联网提供餐饮服务及其监督管理，适用本办法。

第三条 国家食品药品监督管理总局负责指导全国网络餐饮服务食品安全监督管理工作，并组织开展网络餐饮服务食品安全监测。

县级以上地方食品药品监督管理部门负责本行政区域内网络餐饮服务食品安全监督管理工作。

第四条 入网餐饮服务提供者应当具有实体经营门店并依法取得

食品经营许可证，并按照食品经营许可证载明的主体业态、经营项目从事经营活动，不得超范围经营。

第五条 网络餐饮服务第三方平台提供者应当在通信主管部门批准后 30 个工作日内，向所在地省级食品药品监督管理部门备案。自建网站餐饮服务提供者应当在通信主管部门备案后 30 个工作日内，向所在地县级食品药品监督管理部门备案。备案内容包括域名、IP 地址、电信业务经营许可证或者备案号、企业名称、地址、法定代表人或者负责人姓名等。

网络餐饮服务第三方平台提供者设立从事网络餐饮服务分支机构的，应当在设立后 30 个工作日内，向所在地县级食品药品监督管理部门备案。备案内容包括分支机构名称、地址、法定代表人或者负责人姓名等。

食品药品监督管理部门应当及时向社会公开相关备案信息。

第六条 网络餐饮服务第三方平台提供者应当建立并执行入网餐饮服务提供者审查登记、食品安全违法行为制止及报告、严重违法行为平台服务停止、食品安全事故处置等制度，并在网络平台上公开相关制度。

第七条 网络餐饮服务第三方平台提供者应当设置专门的食品安全管理机构，配备专职食品安全管理人员，每年对食品安全管理人员进行培训和考核。培训和考核记录保存期限不得少于两年。经考核不具备食品安全管理能力的，不得上岗。

第八条 网络餐饮服务第三方平台提供者应当对入网餐饮服务提供者的食品经营许可证进行审查，登记入网餐饮服务提供者的名称、地址、法定代表人或者负责人及联系方式等信息，保证入网餐饮服务提供者食品经营许可证载明的经营场所等许可信息真实。

网络餐饮服务第三方平台提供者应当与入网餐饮服务提供者签订食品安全协议，明确食品安全责任。

第九条 网络餐饮服务第三方平台提供者和入网餐饮服务提供者

应当在餐饮服务经营活动主页面公示餐饮服务提供者的食品经营许可证。食品经营许可等信息发生变更的，应当及时更新。

第十条 网络餐饮服务第三方平台提供者和入网餐饮服务提供者应当在网上公示餐饮服务提供者的名称、地址、量化分级信息，公示的信息应当真实。

第十一条 入网餐饮服务提供者应当在网上公示菜品名称和主要原料名称，公示的信息应当真实。

第十二条 网络餐饮服务第三方平台提供者提供食品容器、餐具和包装材料的，所提供的食品容器、餐具和包装材料应当无毒、清洁。

鼓励网络餐饮服务第三方平台提供者提供可降解的食品容器、餐具和包装材料。

第十三条 网络餐饮服务第三方平台提供者和入网餐饮服务提供者应当加强对送餐人员的食品安全培训和管理。委托送餐单位送餐的，送餐单位应当加强对送餐人员的食品安全培训和管理。培训记录保存期限不得少于两年。

第十四条 送餐人员应当保持个人卫生，使用安全、无害的配送容器，保持容器清洁，并定期进行清洗消毒。送餐人员应当核对配送食品，保证配送过程食品不受污染。

第十五条 网络餐饮服务第三方平台提供者和自建网站餐饮服务提供者应当履行记录义务，如实记录网络订餐的订单信息，包括食品的名称、下单时间、送餐人员、送达时间以及收货地址，信息保存时间不得少于6个月。

第十六条 网络餐饮服务第三方平台提供者应当对入网餐饮服务提供者的经营行为进行抽查和监测。

网络餐饮服务第三方平台提供者发现入网餐饮服务提供者存在违法行为的，应当及时制止并立即报告入网餐饮服务提供者所在地县级食品药品监督管理部门；发现严重违法行为的，应当立即停止提供网络交易平台服务。

第十七条　网络餐饮服务第三方平台提供者应当建立投诉举报处理制度，公开投诉举报方式，对涉及消费者食品安全的投诉举报及时进行处理。

第十八条　入网餐饮服务提供者加工制作餐饮食品应当符合下列要求：

（一）制定并实施原料控制要求，选择资质合法、保证原料质量安全的供货商，或者从原料生产基地、超市采购原料，做好食品原料索证索票和进货查验记录，不得采购不符合食品安全标准的食品及原料；

（二）在加工过程中应当检查待加工的食品及原料，发现有腐败变质、油脂酸败、霉变生虫、污秽不洁、混有异物、掺假掺杂或者感官性状异常的，不得加工使用；

（三）定期维护食品贮存、加工、清洗消毒等设施、设备，定期清洗和校验保温、冷藏和冷冻等设施、设备，保证设施、设备运转正常；

（四）在自己的加工操作区内加工食品，不得将订单委托其他食品经营者加工制作；

（五）网络销售的餐饮食品应当与实体店销售的餐饮食品质量安全保持一致。

第十九条　入网餐饮服务提供者应当使用无毒、清洁的食品容器、餐具和包装材料，并对餐饮食品进行包装，避免送餐人员直接接触食品，确保送餐过程中食品不受污染。

第二十条　入网餐饮服务提供者配送有保鲜、保温、冷藏或者冷冻等特殊要求食品的，应当采取能保证食品安全的保存、配送措施。

第二十一条　国家食品药品监督管理总局组织监测发现网络餐饮服务第三方平台提供者和入网餐饮服务提供者存在违法行为的，通知有关省级食品药品监督管理部门依法组织查处。

第二十二条　县级以上地方食品药品监督管理部门接到网络餐饮

服务第三方平台提供者报告入网餐饮服务提供者存在违法行为的，应当及时依法查处。

第二十三条　县级以上地方食品药品监督管理部门应当加强对网络餐饮服务食品安全的监督检查，发现网络餐饮服务第三方平台提供者和入网餐饮服务提供者存在违法行为的，依法进行查处。

第二十四条　县级以上地方食品药品监督管理部门对网络餐饮服务交易活动的技术监测记录资料，可以依法作为认定相关事实的依据。

第二十五条　县级以上地方食品药品监督管理部门对于消费者投诉举报反映的线索，应当及时进行核查，被投诉举报人涉嫌违法的，依法进行查处。

第二十六条　县级以上地方食品药品监督管理部门查处的入网餐饮服务提供者有严重违法行为的，应当通知网络餐饮服务第三方平台提供者，要求其立即停止对入网餐饮服务提供者提供网络交易平台服务。

第二十七条　违反本办法第四条规定，入网餐饮服务提供者不具备实体经营门店，未依法取得食品经营许可证的，由县级以上地方食品药品监督管理部门依照食品安全法第一百二十二条的规定处罚。

第二十八条　违反本办法第五条规定，网络餐饮服务第三方平台提供者以及分支机构或者自建网站餐饮服务提供者未履行相应备案义务的，由县级以上地方食品药品监督管理部门责令改正，给予警告；拒不改正的，处5000元以上3万元以下罚款。

第二十九条　违反本办法第六条规定，网络餐饮服务第三方平台提供者未按要求建立、执行并公开相关制度的，由县级以上地方食品药品监督管理部门责令改正，给予警告；拒不改正的，处5000元以上3万元以下罚款。

第三十条　违反本办法第七条规定，网络餐饮服务第三方平台提供者未设置专门的食品安全管理机构，配备专职食品安全管理人员，或者未按要求对食品安全管理人员进行培训、考核并保存记录的，由县级以上地方食品药品监督管理部门责令改正，给予警告；拒不改正的，处5000元以上3万元以下罚款。

第三十一条 违反本办法第八条第一款规定，网络餐饮服务第三方平台提供者未对入网餐饮服务提供者的食品经营许可证进行审查，未登记入网餐饮服务提供者的名称、地址、法定代表人或者负责人及联系方式等信息，或者入网餐饮服务提供者食品经营许可证载明的经营场所等许可信息不真实的，由县级以上地方食品药品监督管理部门依照食品安全法第一百三十一条的规定处罚。

违反本办法第八条第二款规定，网络餐饮服务第三方平台提供者未与入网餐饮服务提供者签订食品安全协议的，由县级以上地方食品药品监督管理部门责令改正，给予警告；拒不改正的，处5000元以上3万元以下罚款。

第三十二条 违反本办法第九条、第十条、第十一条规定，网络餐饮服务第三方平台提供者和入网餐饮服务提供者未按要求进行信息公示和更新的，由县级以上地方食品药品监督管理部门责令改正，给予警告；拒不改正的，处5000元以上3万元以下罚款。

第三十三条 违反本办法第十二条规定，网络餐饮服务第三方平台提供者提供的食品配送容器、餐具和包装材料不符合规定的，由县级以上地方食品药品监督管理部门按照食品安全法第一百三十二条的规定处罚。

第三十四条 违反本办法第十三条规定，网络餐饮服务第三方平台提供者和入网餐饮服务提供者未对送餐人员进行食品安全培训和管理，或者送餐单位未对送餐人员进行食品安全培训和管理，或者未按要求保存培训记录的，由县级以上地方食品药品监督管理部门责令改正，给予警告；拒不改正的，处5000元以上3万元以下罚款。

第三十五条 违反本办法第十四条规定，送餐人员未履行使用安全、无害的配送容器等义务的，由县级以上地方食品药品监督管理部门对送餐人员所在单位按照食品安全法第一百三十二条的规定处罚。

第三十六条 违反本办法第十五条规定，网络餐饮服务第三方平台提供者和自建网站餐饮服务提供者未按要求记录、保存网络订餐信息的，由县级以上地方食品药品监督管理部门责令改正，给予警告；拒不改正的，处 5000 元以上 3 万元以下罚款。

第三十七条 违反本办法第十六条第一款规定，网络餐饮服务第三方平台提供者未对入网餐饮服务提供者的经营行为进行抽查和监测的，由县级以上地方食品药品监督管理部门责令改正，给予警告；拒不改正的，处 5000 元以上 3 万元以下罚款。

违反本办法第十六条第二款规定，网络餐饮服务第三方平台提供者发现入网餐饮服务提供者存在违法行为，未及时制止并立即报告入网餐饮服务提供者所在地县级食品药品监督管理部门的，或者发现入网餐饮服务提供者存在严重违法行为，未立即停止提供网络交易平台服务的，由县级以上地方食品药品监督管理部门依照食品安全法第一百三十一条的规定处罚。

第三十八条 违反本办法第十七条规定，网络餐饮服务第三方平台提供者未按要求建立消费者投诉举报处理制度，公开投诉举报方式，或者未对涉及消费者食品安全的投诉举报及时进行处理的，由县级以上地方食品药品监督管理部门责令改正，给予警告；拒不改正的，处 5000 元以上 3 万元以下罚款。

第三十九条 违反本办法第十八条第（一）项规定，入网餐饮服务提供者未履行制定实施原料控制要求等义务的，由县级以上地方食品药品监督管理部门依照食品安全法第一百二十六条第一款的规定处罚。

违反本办法第十八条第（二）项规定，入网餐饮服务提供者使用腐败变质、油脂酸败、霉变生虫、污秽不洁、混有异物、掺假掺杂或者感官性状异常等原料加工食品的，由县级以上地方食品药品监督管理部门依照食品安全法第一百二十四条第一款的规定处罚。

违反本办法第十八条第（三）项规定，入网餐饮服务提供者未定期维护食品贮存、加工、清洗消毒等设施、设备，或者未定期清洗和校验保温、冷藏和冷冻等设施、设备的，由县级以上地方食品药品监督管理部门依照食品安全法第一百二十六条第一款的规定处罚。

违反本办法第十八条第（四）项、第（五）项规定，入网餐饮服务提供者将订单委托其他食品经营者加工制作，或者网络销售的餐饮食品未与实体店销售的餐饮食品质量安全保持一致的，由县级以上地方食品药品监督管理部门责令改正，给予警告；拒不改正的，处5000元以上3万元以下罚款。

第四十条 违反本办法第十九条规定，入网餐饮服务提供者未履行相应的包装义务的，由县级以上地方食品药品监督管理部门责令改正，给予警告；拒不改正的，处5000元以上3万元以下罚款。

第四十一条 违反本办法第二十条规定，入网餐饮服务提供者配送有保鲜、保温、冷藏或者冷冻等特殊要求食品，未采取能保证食品安全的保存、配送措施的，由县级以上地方食品药品监督管理部门依照食品安全法第一百三十二条的规定处罚。

第四十二条 县级以上地方食品药品监督管理部门应当自对网络餐饮服务第三方平台提供者和入网餐饮服务提供者违法行为作出处罚决定之日起20个工作日内在网上公开行政处罚决定书。

第四十三条 省、自治区、直辖市的地方性法规和政府规章对小餐饮网络经营作出规定的，按照其规定执行。

本办法对网络餐饮服务食品安全违法行为的查处未作规定的，按照《网络食品安全违法行为查处办法》执行。

第四十四条 网络餐饮服务第三方平台提供者和入网餐饮服务提供者违反食品安全法规定，构成犯罪的，依法追究刑事责任。

第四十五条 餐饮服务连锁公司总部建立网站为其门店提供网络交易服务的，参照本办法关于网络餐饮服务第三方平台提供者的规定执行。

第四十六条 本办法自2018年1月1日起施行。

后　记

本书是集体智慧的结晶。特别要感谢二十几位参编作者的信任，参与到本书的编写。这是一个非常耗时的过程，倾注了各位参与者的心血和努力。能与这些作者共事编撰本书，深感使命。他们当中很多是在食品安全领域钻研深耕多年的领导和专家。原国家食品药品监督管理总局法制司国家食品药品稽查专员陈谞从网络食品立法的历史现实脉络展开，回应本书互联网的主题，并为全书的网络食品编定下基调，对网络食品相关最新立法和监管思路做了权威的解读。王伟国研究员、姚国艳副教授两位都来自中国法学会食品安全法治研究中心，是中国较早持续性关注食品安全立法的学者。之后，有幸编著本书，邀请两位老师参与撰写，两位也欣然应邀，备感欣慰，感谢信任。曾祥华教授是江南大学法学院一位勤恳谦虚的学者，江南大学作为中国食品科学的领头羊，曾教授也一直在食品安全法领域默默耕耘。孙娟娟博士是中国人民大学食品安全治理协同创新中心研究员，早年赴法从事食品安全研究，对中欧食品安全治理有深入研究，感谢她的参与，为本书增色。李佳洁博士是农业与农村发展学院的老师，一直致力于食品安全跨学科研究，其食品科学背景也使得她对食品安全话题举重若轻。

参与编撰本书的除了食药监管部门、大学研究机构，还得益于法律实务部门如法院和律师事务所及互联网企业研究院中对食品安全法有丰富实践经验的青年才俊。丁冬研究员早年供职于上海市食品药品监督管理局，后进入法院，现在又在互联网企业做实务研究一直关注食品药品监管改革。郑宇律师是君合律师事务所的合伙人，因为在食品药品领域的执业经验，对食品企业合规颇有心得。丁道勤博士为互联网从业者，对互联网企业合规有深入研究。三位加入本书撰写，都是探讨法律责任，但视角刚好与三位的工作背景形成互补，与三位参与编著本书，亦师亦友，颇有心得。阿拉木斯老师、杨乐博士是中国互联网治理的见证者和直接参与者，木斯老师也是《电子商务法》的发起人之一，谦恭儒雅。两位互联网老兵的参与，一位具有丰富的实践经验，一位具有理论高度，为本书以互联网作为全书的落点打下坚实基础。也真诚感谢刘标、侯宁、陈叶、闵娜娜、孙玄、林涛、邓燕、慎凯、刘颖、胡泽洋等对本书的贡献，他们参与撰写了本书的相关章节。

　　本书编著过程中也得到中国人民大学法学院原院长、食品安全治理协同创新中心执行主任韩大元教授，中国人民大学法学院原副院长、食品安全治理协同创新中心管委会主任胡锦光教授的支持和帮助，在任中心研究员期间，为本人学术成长过程提供平台，不断提携勉励后辈，特此感谢。中央财经大学法学院副院长高秦伟教授、广州大学法学院院长张泽涛教授、副院长李明教授及应飞虎教授也给予本人和本书提供了相关研究方向性建议、指导和相关帮助，特别致谢。

　　本书形成过程还有专家的智慧和贡献，南开大学宋华琳教授、国家行政学院邱需恩教授、中国政法大学孙颖教授、中国人民大学王旭教授、中国食品药品检定研究院李波副研究员等给本书框架内容提出许多宝贵的修改建议。感谢他们对本书的批评指正。

　　本书只是一个开始。